建筑工程技术专业

高职高专规划教材

JIANZHU CAILIAO YU JIANCE

建筑材料与检测

第二版

周明月　主编

赵瑞霞　陈连姝　副主编

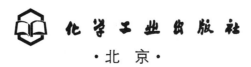

化学工业出版社

·北京·

全书共分十四章，内容包括：绪论，建筑材料的基本性质，气硬性胶凝材料，水泥，混凝土，建筑砂浆，墙体材料，建筑钢材，防水材料，塑料，木材，绝热材料和吸声、隔声材料，建筑装饰材料，建筑材料性能检测。本书按最新的标准、规范编写，贯彻了住建部的有关文件，增加了有关的新材料、新技术，以利于学习者开阔新思路，能合理选用建筑材料。

本书为高职高专建筑施工技术、工程监理等专业的教材，也可供成人高校、建筑工程管理、工程造价、工程监理等相关专业教学及从事建筑工程的技术人员使用和参考。

图书在版编目（CIP）数据

建筑材料与检测/周明月主编. —2 版. —北京：
化学工业出版社，2016.7（2024.11重印）
高职高专规划教材
ISBN 978-7-122-27038-2

Ⅰ.①建…　Ⅱ.①周…　Ⅲ.①建筑材料-检测-高等
职业教育-教材　Ⅳ.①TU502

中国版本图书馆 CIP 数据核字（2016）第 100069 号

责任编辑：王文峡　　　　　　　　　　装帧设计：史利平
责任校对：宋　玮

出版发行：化学工业出版社（北京市东城区青年湖南街 13 号　邮政编码 100011）
印　　装：北京虎彩文化传播有限公司
787mm×1092mm　1/16　印张 15½　字数 372 千字　2024 年 11 月北京第 2 版第 6 次印刷

购书咨询：010-64518888　　　　　　　售后服务：010-64518899
网　　址：http://www.cip.com.cn
凡购买本书，如有缺损质量问题，本社销售中心负责调换。

定　　价：48.00 元

编审委员会

前言
FOREWORD

本书第一版出版已有多年，期间经历了多次重印。本书在内容上既结合我国高职教育的实际情况，又顺应高职教育的改革趋势；既反映课程改革的先进理念和实践，也兼顾了不同院校的实际情况。在编写方面与传统教材有所明确区分，增加了工程实例和实训内容，简单实用，易学易懂，具有自己鲜明的特色。通过实验和实训的操作训练，加深对国家标准的理解和掌握，便于学生熟练掌握相关知识，与实际工作岗位更接近。因此，被全国多所高职院校开设的建筑工程技术、工程监理等专业选用。

本书的主要内容包括：绪论，建筑材料的基本性质，气硬性胶凝材料，水泥，混凝土，建筑砂浆，墙体材料，建筑钢材，防水材料，建筑塑料，木材，绝热材料和吸声、隔声材料，建筑装饰材料，同时还介绍了常用建筑材料质量的检测方法和评定。

本书在第一版的基础上做了修订和完善，主要表现在以下方面。

1. 根据最新的标准规范，对原书相关内容进行了更新和审订。

2. 根据新材料、新工艺、新技术的发展，扩充了必备的相关建筑材料知识。如蒸压加气砌块性能检测、预应力混凝土用钢棒、石子针片状颗粒含量检测等内容。

3. 对重点章节，如水泥、混凝土、建筑钢材等，调整了部分内容，以方便学生掌握必备的基本概念和工程知识。

4. 增加了一些检测仪器的实物图片，便于学生理解掌握。

5. 在每一节后增加复习思考题，便于学生随堂掌握。

本书由河南建筑职业技术学院周明月任主编，河南建筑职业技术学院赵瑞霞、陈连姝任副主编。其中，河南建筑职业技术学院徐姗姗编写第 1、6、11、13 章，赵瑞霞编写第 2、3、8 章，周明月编写第 4 章，陈连姝编写第 5 章，汪艳梅编写第 7、9 章，青海建筑职业技术学院汪发红编写第 10 章，天津广播电视大学全世海编写第 12 章，河南建筑职业技术学院张烨编写第 14 章 14.1、14.4、14.6、14.7、14.8，王丽编写第 14 章 14.2、14.3、14.5，全书由周明月统稿和定稿。

本书为高职高专、普通专科院校建筑工程技术、工程监理及相关专业的教材，也可作为广大自学者用书和建筑工程技术人员用书，还可供有关工程技术人员阅读参考。

全书在编写过程中，参考了有关国家和行业的最新规范及一些文献资料，谨向这些文献的作者致以诚挚的敬意。

由于编者水平有限，书中难免有不妥之处，敬请读者批评指正。

编者
2016 年 3 月

第一版前言

本书是根据高职高专教育土建类专业教学指导委员会土建施工类专业分委员会的要求，按颁布的《高等专业教育建筑工程技术专业教育标准和培养方案及主干调和教学大纲》中相关教学内容与教学要求，并参照有关国家职业标准和行业岗位要求编写的教材。

本书在内容上既要顾及我国高职教育的实际情况，又要符合高职教育的改革趋势；既反映课程改革的先进理念和实践，也要兼顾不同院校的实际情况。在编写方面与传统教材有所明确区分，增加了工程实例和实训内容，简单实用，易学易懂，具有鲜明的特色。通过实验和实训的操作训练，加深对国家标准的理解和掌握，便于学生熟练掌握相关知识，与实际工作岗位更接近。

本书的主要内容包括建筑材料的基本性质、气硬性胶凝材料、水泥、混凝土、建筑砂浆、墙体材料、建筑钢材、防水材料、建筑塑料、木材、绝热材料和吸声、隔声材料、建筑装饰材料等，同时还介绍了常用建筑材料质量的检测方法和评定。

本书可作为高职高专、普通专科院校建筑工程及相关专业的教材，也可作为广大自学者用书和建筑工程技术人员用书，还可供有关工程技术人员阅读参考。

本书由河南建筑职业技术学院周明月任主编，并执笔编写第4章、14章的14.1，河南建筑职业技术学院陈连姝任副主编，执笔编写第1章、5章，河南建筑职业技术学院赵瑞霞执笔编写第2章、3章、8章，河南建筑职业技术学院汪艳梅执笔编写第7章、9章，河南建筑职业技术学院赵靖、张烨、徐姗姗执笔编写第14章的(14.2、14.3、14.4、14.5、14.6)；青海建筑职业技术学院汪发红执笔编写第6章、10章、11章、14章的14.7；天津广播电视大学全世海执笔编写第12章、13章。全书由周明月统稿和定稿，河南建筑职业技术学院李宏魁主审。

全书在编写过程中，参考了有关国家和行业的最新规范及一些文献资料，谨向这些文献的作者致以诚挚的敬意。同时，河南建筑职业技术学院周玮、陈瑞平提出了不少宝贵意见，在此表示感谢。

由于编者水平有限，书中难免有不妥之处，敬请读者批评，以便今后改正。

编者
2010 年 3 月

目 录
CONTENTS

第4章 水泥

第5章 混凝土

第6章　建筑砂浆　97

第7章　墙体材料　108

第8章　建筑钢材　119

第13章 建筑装饰材料 178

第14章 建筑材料性能检测 188

第1章 绪 论

1.1 建筑材料的定义和分类

1.1.1 建筑材料的定义

广义的建筑材料，指用于建筑物本身的各种材料之外，还包括卫生洁具、暖气及空调设备等器材。狭义的建筑材料即构成建筑物及构筑物本身的材料。指从地基、承重构件（梁、板、柱等），直到地面、墙体、屋面等所用材料。

建筑材料在基本建设中占有极为重要的地位。各项建设的开始，无一例外地首先都是土木工程建设。而建筑材料则是一切土建工程中必不可缺的物质基础。建筑材料用量大，经济性很强，直接影响工程造价。一般建筑的总造价中，建筑材料费用所占比重较大，约占总造价的50%～60%。因此，选用的建筑材料是否经济适用，对降低房屋建筑的造价起着重要的作用。

建筑材料的品种、质量及规格还直接影响工程是否坚固、耐久和适用，并在一定程度上影响着结构的形式和施工方法。由此可见，建筑材料的生产及其科学技术的发展，对发展我国建筑业具有重要作用。

1.1.2 建筑材料的分类

建筑材料的分类方法很多，按材料的化学成分可分为有机材料、无机材料以及复合材料三大类，见表1-1。

根据建筑材料在建筑物中的部位或使用功能，大体上可分为三大类，即建筑结构材料、墙体材料和建筑功能材料，见表1-2。

1.1.2.1 建筑结构材料

主要是指构成建筑物受力构件和结构所用的材料。如梁、板、柱、基础、框架及其他受力构件和结构等所用的材料。对这类材料主要技术性能的要求是强度和耐久性。目前，所用的主要结构材料有砖、石、水泥混凝土和钢材以及两者复合的钢筋混凝土和预应力钢筋混凝土。在相当长的时期内，钢筋混凝土和预应力钢筋混凝土仍是我国建筑工程中的主要结构材料。

1.1.2.2 墙体材料

指建筑物内、外及分隔墙体所用的材料，有承重和非承重两类。由于墙体在建筑物中占

表 1-1 建筑材料按化学成分分类

分　　类			实　　例
无机材料	金属材料	黑色金属	铁、碳素钢、合金钢
		有色金属	铜、铝及其合金
	非金属材料	天然石材	砂、石及石材制品
		烧土制品	黏土砖、瓦、陶瓷制品等
		胶凝材料及其制品	石灰、石膏及制品、水泥及混凝土制品、硅酸盐制品等
		玻璃	普通平板玻璃、特种玻璃等
		无机纤维材料	玻璃纤维、矿物棉等
有机材料	植物材料		木材、竹材、植物纤维及制品等
	沥青材料		煤沥青、石油沥青及其制品
	合成高分子材料		塑料、涂料、胶黏剂、合成橡胶等
复合材料	有机与无机非金属材料的复合		聚合物混凝土、玻璃纤维增强塑料等
	金属与无机非金属材料的复合		钢筋混凝土、钢纤维混凝土等
	金属与有机材料的复合		PVC钢板、有机涂层铝合金板

表 1-2 建筑材料按使用功能分类

分　　类	实　　例
建筑结构材料	梁、板、柱、基础等材料（水泥混凝土、钢材等）
墙体材料	砌墙砖、砌块、板材等
建筑功能材料	防水材料、绝热材料、吸声和隔声材料、采光材料、装饰材料等

有很大比例，所以选用墙体材料，对降低建筑物的成本、节能和使用安全耐久等都是很重要的。目前，我国大量使用的墙体材料为砌墙砖、加气混凝土砌块和混凝土等。

1.1.2.3　建筑功能材料

主要是指担负某些建筑功能的非承重材料。如防水材料、绝热材料、吸声和隔声材料、采光材料、装饰材料等。这类材料品种繁多，功能各异，随着节能的要求，将会越来越多地应用于建筑物上。

一般来说，建筑物的可靠度与安全度，主要取决于由建筑结构材料组成的构件和结构体系，建筑物的使用功能与建筑品位，主要取决于建筑功能材料。此外，对某一种具体材料来说，它可能兼有多种功能。

1.2　建筑材料的发展趋势

建筑材料是随着人类社会生产力的发展和科学技术水平的提高逐步发展起来的。人类由最初的利用山顶洞穴栖身，到在陆地上搭茅草屋、盖砖（或石头）房，经历了漫长的进化与生产力的发展过程。传统的中国建筑技术以木结构为代表，西方则以石材为代表。直到 19世纪钢筋混凝土的出现，使人类居住的条件及环境发生了翻天覆地的变化，人类对自然界的利用与改造技术也有了巨大的发展。现在广泛应用的建筑材料有混凝土、钢材、木材、玻璃等，其中混凝土的强度可达几十兆帕至上百兆帕；用在楼房建筑、交通道路的高速公路、机场跑道、桥梁、水库及核电站等。但到如今地球上的资源越来越少，生态环境越来越差，从可持续发展的角度考虑，建筑材料今后的发展趋势应从以下几方面考虑。

1）走可持续发展的道路，建立节约型生产体系。

2）大力发展生产力，提高科技水平，生产轻质、高强、多功能复合型、智能型建材产品。

3）发展利用外加剂和掺合料提高混凝土性能。

4）充分利用工业废料，大力发展对环境无污染的绿色建材产品。

1.3 建筑材料的技术标准

建筑材料的技术标准是生产和使用单位检验、确定产品质量是否合格的技术文件。为了保证材料质量、现代化生产和科学管理，必须对材料产品的技术要求制定统一的执行标准。其内容主要包括产品规格、分类、技术要求、检验方法、验收规则、标识、运输和储存注意事项等方面。

根据技术标准发布单位与适用范围，我国可分为国家标准、行业标准和企业及地方标准。

1.3.1 国家标准

国家标准分强制性标准（代号 GB）和推荐性标准（代号 GB/T）。强制性标准是全国必须执行的技术指导文件，产品的技术指标都不得低于标准中规定的要求。推荐性标准是在执行时也可采用其他相关标准的规定。

1.3.2 行业标准

指各行业（或主管部门）为了规范本行业的产品质量而制定的技术标准，也是全国性的指导文件，高于国家标准。如建筑工程行业标准（代号 JGJ）、建筑材料行业标准（代号 JC）、冶金工业行业标准（代号 YB）、交通行业标准（代号 JT）等。

1.3.3 地方标准

地方标准（代号 DB）为地方主管部门发布的地方性技术指导文件，适用于在该地区使用，高于国家标准。

1.3.4 企业标准

企业标准（代号 QB）是由企业制定发布的指导本企业生产的技术文件，仅适用于本企业，高于类似（或相关）产品的国家标准。

标准的一般表示包括标准名称、部门代号、编号和批准年份。

如：国家标准（强制性）——《通用硅酸盐水泥》（GB 175—2007）；

国家标准（推荐性）——《建设用砂》（GB/T 14684—2011）。

国际标准大致可分为以下几类：

1）世界范围内统一使用的"ISO"国际标准；

2）国际上有影响的团体标准和公司标准，如美国材料与试验协会标准"ASTM"；

3）区域性标准是指工业先进国家的标准，如德国工业标准"DIN"、英国的"BS"标准、日本的"JIS"标准等。

目前主要建筑材料都有统一的技术标准。标准的主要内容，包括材质和检验两大方面。有的将这两个方面合并在同一个标准；有的则分开几个标准。现场配制的一些材料，它们的原材料要符合相应的建材标准，制成成品的检验往往包含于施工验收规范和规程之中。由于标准的分工越来越细和相互渗透，一种材料的检验，经常要涉及多个标准、规程和规定。

1.4 建筑材料课程的性质、任务和学习方法

本课程是土木工程类专业的一门专业基础课，是一门实践性很强的应用性学科。学好本课程为后续的专业课学习奠定了基础。建筑施工技术、建筑结构、工程预算等专业课都离不开建筑材料。

通过本课程的学习，使初学者具有建筑材料的基础知识和在实践中合理选择与使用建筑材料的能力；并能根据建筑材料的规范标准对材料进行检验。实验课是本课程的重要教学环节，其任务是为了进一步了解材料的性能和掌握检测方法，培养动手能力以及严谨的科学态度，提高分析问题和解决问题的能力。

建筑材料的内容庞杂，许多内容是定性的描述或经验的总结。根据本课程的特点，明确学习目的是正确应用材料，材料的性质决定应用，所以材料性质是本门课学习的中心环节，其次了解影响材料性质的因素。抓住这两条线索，不仅易于掌握课程的基本内容，并可按此线索不断扩大材料性质的知识。另外，本课程是实践性很强的课程，注意理论联系实际。利用一切机会注意观察周围已经建成和正在建设的工程，在实践中验证和补充书本知识。

第2章 建筑材料的基本性质

材料的基本物理性质、力学性质、化学性质和材料的耐久性。

教学目标

通过本章学习，了解和掌握材料的基本性质和相关概念，能合理地选用材料。

由于建筑材料在建筑物中所处的部位不同，要承受各种不同的作用，因而要求建筑材料具有不同的性质，如梁、板、柱主要承受外力作用，墙体不但具有承重，还要具有保温、隔声的功能，屋面具有保温、防水的功能，对于长期暴露在大气中的材料，还会受到各种外界因素的影响，如经受风吹、日晒、雨淋、冰冻等的作用。为了能够正确选择、合理运用、准确地分析和评价建筑材料，作为建筑工程技术人员，必须熟悉它们的各种性质。

2.1 建筑材料的基本物理性质

2.1.1 材料与质量有关的性质

（1）密度 材料在绝对密实状态下，单位体积的质量称为密度。密度按下式计算。

$$\rho = \frac{m}{V}$$

式中 ρ——密度，g/cm^3；

m——材料干燥时的质量，g；

V——材料在绝对密实状态下的体积，cm^3。

绝对密实状态下的体积是指不包括材料所含孔隙在内的固体物质所占的体积。在常用建筑材料中，除钢材、玻璃等少数接近于绝对密实的材料外，绝大多数都含有一定的孔隙。在测定有孔隙的材料体积时，先把材料磨成细粉以排除其内部孔隙，用李氏比重瓶测得真实体积。材料磨得越细，测得的体积越接近于绝对体积。

（2）表观密度 材料在自然状态下单位体积的质量，称为表观密度。表观密度按下式计算。

$$\rho_0 = \frac{m}{V_0}$$

式中　ρ_0——表观密度，kg/m^3；

　　　m——材料的质量，kg；

　　　V_0——材料自然状态下的体积，m^3。

材料在自然状态下的体积，是指构成材料的固体物质的体积与孔隙体积之和。材料的内部孔隙有两种，相互连通且与外界相通的孔为开口孔，不与外界相通的孔为闭口孔。

对于形状规则的材料，可以直接测量体积；对于形状不规则的材料，可用蜡封法封闭孔隙，然后用排液法测量体积。材料表观密度的大小与其含水状态有关。故测定材料表观密度时，应注明其含水情况，未特别标明者，常指气干状态下的表观密度（材料含水率与大气湿度相平衡，但未达到饱和状态）。

如直接用排水法测定其体积，由于一部分水进入了开口孔隙，故所测得体积比自然状态下的体积稍小，但较接近，故计算出的密度为近视密度，称为视密度。

（3）堆积密度　散粒状材料在自然堆积状态下单位体积的质量，称为堆积密度。堆积密度按下式计算。

$$\rho_0' = \frac{m}{V_0'}$$

式中　ρ_0'——堆积密度，kg/m^3；

　　　m——材料的质量，kg；

　　　V_0'——粒状材料的堆积体积，m^3。

材料在自然堆积状态下，其体积包括所有颗粒内部孔隙，还包括颗粒间的空隙。

对于配制混凝土用的碎石、卵石及砂等松散颗粒状材料的堆积密度测定是在特定条件下，即一定容器的容积测得的体积，称为堆积体积，求其密度称为堆积密度。

若以松散堆积体积计算的堆积密度称松堆密度，以振实体积计算则称紧堆密度。常用建筑材料的密度、表观密度、堆积密度和孔隙率见表 2-1。

表 2-1　常用建筑材料的密度、表观密度、堆积密度和孔隙率

材料名称	密度/(g/cm^3)	表观密度/(kg/m^3)	堆积密度/(kg/m^3)	孔隙率/%
钢材	7.85	7850	—	
花岗岩	2.6～2.9	2600～2850	—	0～0.3
石灰石	2.6～2.8	2000～2600	—	0.5～3.0
碎石或卵石	2.6～2.9	—	1400～1700	
普通砂	2.6～2.8	—	1450～1700	
烧结黏土砖	2.5～2.7	1500～1800		20～40
水泥	3.0～3.2		1300～1700	
普通混凝土	—	2100～2600		5～20
沥青混凝土	—	2300～2400		2～4
木材	1.55	400～800		55～75

（4）密实度与孔隙率

1）密实度　材料体积内被固体物质所充实的程度，即绝对密实体积与自然状态下体积

的比率。用 D 表示，按下式计算。

$$D = \frac{V}{V_0} \times 100\% = \frac{\rho_0}{\rho} \times 100\%$$

含孔隙的固体材料密实度均小于 1。

2）孔隙率　材料中孔隙的体积占材料总体积的百分率，用 P 表示。按下式计算。

$$P = \frac{V_0 - V}{V_0} \times 100\% = \left(1 - \frac{V}{V_0}\right) \times 100\% = \left(1 - \frac{\rho_0}{\rho}\right) \times 100\%$$

材料孔隙率的大小、孔的粗细和形态等，是材料构造的重要特征，涉及材料的一系列性质，如强度、吸水性、抗冻性、抗渗性、保温性等。孔隙特征主要指孔的种类（开孔与闭孔）、孔径的大小及分布等。一般而言，孔隙率较小，且闭口孔多的材料，其吸水性较小，强度较高，抗渗性、抗冻性较好。

3）密实度 D 与孔隙率 P 的关系。

$$P = 1 - D$$

密实度越接近 1，表明材料越密实，对同种材料来说，强度越高。

（5）填充率与空隙率

1）填充率　是指散粒状材料在堆积体积中，被其颗粒填充的程度。用 D' 表示。

$$D' = \frac{V_0}{V_0'} \times 100\% = \frac{\rho_0'}{\rho_0} \times 100\%$$

2）空隙率　空隙率是指散粒状材料在堆积体积中，颗粒之间的空隙体积占堆积总体积的比例。以 P' 表示。

$$P' = 1 - \frac{V_0}{V_0'} = \left(1 - \frac{\rho_0'}{\rho_0}\right) \times 100\%$$

3）填充率与空隙率的关系。

$$D' + P' = 1$$

填充率或空隙率的大小，都能反映出散粒材料颗粒之间相互填充的致密状态。

2.1.2　材料与水有关的性质

（1）材料的亲水性与憎水性　材料在空气中与水接触时能被水润湿的性质称为亲水性。具有这种性质的材料称为亲水性材料，如砖、混凝土、木材等。材料在空气中与水接触时不能被水润湿的性质，称为憎水性。具有这种性质的材料称为憎水性材料，如沥青、石蜡等。因此，憎水性材料经常作为防水材料或用于亲水性材料的表面处理，以降低吸水性。

在材料、水和空气三相的交点处，沿水的表面切线与材料和水接触面所形成的夹角 θ 称为"润湿角"。当 $\theta \leqslant 90°$ 时，材料分子与水分子之间相互的吸引力大于水分子之间的内聚力，称为亲水性材料。当 $\theta > 90°$，材料分子与水分子之间相互的吸引力小于水分子之间的内聚力，称为憎水性材料。如图 2-1 所示。

（2）吸水性　材料浸入水中吸收水分的能力称为吸水性。吸水性的大小用吸水率表示，分为质量吸水率和体积吸水率。

质量吸水率　是指材料吸水饱和时，所吸收水分的质量占材料干燥质量的百分比，用 $W_{质}$ 表示。按下式计算。

$$W_{质} = \frac{m_{湿} - m_{干}}{m_{干}} \times 100\%$$

式中　$W_{质}$——材料的质量吸水率，%；

$m_{湿}$——材料吸水饱和后的质量，g；

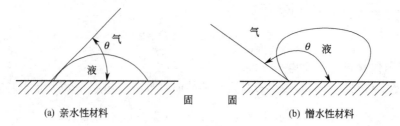

图 2-1 材料的润湿示意图

$m_{\text{干}}$——材料烘干至恒重时的质量，g。

工程中多用质量吸水率 $W_{\text{质}}$ 表示材料的吸水性。但对于某些轻质材料如泡沫塑料等，由于其质量吸水率超过了 100%，故用体积吸水率 $W_{\text{体}}$ 表示其吸水性较为适宜。

$$W_{\text{体}} = \frac{m_{\text{湿}} - m_{\text{干}}}{V_0} \times \frac{1}{\rho_{\text{水}}} \times 100\%$$

材料吸水性的大小不仅取决于材料是亲水性或是憎水性，还与其孔隙率的大小及孔隙特征有关。一般来说，材料的孔隙率越大，吸水性越强。开口且连通的细小孔隙越多，吸水性越强；封闭的孔隙水分难以进入；粗大开口的孔隙，水分不易存留，故吸水性较小。

材料在吸水后，原有的许多性能会发生改变，如强度降低，表观密度加大，保温性变差，抗冻性变差，耐久性下降，甚至有的材料会因吸水发生化学反应而变质。

（3）吸湿性　材料在潮湿空气中吸收水分的性质称为吸湿性。用含水率 $W_{\text{含}}$ 表示，含水率指材料所含水的质量占材料干燥质量的百分比。按下式计算。

$$W_{\text{含}} = \frac{m_{\text{含}} - m_{\text{干}}}{m_{\text{干}}} \times 100\%$$

式中　$W_{\text{含}}$——材料的含水率，%；

$m_{\text{含}}$——材料含水时的质量，g；

$m_{\text{干}}$——材料烘干至恒重时的质量，g。

材料含水率的大小，除与组成成分、组织构造等因素有关外，还与周围环境的湿度、温度有关。气温越低、相对湿度越大，材料的含水率也越大。当材料含水率与周围空气湿度达到平衡时的含水率称为"平衡含水率"。平衡含水率随温度、湿度变化而变化。

（4）耐水性　材料长期在饱和水作用下不破坏、强度也不显著降低的性质称为耐水性。用软化系数 $K_{\text{软}}$ 表示。按下式计算。

$$K_{\text{软}} = \frac{f_{\text{饱}}}{f_{\text{干}}}$$

式中　$f_{\text{饱}}$——材料在饱和水状态下的抗压强度，MPa；

$f_{\text{干}}$——材料在干燥状态下的抗压强度，MPa。

材料含水后，会以不同的方式减弱材料的内部结合力，使强度有不同程度的降低。材料的软化系数，反映材料吸水后强度降低的程度。其值在 0～1 之间。$K_{\text{软}}$ 越大，表明材料吸水饱和后强度下降得越少，耐水性越好。故 $K_{\text{软}}$ 值可作为处于严重受水侵蚀或潮湿环境下的重要结构物选择材料时的主要依据。对处于水中的重要结构物，其材料的 $K_{\text{软}}$ 值应不小于 0.85～0.90；次要的或受潮较轻的结构物，其 $K_{\text{软}}$ 值应不小于 0.75～0.85；对于经常处于干燥环境的结构物，可不考虑 $K_{\text{软}}$。通常认为 $K_{\text{软}}$ 大于 0.85 的材料为耐水材料。

（5）抗渗性　材料在水、油等液体压力作用下，抵抗渗透的性质，称为抗渗性。用渗透系数 K 表示。渗透系数按下式计算。

$$K = \frac{Wd}{HtA}$$

式中 K——渗透系数，$mL/(cm^2 \cdot s)$ 或 cm/s；

　　　W——透过材料试件的水量，mL；

　　　d——试件厚度，cm；

　　　H——静水压力水头，cm；

　　　t——透水时间，s；

　　　A——透水面积，cm^2。

渗透系数反映了水在材料中流动的速度。K 越大，表明水在材料中流动的速度越快，材料的透水性好，其抗渗性越差。

建筑中大量使用的砂浆、混凝土等材料，其抗渗性用抗渗等级表示。抗渗等级用材料抵抗的最大水压力来表示。如 P6、P8、P10、P12 等，分别表示材料抵抗 0.6MPa、0.8MPa、1.0MPa、1.2MPa 的水压力不渗水。抗渗等级越大，材料的抗渗性越好。

材料的抗渗性与其孔隙特征和孔隙率有关，封闭孔隙且孔隙率小的材料抗渗性好，连通孔隙且孔隙率大的材料抗渗性差。

由于建筑材料一般都有不同程度的渗透性，当材料两侧存在不同水压时，材料中易溶的化学成分会溶解流失，或周围的腐蚀性介质进入材料内部，把分解的产物带出，使材料逐渐破坏，如地下建筑、水工建筑物及防水的材料，要求其具有良好的抗渗性。

（6）抗冻性　材料在吸水饱和状态下，能经受多次冻融循环作用而不破坏，其强度也不严重降低的性质，称为抗冻性。用抗冻等级表示。

抗冻等级是以试件在吸水饱和状态下，经冻融循环试验，质量损失和强度下降均不超过规定数值的最大冻融循环次数来表示，如 F25、F50、F100 等。抗冻等级越高，材料的抗冻性越好。抗冻性常作为考查材料耐久性的一个指标。

材料经多次冻融循环后，表面出现裂纹、剥落等现象，造成质量损失，强度降低。这是由于材料内部孔隙中的水分结冰体积增大，对孔壁产生很大压力，冰融化时压力又骤然消失所致。无论是冻结还是融化过程都会使材料冻融交界层间产生明显的压力差，并作用于孔壁使之遭损。

影响材料抗冻性的因素有内因和外因。内因是指材料的组成、构造、孔隙率的大小和孔隙特征、强度、吸水性、耐水性等；外因是指材料孔隙中充水的程度、冻结温度、冻结速度、冻融频率等。一般来说，孔隙率小的具有闭口孔的材料有较好的抗冻性；材料的含水率越大，冻融循环的破坏作用就越大。

2.1.3 材料与热有关的性质

（1）导热性　材料传导热量的能力，称为导热性，用热导率 λ 表示。按下式表示。

$$\lambda = \frac{Q\delta}{At(T_2 - T_1)}$$

式中 λ——热导率，$W/(m \cdot K)$；

　　　Q——传导的热量，J；

　　　A——材料传热面积，m^2；

　　　δ——材料的厚度，m；

　　　t——传热时间，s；

$T_2 - T_1$——材料两侧温度差，K。

材料的热导率越小，导热性越差，保温隔热性能越好。建筑材料的热导率一般为 0.035～3.5$W/(m \cdot K)$。$\lambda \leqslant 0.175W/(m \cdot K)$ 的材料称为绝热材料。

热导率与材料成分、孔隙率、构造情况和含水率以及温度有着密切关系。金属材料的热导率大于非金属材料的热导率。因为热导率是由材料固体物质和孔隙中空气的热导率决定的，由于密闭空气的热导率λ［为 0.023W/(m·K)］很小，所以材料的孔隙率越大，其热导率越小，具有多孔且是闭口孔材料的 λ 较小，保温性较好。如果是粗大或贯通的孔隙，由于增加了热量的对流作用，材料的热导率反而增大。材料受潮或受冻后，其热导率会大大提高。这是由于水和冰的热导率比空气的热导率高很多［水为 0.58W/(m·K)，冰为 2.20W/(m·K)］。因此，绝热材料应经常处于干燥状态，以利于发挥材料的绝热性质。

由前述可知，围护结构传热与材料的种类、材料的厚度、内外表面的温差及传热面积有关。同为 240mm 厚的黏土砖外墙要比加气混凝土砌块外墙保温效果差。

（2）热容量　材料在受热时吸收热量，冷却时放出热量的性质称为热容量。材料的热容量用比热容表示，可按下式计算。

$$Q = cm(T_2 - T_1) \quad 或 \quad c = \frac{Q}{m(T_2 - T_1)}$$

式中　Q——材料吸收或放出的热量，J；

c——材料的比热容，J/(g·K)；

m——材料的质量，g；

$T_2 - T_1$——材料受热或冷却前后温差，K。

材料的比热容是指单位质量的材料，在温度升高或下降 1K 时所吸收或放出的热量。c 与 m 的乘积，即 cm 为材料的热容量值。采用热容量大的材料做维护结构材料，能在热流变动或采暖、空调不均衡时，缓和室内温度的波动，对稳定室内温度有良好的作用。

材料的热导率和比热容是设计建筑物维护结构（墙体、屋盖）、进行热工计算时的重要参数。建筑设计时，应选用热导率较小而热容量较大的材料。几种常用材料的热导率和比热容见表 2-2。

表 2-2　几种常用材料的热导率和比热容

材料名称	建筑钢材	普通混凝土	木材	黏土空心砖	花岗岩	泡沫塑料	水	冰	密闭空气
热导率/[W/(m·K)]	58	1.51	2.51	0.80	3.49	0.035	0.58	2.20	0.023
比热容/[J/(g·K)]	0.48	0.84	2.72	0.92	0.92	1.30	4.30	2.05	1.05

（3）热变形性　材料随温度的升降而产生热胀冷缩变形的性质，称为材料的热变形性，即温度变形，用线膨胀系数 α 表示，按下式计算。

$$\alpha = \Delta L / (L \Delta t)$$

式中　α——材料的线膨胀系数，1/K；

ΔL——试件的膨胀或收缩值，mm；

L——试件在升温前的长度，mm；

Δt——温度差，K。

线膨胀系数越大，表明材料的热变形性越大。普通混凝土的线膨胀系数为 10×10^{-6}/K，钢材为 $(10 \sim 12) \times 10^{-6}$/K，所以它们能组成钢筋混凝土共同工作。

材料的热变形性对于土木工程是不利的。如在大面积或大体积的混凝土中，当温度变形产生的膨胀拉应力超过混凝土的抗拉强度时，引起温度裂缝，故大体积的建筑工程，为防止温度变形引起裂缝，应设置伸缩缝。

（4）耐燃性　材料对火焰和高温度的抵抗能力，称为材料的耐燃性。材料的耐燃性按照耐火要求规定，分为非燃烧材料、难燃烧材料和燃烧材料三大类。

1）非燃烧材料　在空气中受到明火或高温时，不起火、不碳化、不微燃的材料，称为非燃烧材料，如砖、天然石材、混凝土、砂浆、金属材料等。

2）难燃烧材料　在空气中受到明火或高温时，难起火、难碳化、离开火源后燃烧或微燃立即停止的材料，称为难燃烧材料，如石膏板、水泥石棉板、板条抹灰等。

3）燃烧材料　在空气中受到明火或高温时，立即起火或燃烧，离开火源后继续燃烧或微燃的材料，如胶合板、纤维板、木材等。

在建筑工程中，应根据建筑物的耐火等级和材料的使用部位，选用非燃烧材料或难燃烧材料。当采用燃烧材料时，应进行防火处理。

 复习思考题

1. 什么是密度、表观密度、堆积密度？它们有什么区别？如何计算。

2. 何谓材料的密实度和孔隙率？两者有什么关系？

3. 某一块材料，干燥状态下的质量为 115g，自然状态下的体积为 44cm³，绝对密实状态下的体积为 37cm³，试计算其密度、表观密度和孔隙率。

4. 一卵石试样，洗净烘干后质量 1000g，将其浸水饱和后，用布擦干表面称重 1005g，在装入盛满水后重为 1840g 的广口瓶内，然后称得质量为 2475g，求其表观密度、视密度。

5. 一块标准尺寸的黏土砖（240mm×115mm×53mm）干燥状态下质量为 2420g，吸水饱和后质量为 2640g，将其烘干磨细后称取质量为 50g，用李氏比重瓶测其体积为 19.2cm³，试求该砖的密度、表观密度和质量吸水率。

6. 说明材料的孔隙率和孔隙特征对材料的表观密度、强度、吸水性、吸湿性、抗渗性、抗冻性、以及保温性的影响。

7. 什么是材料的吸水性、吸湿性、抗渗性、抗冻性？各用什么指标表示？

8. 墙体材料为什么要选择比热大的材料？

2.2　材料的力学性质

材料的力学性质，主要是指材料在外力（荷载）作用下，抵抗破坏和变形能力的性质。

2.2.1　强度

材料抵抗因外力（荷载）作用而引起破坏的最大能力，称为该材料的强度。根据外力作用方式不同，材料的强度主要有抗拉、抗压、抗弯（折）强度、抗剪强度。受力示意图见图 2-2。

2.2.1.1　抗拉、抗压、抗剪强度

材料的抗拉、抗压、抗剪强度按下式计算。

$$f = \frac{F}{A}$$

式中　f——抗拉、抗压、抗剪强度，MPa；

F——材料受拉、压、剪破坏时的荷载，N；

A——材料的受力面积，mm²。

2.2.1.2　抗弯（折）强度

材料的抗弯（折）强度计算，按受力情况、截面形状等不同，方法各异。当试件为矩形

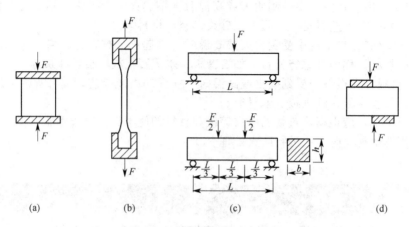

图 2-2　材料受力示意图

截面时，在跨中或离支点各 1/3 处加一集中荷载，其抗弯强度应分别按下式计算。

$$f_m = \frac{3FL}{2bh^2} \quad 或 \quad f_m = \frac{FL}{bh^2}$$

式中　f_m——抗弯（折）强度，MPa；

　　　F——受弯时破坏荷载，N；

　　　L——跨度，mm；

　　b，h——断面宽度、高度，mm。

在建筑工程中，大部分建筑材料依据其极限强度的大小划分为若干个不同的等级，这个等级叫强度等级。

2.2.2　弹性和塑性

材料在外力作用下产生变形，当取消外力后，能完全恢复原来形状的性质，称为弹性。这种能完全恢复的变形，称为弹性变形。见图 2-3。

材料在外力作用下产生变形，当取消外力后，仍保持变形后的形状和尺寸并且不产生裂缝的性质，称为塑性。这种不能恢复的永久变形，称为塑性变形。见图 2-4。

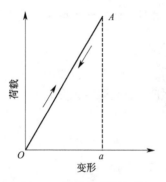

图 2-3　材料的弹性变形

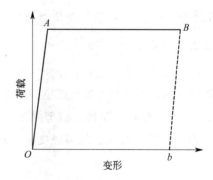

图 2-4　材料的塑性变形

在建筑材料中，没有单纯的弹性材料。有的材料在受力不大的情况下，表现为弹性变形，当外力超过一定限度后，则表现为塑性变形，如低碳钢。有的材料在受力后，弹性变形和塑性变形同时产生，取消外力后，弹性变形恢复，而塑性变形不能恢复。这种材料称为弹塑性材料，如混凝土。材料的弹塑性变形曲线见图 2-5。

2.2.3 脆性和韧性

材料受力破坏时，无明显的塑性变形而突然破坏的性质，称为材料的脆性。如砖、石、混凝土、砂浆、陶瓷、玻璃等。脆性材料的特点是塑性变形很小，抵抗冲击、振动荷载的能力差，故常用于承受静压力作用的工程部位，如基础、墙体、柱子、墩座等。脆性材料的变形曲线见图 2-6。

材料在冲击或振动荷载作用下，能吸收较大能量，并产生一定变形而不发生破坏的性质，称为材料的韧性。如建筑钢材、木材、橡胶、沥青等属于韧性材料。韧性材料的特点是塑性变形大，抗拉、抗压强度都较高。对于承受冲击振动荷载和有抗震要求的结构，如路面、吊车梁等应选用具有较高韧性的材料。

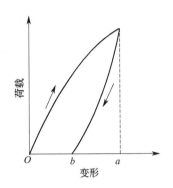

图 2-5 材料的弹塑性变形曲线

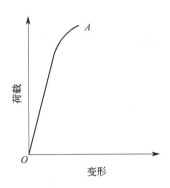

图 2-6 脆性材料的变形曲线

2.2.4 硬度和耐磨性

（1）硬度 材料表面抵抗较硬物体压入或刻画的能力，称为材料的硬度。不同材料的硬度测定方法不同。天然矿物的硬度按刻画法分为 10 级，其硬度递增的顺序为滑石、石膏、方解石、萤石、磷灰石、正长石、石英、黄玉、刚玉、金刚石。材料的硬度越大，则耐磨性越好，加工越困难。常用的有布氏法和洛氏法。布氏法采用钢球压入法测定，用布氏硬度 HB 表示。

（2）耐磨性 材料表面抵抗磨损的能力，常用磨损率 B 表示。磨损率按下式计算。

$$B = (m_1 - m_2)/A$$

式中 B——材料的磨损率，g/cm^2；

m_1——材料磨损前的质量，g；

m_2——材料磨损后的质量，g；

A——试件受磨面积，cm^2。

建筑工程中，用于道路、地面、踏步等部位的材料，均应考虑其硬度和耐磨性。一般来说，强度较高且密实的材料，其硬度较大，耐磨性也较好。

 复习思考题

1. 什么是材料的强度？根据外力不同，强度主要有几种？如何计算？

2. 什么是材料的弹性与塑性？脆性和韧性？硬度和耐磨性？

2.3 材料的耐久性

材料在使用过程中，能抵抗周围各种介质的侵蚀而不破坏，也不失去其原有性能的性质，称为耐久性。材料的耐久性是一项综合性质，一般包括抗渗性、耐腐蚀性、抗老化性、抗碳化性、耐热性、耐溶蚀性、耐磨性等诸多方面。

材料在使用过程中，除受到各种外力的作用外，还长期受到周围环境和各种自然因素的破坏作用。这些破坏作用一般可分为物理作用、化学作用及生物作用等。

物理作用包括材料的干湿变化、温度变化及冻融变化等。这些变化可引起材料的收缩和膨胀，长时期或反复作用会使材料逐渐破坏。

化学作用包括酸、碱、盐等物质的水溶液及气体对材料产生的侵蚀作用，使材料产生质的变化而破坏。如钢筋的腐蚀等。

生物作用是昆虫、菌类等对材料所产生的蛀蚀、腐朽等破坏作用。如木材及植物纤维材料的腐烂等。

对不同种类的建筑材料，其耐久性方面的考虑，应有所侧重。金属材料主要是易受电化学腐蚀，硅酸盐类材料溶蚀、化学腐蚀、冻融等破坏。沥青、塑料等在阳光、空气、热的作用下逐渐老化等。

为了提高材料的耐久性，以利于延长建筑物的使用寿命和减少维修作用，可根据材料的特点和所处环境的条件，采取相应的措施，确保工程所要求的耐久性。如设法减轻大气或周围介质对材料的破坏作用（降低湿度，排除侵蚀性物质等），提高材料本身对外界作用的抵抗能力（提高材料的密实度，采用防腐措施等），也可用其他材料保护主体材料免受破坏（覆面、抹灰、刷涂料等）。

 复习思考题

简述提高材料耐久性的措施。

小　结

物理性质 {
与质量有关的性质：密度，表观密度，堆积密度，密实度与孔隙率，填充率与空隙率
与水有关的性质：亲水性与憎水性，吸水性，吸湿性，耐水性，抗渗性，抗冻性
与热有关的性质：导热性，热容量，热变形性，耐燃性
}

力学性质 {
强度
弹性与塑性
脆性与韧性
硬度与耐磨性
} 基本概念、公式

耐久性：基本概念

第3章 气硬性胶凝材料

　　了解石灰、石膏、水玻璃和镁质胶凝材料的生产方法，理解其凝结和硬化原理；掌握石灰、石膏及水玻璃的技术性质、应用及储存。

教学目标

　　通过本章学习，能掌握气硬性胶凝材料的基本知识，具备合理使用这些材料的能力。

　　在一定条件下，经过自身一系列物理、化学作用后，能将散粒或块状材料黏结成整体，并使其具有一定强度的材料，统称为胶凝材料。这些材料在建筑工程中应用极其广泛。

　　胶凝材料按化学性质不同可分为有机和无机胶凝材料两大类。

　　有机胶凝材料是以天然或合成高分子化合物为基本组成的一类胶凝材料。无机胶凝材料则是以无机化合物为主要成分的一类胶凝材料。无机胶凝材料按硬化条件的不同分为气硬性和水硬性胶凝材料两大类。

　　气硬性无机胶凝材料只能在空气中凝结、硬化，保持并发展其强度，如石灰、石膏、水玻璃等。

　　水硬性胶凝材料既能在空气中硬化，又能很好地在水中硬化，保持并继续发展其强度，如各种水泥。

3.1 石灰

　　石灰是人类在建筑中最早使用的胶凝材料之一，因其原材料蕴藏丰富，分布广，生产工艺简单，成本低廉，使用方便，所以至今仍被广泛应用于建筑工程中。

3.1.1 石灰的生产简介

3.1.1.1 石灰的原料

　　生产石灰的主要原料是以碳酸钙为主要成分的天然岩石，常用的有石灰石、白云石、白垩等，除了用天然原料生成外，石灰的另一来源是利用化学工业副产品。例如用电石（碳化钙）制取乙炔时的电石渣，其主要成分是氢氧化钙，即消石灰。

3.1.1.2 石灰的生产

石灰石经过煅烧生成生石灰，其化学反应式如下。

$$CaCO_3 \xrightarrow{900\sim1100℃} CaO + CO_2$$

生石灰是一种白色或灰色块状物质，其主要成分是氧化钙。正常温度下煅烧得的石灰具有多孔结构，内部孔隙率大，晶粒细小，表观密度小，与水作用速度快。实际生产中，若煅烧温度过低或煅烧时间不充足，则 $CaCO_3$ 不能完全分解，将生成欠火石灰。使用欠火石灰时，产浆量较低，质量较差，降低了石灰的利用率；若煅烧温度过高或煅烧时间过长，将生成颜色较深、表观密度较大的过火石灰。过火石灰熟化十分缓慢，使用时会影响工程质量。

3.1.2 石灰的熟化及硬化

3.1.2.1 石灰的熟化

石灰的熟化，又称消解，是生石灰（CaO）与水作用生成熟石灰 $Ca(OH)_2$ 的过程，反应式如下。

$$CaO + H_2O \longrightarrow Ca(OH)_2 + 64.9kJ$$

石灰熟化时放出大量的热量，同时体积膨胀 $1\sim2.5$ 倍。

过火石灰熟化极慢，为避免过火石灰在使用后，因吸收空气中的水蒸气而逐步水化膨胀，使硬化砂浆或石灰制品产生隆起、开裂等破坏，在使用前必须使其熟化或将其除去。常采用的方法是在熟化过程中首先将较大尺寸的过火石灰块利用筛网等除去（同时也可除去较大的欠火石灰块，以改善石灰质量），之后让石灰浆在储灰池中"陈伏"两周以上，使较小的过火石灰充分熟化。陈伏期间，石灰浆表面应留有一层水，与空气隔绝，以免石灰碳化。

熟石灰，又称消石灰，消石灰有两种使用形式。

（1）石灰膏　生石灰块加 $3\sim4$ 倍的水，经熟化、沉淀、陈伏而得到的膏状体。石灰膏含水约 50%。1kg 生石灰熟化成 $1.5\sim3.5$L 石灰膏。

（2）消石灰粉　生石灰块加 60%～80% 的水，经熟化、陈伏等得到的粉状物（略湿，但不成团）。

3.1.2.2 石灰的硬化

石灰在空气中的硬化包括干燥、结晶和碳化三个交错进行的过程。

（1）干燥作用　石灰浆中多余的水分蒸发或砌体吸收而使石灰粒子紧密接触，获得一定强度。

（2）结晶作用　随着游离水的减少，使得 $Ca(OH)_2$ 溶液过饱和而逐渐结晶析出，促进石灰浆体的硬化，同时干燥使浆体紧缩而产生强度。

（3）碳化作用　$Ca(OH)_2$ 与空气中的 CO_2 作用，生成不溶解于水的 $CaCO_3$ 晶体，析出的水分则逐渐被蒸发，即：

$$Ca(OH)_2 + CO_2 + nH_2O \longrightarrow CaCO_3 + (n+1)H_2O$$

这个过程称为碳化，形成的 $CaCO_3$ 晶体使硬化石灰浆体结构致密、强度提高。但由于空气中 CO_2 的浓度很低，且表面碳化后，CO_2 不宜进入内部，故碳化过程极为缓慢。空气中湿度过小或过大均不利于石灰的碳化硬化。

石灰硬化慢、强度低、不耐水。

3.1.3 石灰的分类、标记及技术要求

（1）石灰的分类

建筑工程所用的石灰分成三个品种：建筑生石灰、建筑生石灰粉和建筑消石灰粉。因石灰原料中常含有一些碳酸镁成分，所以经煅烧生成的生石灰中也相应含有氧化镁成分。

建筑生石灰按照化学成分分为钙质石灰和镁质石灰（MgO 含量＞5%）。根据（CaO＋MgO）百分含量分成各个等级：

钙质石灰 90、85、75，代码分别为 CL90、CL85、CL75；

镁质石灰 85、80，代码分别为 ML85、ML80。

建筑消石灰按照化学成分分为钙质消石灰和镁质消石灰。根据扣除游离水和结合水后（CaO＋MgO）的百分含量分成各个等级：

钙质消石灰 90、85、75，代码分别为 HCL90、HCL85、HCL75；

镁质消石灰 85、80，代码分别为 HML85、HML80。

（2）石灰的标记

1）生石灰的识别标志由产品名称、加工情况和产品依据标准编号组成。生石灰块在代号后加 Q，生石灰粉在代号后加 QP。

如钙质生石灰粉 90 标记为 CL 90-QP（JC/T 479—2013）。

2）消石灰的识别标志由产品名称、产品依据标准编号组成。

如钙质消石灰 90 标记为 HCL 90-QP（JC/T 481—2013）。

（3）石灰的技术要求

我国建材行业标准《建筑生石灰》（JC/T 479—2013）、《建筑消石灰》（JC/T 481—2013）分别对生石灰、生石灰粉及消石灰的主要技术指标作出相关的规定，见表 3-1、表 3-2。

表 3-1　建筑生石灰的技术指标（JC/T 479—2013）

名称	(CaO+MgO)/%	产浆量/(dm³/10kg)	细度	
			0.2mm 筛余量/%	90μm 筛余量/%
CL 90-Q CL 90-QP	≥90	≥26 —	— ≤2	— ≤7
CL 85-Q CL 85-QP	≥85	≥26 —	— ≤2	— ≤7
CL 75-Q CL 75-QP	≥75	≥26 —	— ≤2	— ≤7
ML 85-Q ML 85-QP	≥85	— —	— ≤2	— ≤7
ML 80-Q ML 80-QP	≥80	— —	— ≤7	— ≤2

注：其他物理特性可根据用户要求按照 JC/T 478.1—2013 进行测试。

表 3-2 建筑消石灰的技术指标 (JC/T 481—2013)

名称	(CaO+MgO)/%	游离水/%	细度		安定性
			0.2mm 筛余量/%	90μm 筛余量/%	
HCL 90	≥90				
HCL 85	≥85				
HCL75	≥75	≤2	≤2	≤7	合格
HML 85	≥85				
HML 80	≥80				

1) 块灰 块灰为直接煅烧所得的块状石灰，主要成分为 CaO。其技术指标见表 3-1。

2) 磨细生石灰粉 块灰经破碎、磨细即为磨细生石灰粉，然后包装成袋待用。生石灰粉熟化快，不需提前消化，直接加水使用即可。具有提高功效、节约场地、改善施工环境、硬化速度快，强度提高等优点。缺点是成本高，不易储存。其技术指标见表 3-1。

3) 消石灰粉 由生石灰加适量水充分消化所得，粉末状，主要成分为 $Ca(OH)_2$。技术指标见表 3-2。

3.1.4 石灰的特性

(1) 保水性和可塑性好 生石灰熟化成的石灰浆具有良好的保水性和可塑性，用来配制建筑砂浆可显著提高砂浆的和易性，便于施工。

(2) 吸湿性强 生石灰吸湿性强，保水性好，是传统的干燥剂。

(3) 凝结硬化慢、强度低 石灰浆的碳化很慢，且 $Ca(OH)_2$ 结晶量很少，因而硬化慢、强度很低。如石灰砂浆 (1∶3) 28d 抗压强度通常只有 0.2～0.5MPa，不宜用于重要建筑物的基础。

(4) 耐水性差 由于 $Ca(OH)_2$ 能溶于水，如果长期受潮或受水浸泡会使硬化的石灰溃散。若石灰浆体在完全硬化之前就处于潮湿的环境中，石灰中的水分不能蒸发出去，其硬化就会被阻止，所以石灰不宜在潮湿的环境中应用。

(5) 硬化时体积收缩大 石灰浆在硬化过程中要蒸发掉大量水分，引起体积收缩，易出现干缩裂缝，因此除调成石灰乳作薄层粉刷外，不宜单独使用。使用时常在其中掺加砂、麻刀、纸筋等，以抵抗收缩引起的开裂和增加抗拉强度。

3.1.5 石灰的应用

生石灰经加工处理后可得到很多品种的石灰，如生石灰粉、消石灰粉、石灰乳、石灰膏等，不同品种的石灰具有不同的用途。

(1) 石灰砂浆和石灰乳涂料 将熟化好的石灰膏或石灰粉加水稀释成石灰乳，用作内墙及天棚粉刷的涂料；如果掺入适量的砂或水泥和砂，即可配制成石灰砂浆或混合砂浆，用于墙体砌筑或内墙、顶棚抹面。

(2) 配制灰土和三合土 石灰粉与黏土按一定比例拌合，可制成石灰土，或与黏土、砂石、炉渣等填料拌制成三合土，夯实后主要用在一些建筑物的基础、地面的垫层和公路的路基上，其强度和耐久性比石灰或黏土都高。

(3) 制作碳化石灰板 石灰粉还可与纤维材料（如玻璃纤维）或轻质骨料加水拌合成

型，然后用 CO_2 进行人工碳化，制成碳化石灰板，其加工性能好，适合作非承重的内隔墙板、天花板。

（4）制作硅酸盐制品　石灰粉可与含硅材料混合（如天然砂、粉煤灰、炉渣等）经加工养护制成硅酸盐制品，如灰砂砖、粉煤灰砖、砌块等。

3.1.6　石灰的储存

生石灰会吸收空气中的水分和 CO_2 生成 $CaCO_3$ 固体，从而失去黏结力，且生石灰熟化时放出大量的热，故不应将生石灰与易燃、易爆及液体物品混装，以免引起火灾。在工地上储存时生石灰和消石灰时要防止受潮和混入杂物，且不宜长期储存。不同类的生石灰和消石灰均应分别储存和运输，不得混杂。

 复习思考题

1. 简述气硬性胶凝材料与水硬性胶凝材料的特点及使用环境。
2. 什么是过火石灰和欠火石灰？它们对石灰质量有何影响？如何消除？
3. 什么是陈伏，石灰在使用前为什么要陈伏？

3.2　建筑石膏

石膏具有比石灰更为优良的建筑性能，它的资源丰富，生产工艺简单，所以石膏不仅是一种具有悠久历史的胶凝材料，而且是一种有发展前途的新型建筑材料。

3.2.1　建筑石膏的生产简介

3.2.1.1　建筑石膏的生产

将天然二水石膏或工业副产石膏（主要成分为 $CaSO_4 \cdot 2H_2O$），经加热脱水后，制得主要成分为 β 型半水硫酸钙（$\beta\text{-}CaSO_4 \cdot 1/2H_2O$）的石膏，即为熟石膏。其反应式如下：

$$CaSO_4 \cdot 2H_2O \xrightarrow{107\sim170℃} CaSO_4 \cdot 1/2H_2O + 3/2H_2O$$

将此熟石膏磨细得到的白色粉末为建筑石膏。其晶粒细小，需水量较大，因而孔隙率较大，强度较低。

若将二水石膏在压力为 0.13MPa 的蒸压条件下加热至 125℃，则得到 α 型半水石膏，将其磨细得到的白色粉末为高强石膏。其晶粒粗大，比表面积小，需水量小，硬化后密实度大，强度高。

3.2.1.2　水化与凝结硬化

建筑石膏与水拌和后，很快与水发生化学反应（水化），反应式如下。

$$CaSO_4 \cdot 1/2H_2O + 3/2H_2O = CaSO_4 \cdot 2H_2O$$

由于二水石膏的溶解度仅为半水石膏溶解度的 1/5，所以二水石膏很快饱和，不断从过饱和溶液中沉淀而析出胶体微粒。二水石膏的析出促使上述水化反应继续进行，直至半水石膏全部转化为二水石膏为止。石膏浆体中的水分因水化和蒸发而减少，浆体的稠度不断增加，使浆体逐渐失去可塑性，产生凝结。随着水化的不断进行，胶体凝聚并转变为晶体。晶体颗粒间相互搭接、交错、共生，使浆体完全失去可塑性，产生强度、硬化，最终成为具有一定强度的人造石材。建筑石膏凝结硬化示意图见图 3-1。

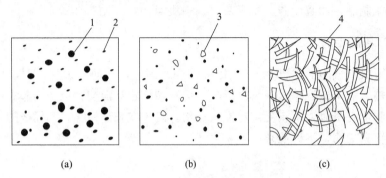

图 3-1　建筑石膏凝结硬化示意图

1—半水石膏；2—二水石膏胶体颗粒；3—二水石膏晶体；4—交错的晶体

3.2.2　建筑石膏的分类和技术要求

3.2.2.1　分类

按原材料种类分为三类：天然建筑石膏（以天然石膏为原料制取的建筑石膏），代号为 N；脱硫建筑石膏（以烟气脱硫石膏为原料制取的建筑石膏），代号为 S；磷建筑石膏（以磷石膏为原料制取的建筑石膏），代号为 P。

3.2.2.2　技术要求

根据《建筑石膏》（GB/T 9776—2008）规定，建筑石膏按 2h 抗折强度分为 3.0、2.0、1.6 三个等级。其中强度、细度和凝结时间三个指标均应满足各等级的技术要求，见表 3-3。其中抗折强度和抗压强度为试样与水接触 2h 后测得的。指标中若有一项不合格，则判定该产品不合格。

表 3-3　建筑石膏的技术指标（GB/T 9776—2008）

等级	细度(0.2mm 方孔筛筛余) /%	凝结时间/min		2h 强度/MPa	
		初凝时间	终凝时间	抗折强度	抗压强度
3.0				≥3.0	≥6.0
2.0	≤10	≥3	≤30	≥2.0	≥4.0
1.6				≥1.6	≥3.0

建筑石膏按产品名称、代号、等级及标准编号的顺序进行产品标记。例如：等级为 2.0 的天然建筑石膏表示为建筑石膏 N2.0（GB/T 9776—2008）。

3.2.3　建筑石膏的特性

3.2.3.1　凝结硬化快

建筑石膏与水拌和后，在常温下几分钟可初凝，30min 以内可达终凝。在室内自然干燥状态下，达到完全硬化约需一周。为满足施工操作的要求，一般需加硼砂或用石灰活化的骨胶、皮胶和蛋白胶等作缓凝剂。

3.2.3.2 微膨胀性

建筑石膏硬化过程中体积略有膨胀，硬化时不出现裂缝，所以可以不掺加填料而单独使用，可以浇筑成型制得尺寸准确、表面光滑、图案饱满的构件或装饰图案，且可锯可钉。

3.2.3.3 孔隙率大

在施工中为了保证石膏浆体有必要的流动性，其加水量为水化反应中理论加水量的 3～4 倍，多余水分挥发后，留下大量孔隙，石膏硬化后孔隙率可达 50%～60%。因此建筑石膏重量轻、隔热、吸声性好，且具有一定的调温调湿性，是良好的室内装饰材料。但石膏制品的强度低、吸水率大。

3.2.3.4 耐水性、抗冻性差

建筑石膏制品软化系数小（约为 0.2～0.3），耐水性差，若吸水后受冻，将因水分结冰而崩裂，故建筑石膏的耐水性和抗冻性都较差，不宜用于室外。

3.2.3.5 防火性好

石膏硬化后的结晶物 $CaSO_4 \cdot 2H_2O$ 受到火烧时，结晶水蒸发吸收热量，并在表面生成具有良好绝热性的无水石膏，起到阻止火焰蔓延和温度升高的作用，所以石膏有良好的防火性。但石膏不宜长期在 65℃ 以上的高温部位使用，以免二水石膏缓慢脱水分解而降低强度。

3.2.4 建筑石膏的应用

建筑石膏不仅具有如上所述的许多优良性能，而且还具有无污染、保温绝热、吸声、阻燃等方面的优点，一般做成石膏抹面灰浆、建筑装饰制品和石膏板等。

3.2.4.1 室内抹灰及粉刷

建筑石膏加水、砂拌和成石膏砂浆，可用于室内抹灰面，具有绝热、阻火、隔音、舒适、美观等特点。抹灰后的墙面和天棚还可以直接涂刷油漆及粘贴墙纸。

建筑石膏加水和缓凝剂调成石膏浆体，掺入部分石灰可用作室内粉刷涂料。粉刷后的墙面光滑、细腻、洁白美观。

3.2.4.2 装饰制品

以石膏为主要原料，掺加少量的纤维增强材料和胶料，加水搅拌成石膏浆体，利用石膏硬化时体积微膨胀的性能，可制成各种石膏雕塑、饰面板及各种装饰品。

3.2.4.3 石膏板

我国目前生产的石膏板主要有纸面石膏板、石膏空心条板、石膏装饰板、纤维石膏板等。

（1）纸面石膏板　纸面石膏板用石膏作芯材，两面用纸作护面而成，规格为：宽度 900～1200mm，厚度 9～12mm，长度可按需要而定。主要用于内墙、隔墙和天花板等处。

（2）石膏空心条板　石膏空心条板以建筑石膏为主要原料，规格为：(2500～3500)mm×(450～600)mm×(60～100)mm，7～9 孔，孔洞率为 30%～40%。强度高，可用作住宅和公共建筑的内墙和隔墙等，安装时不需龙骨。

（3）石膏装饰板　石膏装饰板以建筑石膏为主要原料，规格为边长 300mm、400mm、500mm、600mm、900mm 的正方形，有平板、多孔板、花纹板、浮雕板及装饰薄板等。它

花色多样、颜色鲜艳、造型美观，主要用于公共建筑，可作为墙面和天花板等。

（4）纤维石膏板　纤维石膏板以建筑石膏、纸筋和短切玻璃纤维为原料，抗弯强度高，可用于内墙和隔墙，也可用来代替木材制作家具。

此外还有石膏蜂窝板、防潮石膏板、石膏矿棉复合板等，可分别用作绝热板、吸声板、内墙和隔墙板、天花板、地面基层板等。

建筑石膏若配以纤维增强材料、黏结剂等还可制成石膏角线、线板、角花、灯圈、罗马柱、雕塑等艺术装饰石膏制品。

3.2.5 建筑石膏的贮存

建筑石膏一般采用袋装和散装供应。袋装时，应用防潮包装袋包装，包装袋上应清楚标明产品标记，以及生产厂名、厂址、商标、批量编号、净重、生产日期和防潮标志。在运输和贮存时，不得受潮和混入杂物。不同等级的石膏应分别贮运，不得混杂。建筑石膏自生产之日起，在正常贮运条件下，贮存期为 3 个月，超过 3 个月，强度将降低，超过贮存期限的石膏应重新进行质量检验，以确定其等级。

 复习思考题

1. 建筑石膏的化学成分是什么？
2. 石膏制品有哪些特点？

3.3 水玻璃

水玻璃又称泡花碱，是由不同比例的碱金属氧化物和二氧化硅结合而成的一种气硬性胶凝材料。水玻璃（$R_2O \cdot nSiO_2$）的组成中，氧化硅和碱金属氧化物的摩尔比 n，称为水玻璃的模数。根据碱金属氧化物的不同，水玻璃可分为硅酸钠水玻璃和硅酸钾水玻璃等，其中硅酸钠水玻璃最常用。

水玻璃模数一般为 1.5～3.5，它的大小决定着水玻璃的性质及其应用性能。模数低的固体水玻璃，较易溶于水，粘接能力较差；而模数越高，水玻璃的黏度越大，越难溶于水。

3.3.1 水玻璃的生产简介

目前生产水玻璃的主要方法以纯碱和石英砂为原料，将其磨细拌匀后，在 1300～1400℃的熔炉中熔融，经冷却后生成固体水玻璃。

液体水玻璃是将固体水玻璃装进蒸压釜内，通入水蒸气使其溶于水而得，或者将石英砂和氢氧化钠溶液在蒸压锅内（0.2～0.3MPa）用蒸汽加热并搅拌，使其直接反应而成液体水玻璃，其溶液具有碱性溶液的性质。纯净的水玻璃溶液应为无色透明液体，但因含杂质常呈青灰或黄绿等颜色。

水玻璃溶液可与水按任意比例混合，不同的用水量可使溶液具有不同的密度和黏度。同一模数的水玻璃溶液，其密度越大，黏度越大，黏结力越强。若在水玻璃中加入尿素，可在不改变黏度的情况下，提高其黏结能力。

3.3.2 水玻璃的硬化

水玻璃溶液在空气中吸收二氧化碳形成无定形硅酸凝胶，并逐渐干燥而硬化。

$$Na_2O \cdot nSiO_2 + CO_2 + mH_2O \longrightarrow nSiO_2 \cdot mH_2O + Na_2CO_3$$

这个过程进行得很慢，在使用过程中，常将水玻璃加热或加入氟硅酸钠（Na_2SiF_6）作为促硬剂，促进硅酸凝胶析出，加快水玻璃的硬化速度。

氟硅酸钠的适宜用量为水玻璃质量的 $12\% \sim 15\%$，如果掺量太少，则硬化慢、强度低，未反应的水玻璃易溶于水，耐水性变差。如果掺量太多，又会引起凝结过速，施工困难，且渗透性大，强度也低。

3.3.3　水玻璃的特性

3.3.3.1　黏结力强，强度高

水玻璃硬化后具有较高的强度，水玻璃混凝土的抗压强度能达到 $15 \sim 40MPa$，其硬化析出的硅酸凝胶能堵塞毛孔而提高渗透性。

3.3.3.2　耐酸性好

硬化的水玻璃主要成分是硅酸凝胶，因而具有很强的耐酸腐蚀性，能抵抗多数无机酸、有机酸和侵蚀性气体的腐蚀，但是不耐氢氟酸、热磷酸和碱的腐蚀。

3.3.3.3　耐热性好

水玻璃还具有良好的耐热性能，在高温下不分解，强度不降低，甚至有所增加。

另外，水玻璃对眼睛和皮肤有一定的灼伤作用，使用过程中应注意安全防护。

3.3.4　水玻璃的应用

3.3.4.1　耐酸材料

以水玻璃为胶凝材料加入耐酸粗、细骨料，可配制成耐酸胶泥、耐酸砂浆及耐酸混凝土广泛用于防腐工程中。

3.3.4.2　耐热材料

水玻璃耐高温性能良好，能长期承受一定高温作用而强度不降低，可配制成耐热混凝土和耐热砂浆，用于高温环境中的非承重结构及构件。

3.3.4.3　涂料

利用水玻璃溶液可涂刷建筑材料表面或浸渍多孔材料，它渗入材料的缝隙或孔隙中，提高材料的密实度和强度，增强抗风化能力。但不能对石膏制品进行涂刷或浸渍，因为与水玻璃反应生成硫酸钠晶体，会在制品孔隙内部产生体积膨胀，使石膏制品破坏。

3.3.4.4　加固地基

将液体水玻璃与氯化钙溶液交替灌入土壤中，两种溶液发生化学反应，析出硅酸胶体，起到胶结和填充土壤空隙的作用，并可阻止水分的渗透，增加土壤的密实度和强度。

3.3.4.5　防水堵漏材料

将水玻璃溶液掺入砂浆或混凝土中，可使其急速凝结硬化，用于结构物的修补堵漏。水玻璃加入各种矾的水溶液，可配制成水泥砂浆或混凝土的防水剂。

水玻璃应注意密封保存，以免与空气中的二氧化碳反应而分解。

 复习思考题

水玻璃的主要特性和用途有哪些？

3.4 镁质胶凝材料

镁质胶凝材料是以 MgO 为主要成分的气硬性胶凝材料，如菱苦土、苛性白云石等。

3.4.1 镁质胶凝材料的生产

镁质胶凝材料是将菱镁矿或天然白云石经温度为 800～850℃ 的煅烧、磨细而制成。反应式如下。

$$MgCO_3 \longrightarrow MgO + CO_2$$

白云石的分解分两步进行，首先是复盐分解（见下式），然后是碳酸镁分解。

$$CaMg(CO_3)_2 \longrightarrow MgCO_3 + CaCO_3$$

煅烧温度对镁质胶凝材料的质量有重要影响。煅烧温度过低时，$MgCO_3$ 分解不完全，易产生"生烧"而降低胶凝性；温度过高时，MgO 烧结收缩，颗粒变得坚硬，称为过烧，胶凝性很差。

煅烧适当的菱苦土为白色或浅黄色粉末，苛性白云石为白色粉末。密度为 $3.1～3.4 g/cm^3$，堆积密度为 $800～900 kg/m^3$。煅烧所得菱苦土磨得越细，使用时强度越高；相同细度时，MgO 含量越高，质量越好。

3.4.2 菱苦土的水化硬化

菱苦土用水拌和后，生成水化产物 $Mg(OH)_2$。而 $Mg(OH)_2$ 疏松、胶凝性差，故通常用 $MgCl_2$、$MgSO_4$、$FeCl_3$ 或 $FeSO_4$ 等盐类的水溶液拌和，以改善其性能。其中，以用 $MgCl_2$ 溶液拌和为最好，浆体硬化较快，强度高，但吸湿性强，耐水性差。

3.4.3 菱苦土的应用

菱苦土能与木质材料很好地黏结，且碱性较弱，不会腐蚀有机纤维，但对铝、铁等金属有腐蚀作用，不能让菱苦土直接接触金属。建筑上常用来制造木屑地板、木丝板、刨花板等。

菱苦土木屑地面有弹性，能防爆、防火，导热性差，表面光洁，不产生噪声与尘土，宜用于纺织车间等。菱苦土木丝板、刨花板和零件则可用于临时性建筑物的内墙、天花板、楼梯、扶手等。目前，主要用作机械设备的包装构件，可节省大量木材。

菱苦土遇水或吸湿后易产生翘曲变形，表面泛霜，且强度大大降低。因此，菱苦土制品只能用于干燥环境中，不适用于受潮、遇水和受酸类侵蚀的地方。

苛性白云石的性质、用途与菱苦土相似，但质量稍差。

菱苦土运输和储存时应避免受潮，不可在空气中久存，以防其吸收空气中水分而成为 $Mg(OH)_2$ 再碳化为 $MgCO_3$，失去胶凝能力。

 复习思考题

菱苦土在工程中有何用途？

小　结

$$
气硬性胶凝材料\begin{cases}石灰\\石膏\\水玻璃\\镁质胶凝材料\end{cases}\begin{cases}生产简介、主要特性\\技术性质、应用和储存\end{cases}
$$

第4章 水泥

水泥是一种粉状材料，与水拌和后，经水化反应由稀变稠，最终形成坚硬的水泥石。水泥水化过程中将砂、石等散粒材料胶结成整体而形成各种水泥制品。水泥不仅可以在空气中硬化，而且可以在潮湿环境、甚至在水中硬化，所以水泥是一种应用极为广泛的水硬性无机胶凝材料。

水泥是建筑业的基本材料，应用广，用量大，素有"建筑业的粮食"之称。广泛用于建筑、交通、水利、电力、国防建设等工程。

水泥的品种很多，按矿物组成可分为硅酸盐、铝酸盐、硫铝酸盐、铁铝酸盐等多种系列水泥。按用途和性能分为通用硅酸盐水泥、专用水泥和特性水泥三大类。通用硅酸盐水泥是指用于一般土木建筑工程的水泥，包括硅酸盐水泥、普通硅酸盐水泥、矿渣硅酸盐水泥、火山灰质硅酸盐水泥、粉煤灰硅酸盐水泥、复合硅酸盐水泥；专用水泥是指有专门用途的水泥，如大坝水泥、油井水泥、砌筑水泥等；特性水泥是指具有比较突出的某种性能的水泥，如膨胀水泥、白色水泥、快硬硅酸盐水泥等。本章主要介绍产量最大、应用最广的硅酸盐系列水泥中的通用硅酸盐水泥。

4.1 通用硅酸盐水泥

以硅酸盐水泥熟料和适量的石膏，以及规定的混合材料制成的水硬性胶凝材料，称为通用硅酸盐水泥，简称通用水泥。按混合材料的品种和掺量分为硅酸盐水泥（分为Ⅰ型和Ⅱ型，代号 P·Ⅰ 和 P·Ⅱ）；普通硅酸盐水泥，简称普通水泥（代号 P·O）；矿渣硅酸盐水泥，简称矿渣水泥（分为 A 型和 B 型，代号 P·S·A 和 P·S·B）；火山灰质硅酸盐水泥，简称火山灰水泥（代号 P·P）；粉煤灰硅酸盐水泥，简称粉煤灰水泥，（代号 P·F）；复合硅酸盐水泥，简称复合水泥（代号 P·C）。

4.1.1 通用硅酸盐水泥的生产简介

4.1.1.1 原料

生产水泥的主要原料是含有 CaO 的石灰质原料（如石灰石、白垩等）、含有 SiO_2、Al_2O_3 和少量 Fe_2O_3 的黏土质原料（如黏土、页岩等）及少量校正原料（如铁矿石）。

4.1.1.2 生产工艺

通用硅酸盐水泥的生产分为三个阶段：生料的制备、熟料煅烧和制成水泥成品。具体步骤如下。

① 将几种主要原料按适当比例混合后在球磨机中磨细、均化制成生料。

② 将制成的生料入窑经高温煅烧，烧成灰色块状的水泥熟料。

③ 将水泥熟料、石膏、混合材料按一定比例混合，共同磨细即制成水泥成品。整个生产过程可概括为"两磨一烧"，见图 4-1。

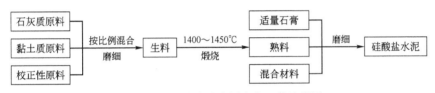

图 4-1 通用硅酸盐水泥生产工艺流程图

4.1.1.3 通用硅酸盐水泥的组分与组成材料

（1）组分 通用硅酸盐水泥的组分见表 4-1。

表 4-1 通用硅酸盐水泥的组分（GB 175—2007）

品种	代号	组分（质量分数）/%				
		熟料＋石膏	粒化高炉矿渣	火山灰质混合材料	粉煤灰	石灰石
硅酸盐水泥	P·Ⅰ	100	—	—	—	—
	P·Ⅱ	≥95	≤5	—	—	—
		≥95	—	—	—	≤5
普通硅酸盐水泥	P·O	≥80 且＜95	>5 且≤20			
矿渣硅酸盐水泥	P·S·A	≥50 且＜80	>20 且≤50	—	—	—
	P·S·B	≥30 且＜50	>50 且≤70	—	—	—
火山灰质硅酸盐水泥	P·P	≥60 且＜80	—	>20 且≤40	—	—
粉煤灰硅酸盐水泥	P·F	≥60 且＜80	—	—	>20 且≤40	—
复合硅酸盐水泥	P·C	≥50 且＜80	>20 且≤50			

（2）组成材料

1）硅酸盐水泥熟料 硅酸盐水泥熟料主要由四种矿物组成，其名称、含量范围见表 4-2。其中前两种矿物称硅酸盐矿物，一般占总量的 75%～82%。除表中列出的主要矿物外，还有少量游离氧化钙和游离氧化镁等。

表 4-2　硅酸盐水泥熟料的主要矿物组成及其含量

矿物成分	化学式	简写	含量/%
硅酸三钙	$3CaO \cdot SiO_2$	C_3S	36～60
硅酸二钙	$2CaO \cdot SiO_2$	C_2S	15～37
铝酸三钙	$3CaO \cdot Al_2O_3$	C_3A	7～15
铁铝酸四钙	$4CaO \cdot Al_2O_3 \cdot Fe_2O_3$	C_4AF	10～18

2）石膏　水泥中石膏一般为二水石膏或无水石膏，主要起缓凝作用。

3）混合材料　水泥中混合材料分为活性混合材料和非活性混合材料两大类。

活性混合材料是指能与胶凝材料一起加水拌和后凝结硬化，并且有一定的强度。水泥生产中常用的活性混合材料有粒化高炉矿渣、粉煤灰和火山灰质混合材。

非活性混合材料是指不具活性或活性很低的人工或天然矿物质，如石英砂、石灰石、黏土及不符合质量标准的活性混合材料等。它们掺入水泥中仅起调节水泥性质，扩大水泥应用范围，降低水化热，降低强度等级和增加产量的作用。

4.1.2　通用硅酸盐水泥的水化和凝结硬化

（1）水化　通用硅酸盐水泥的水化，即硅酸盐水泥熟料的四种主要矿物单独与水的反应。

1）硅酸三钙
$$2(3CaO \cdot SiO_2) + 6H_2O \longrightarrow 3CaO \cdot 2SiO_2 \cdot 3H_2O + 3Ca(OH)_2$$
水化硅酸钙凝胶（C-S-H）　氢氧化钙结晶体（CH）

2）硅酸二钙
$$2(2CaO \cdot SiO_2) + 4H_2O \longrightarrow 3CaO \cdot 2SiO_2 \cdot 3H_2O + Ca(OH)_2$$
水化硅酸钙凝胶（C-S-H）　氢氧化钙结晶体（CH）

3）铝酸三钙
$$3CaO \cdot Al_2O_3 + 6H_2O \longrightarrow 3CaO \cdot Al_2O_3 \cdot 6H_2O$$
水化铝酸钙晶体（C_3AH_6）

$$3CaO \cdot Al_2O_3 \cdot 6H_2O + 3(CaSO_4 \cdot 2H_2O) + 31H_2O \longrightarrow 3CaO \cdot Al_2O_3 \cdot 3CaSO_4 \cdot 31H_2O$$
高硫型水化硫铝酸钙（钙矾石）

4）铁铝酸四钙
$$4CaO \cdot Al_2O_3 \cdot Fe_2O_3 + 7H_2O \longrightarrow 3CaO \cdot Al_2O_3 \cdot 6H_2O + CaO \cdot Fe_2O_3 \cdot H_2O$$
水化铝酸钙晶体（C_3AH_6）　水化铁酸钙凝胶体（CFH）

（2）凝结硬化　水泥的水化凝结硬化过程，可简化如图 4-2 所示。水泥加水拌和后，分散在水中的水泥颗粒开始与水发生水化反应，在水泥颗粒表面逐渐形成水化物膜层，此阶段的水泥浆既有可塑性又有流动性。随着水化反应的进行，膜层逐渐长厚相互连接，浆体逐渐失去流动性，产生"初凝"，继而完全失去可塑性，并开始产生强度，即为"终凝"。水化反应的进一步发展，水化产物不断填充毛细孔，水泥浆体逐渐转变为具有一定强度的水泥石，即为"硬化"。只要条件适宜，水泥的硬化将持续进行，但强度的增长逐渐缓慢。

在四种主要熟料矿物中，C_3A 的水化、凝结和硬化最快，使水泥瞬间产生凝结。在水

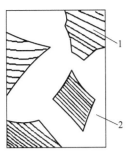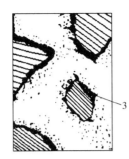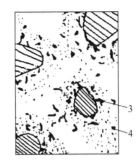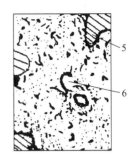

图 4-2　水泥凝结硬化过程示意图

1—未水化水泥颗粒；2—水分；3—水泥凝胶体；4—氢氧化钙等结晶体；

5—水泥颗粒未水化内核；6—毛细管孔隙

泥中掺入适量石膏，C_3A 水化后的产物会与石膏反应，在水泥颗粒表面生成难溶于水的水化硫铝酸钙晶体（也叫钙矾石，$3CaO \cdot Al_2O_3 \cdot 3CaSO_4 \cdot 31H_2O$），阻碍 C_3A 水化，起到延缓水泥凝结的作用。但石膏掺量不能过多，否则会引起水泥的体积安定性不良。

水泥熟料四种主要矿物凝结硬化特性见表 4-3，其水化凝结硬化过程中的强度发展情况见图 4-3。

表 4-3　水泥熟料四种主要矿物凝结硬化特性

性质		熟料矿物			
		C_3S	C_2S	C_3A	C_4AF
水化凝结硬化速度		快	慢	最快	中
28d 水化热		大	小	最大	中
强度	早期	高	低	低	低
	后期	高	高	低	低
耐腐蚀性		中	稍大	小	大
干燥收缩		中	中	大	小

4.1.3　影响通用硅酸盐水泥性能的因素

4.1.3.1　水泥组成成分的影响

水泥的组成成分及各组分的比例是影响通用水泥性能的主要因素。一般来讲，水泥中减少熟料含量，增加混合材料含量，将使水泥的抗侵蚀性提高，水化热降低，早期强度降低；水泥中提高 C_3S、C_3A 的含量，将使水泥的凝结硬化加快，早期强度高，同时水化热大。

4.1.3.2　水泥细度的影响

水泥颗粒越细，总表面积越大，与水接触的面积也大，因此水化快，凝结硬化也相应增快，早期强度也高。但颗粒过细会增加能耗和提高成本，且不易久存，硬化时收缩也大，易产生裂缝，因此细度应适宜。

4.1.3.3　养护条件（温度、湿度）的影响

水泥是水硬性胶凝材料，所以其水化、凝结硬化过程中必须有足够的水分，养护期间注意保持潮湿状态，有利于早期强度的发展，若减少水分，不仅会导致水泥水化的停止，甚至

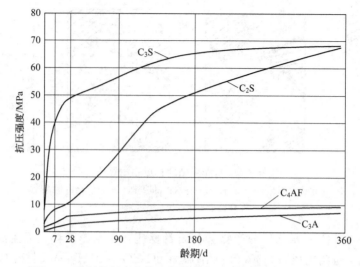

图 4-3　水泥熟料在水化、凝结硬化过程中的强度增长情况

还会产生裂缝。

4.1.3.4　龄期的影响

水泥的水化程度是随时间延长在不断增大，水泥的强度是随龄期增长而增加的，一般28d 内强度发展较快，28d 后显著减慢。

4.1.3.5　拌和用水量的影响

水泥用量不变的情况下，增加拌和用水量，会增加硬化水泥石中的毛细孔数量，使之强度下降。另外，增加拌和用水量，会延长水泥的凝结时间。

4.1.3.6　贮存条件的影响

水泥在贮存过程中易风化。贮存不当，会使水泥受潮，颗粒表面发生水化而结块，严重降低强度。即使良好的贮存，在空气中的水分和 CO_2 的作用下，也会发生缓慢水化和碳化。一般经 3 个月，水泥强度约降低 10%～20%，6 个月降低 15%～30%，一年后将降低25%～40%，所以通用水泥的有效贮存期为 90d。

4.1.4　通用硅酸盐水泥石的腐蚀及防止方法

4.1.4.1　腐蚀的种类

硅酸盐水泥硬化后，在正常使用条件下有较高的耐久性。但是在淡水、酸与酸性水、硫酸盐、镁盐、强碱溶液等有害的环境介质中，会发生各种物理化学作用，导致强度降低，甚至破坏。

（1）软水腐蚀　水泥石的水化产物中，含有大量氢氧化钙使水泥石保持适当的碱度，在此条件下，各种水化产物稳定存在，保持良好的胶结能力。如果水泥石长期处于流水或压力流水作用下，水泥石中氢氧化钙会不断溶出流失，使水泥石碱度不断降低。当氢氧化钙的浓度降到一定程度时，水化铝酸三钙将被溶解，使水泥石孔隙不断增大，强度不断下降，最终使水泥石发生破坏。

（2）酸类腐蚀　工业废水或地下水中常含有各类无机酸或有机酸，它们与水泥石中氢氧化钙发生反应后生成的化合物，或者易溶于水，或者体积膨胀而导致水泥石破坏。例如水泥石处于盐酸的环境介质中，盐酸与氢氧化钙发生反应，生成氯化钙，氯化钙易溶于水。再如水泥石处于硫酸的环境介质中，硫酸与氢氧化钙发生反应，生成硫酸钙，硫酸钙再和水泥石中的水化铝酸钙反应生成钙矾石，体积增加 1.5 倍以上，因此会对水泥石造成极大的膨胀破坏作用。

（3）镁盐腐蚀　海水或地下水中含有大量的镁盐，镁盐与水泥石中的氢氧化钙反应，生成松软无胶凝力的氢氧化镁，而且氢氧化镁溶液碱度低，导致水化产物不稳定而离解，严重时 Mg^{2+} 还将置换水泥石水化硅酸钙中的 Ca^{2+}，使之胶凝性能极大地降低。

（4）强碱腐蚀　碱类环境如浓度不大时一般是无害的，但铝酸盐含量较高的硅酸盐水泥遇到强碱作用后也会被破坏，使水泥石涨裂。

4.1.4.2　引起腐蚀的原因

引起水泥石腐蚀的根本原因是水泥石中存在易被腐蚀的氢氧化钙和水化铝酸钙，以及水泥石本身不密实，外部环境存在侵蚀性介质。

4.1.4.3　防止腐蚀的方法

应合理选用水泥品种，合理设计混凝土的配合比，采用低水胶比，优化施工方法，提高水泥石的密实度，用耐腐蚀的石料、沥青覆盖于水泥石表面，防止水泥石的腐蚀。

4.1.5　通用硅酸盐水泥的特性

4.1.5.1　硅酸盐水泥

（1）水化凝结硬化快，强度高，尤其早期强度高。硅酸盐水泥中 C_3S 的含量高，有利于 28d 内的强度快速增长，C_3A 含量高也有利于水泥石早期强度的增长。C_2S 的强度发展有利于增长硅酸盐水泥后期强度。因此，硅酸盐水泥适宜配制高强混凝土和早强混凝土。

（2）水化热大　水泥的水化反应为放热反应，水化过程放出的热量称为水泥的水化热。硅酸盐水泥的 C_3S 和 C_3A 含量高，所以水化热大，放热周期长，一般水化 3d 的放热量约为总水化热的 50%，7d 为 75%，3 个月达 90%。故硅酸盐水泥不宜在大体积工程中应用。

（3）耐腐蚀性差。硅酸盐水泥熟料含量高，水化产物中氢氧化钙和水化铝酸钙的含量多，因此抗侵蚀性差，不宜在有腐蚀性介质的环境中使用。

（4）抗冻性好，耐磨性好，干缩小。由于硅酸盐水泥中，不掺或掺入极少量的混合材料，相同强度下需水量少、水灰比小，因此硬化后水泥石密实，抗冻性较其他通用水泥好，耐磨性也好，干缩也较小。

（5）耐热性差。在环境温度超过 300℃后，硅酸盐水泥的主要水化产物会发生脱水和分解，使晶格结构遭到破坏。所以，其耐高温性较其他通用水泥差。

需要指出的是：硅酸盐水泥石在受热温度不高时（100～250℃），由于内部存有的游离水可使水化继续进行，且凝胶脱水使得水泥石进一步密实，故水泥石的强度反而有所提高。

4.1.5.2　普通水泥

普通水泥中混合材料的掺加量比硅酸盐水泥多，其矿物组成的比例仍与硅酸盐水泥相似，所以普通水泥的性能、应用范围与同强度等级的硅酸盐水泥相近。与硅酸盐水泥相比，普通水泥的强度等级少了 62.5 和 62.5R 两个等级，早期凝结硬化速度略微慢些，3d 强度稍低，其他如抗冻性及耐磨性等也稍差。

4.1.5.3 矿渣水泥

矿渣水泥中熟料含量少，粒化高炉矿渣的含量较多，因此，与硅酸盐水泥相比，有以下几方面的特点。

（1）早期强度低，后期强度增长较快。矿渣水泥的水化分两步进行：首先是水泥熟料颗粒水化析出 $Ca(OH)_2$ 等产物，矿渣中的活性氧化硅和活性氧化铝受水化产物及外掺石膏的激发，进入溶液，接着与 $Ca(OH)_2$ 反应生成新的水化硅酸钙和水化铝酸钙，因为石膏存在，还生成钙矾石。

由于矿渣水泥中熟料的含量相对减少，水化分两步进行，因此凝结硬化慢，早期强度低。但二次反应后生成的水化硅酸钙凝胶逐渐增多，所以其后期（28d 后）强度发展较快，将赶上甚至超过硅酸盐水泥。

（2）水化热较低：矿渣水泥中熟料的减少，使水化时发热量高的 C_3S 和 C_3A 含量相对减少，故可在大体积混凝土工程中优先选用。

（3）抗侵蚀能力较强。矿渣水泥水化产物中氢氧化钙含量少，碱度低，抗碳化能力较差，抗溶出性侵蚀及抗硫酸盐侵蚀的能力较强。

（4）干缩性较大，抗渗性、抗冻性和抗干湿交替作用的性能均较差。矿渣颗粒亲水性较小，故矿渣水泥保水性较差，泌水性较大，容易在水泥石内部形成毛细通道，增加水分蒸发。因此，矿渣水泥干缩性较大，抗渗性、抗冻性和抗干湿交替作用的性能均较差，不宜用于有抗渗要求的混凝土工程。

（5）耐热性较好。矿渣水泥中掺入的矿渣本身是耐火材料，因此其耐火性较好，可以用于耐热混凝土工程。

（6）对环境温度、湿度的灵敏度高。矿渣水泥低温时凝结硬化缓慢，当温度达到 70℃ 以上的湿热条件下，硬化速度大大加快，甚至可超过硅酸盐水泥的硬化速度，强度发展很快，故适用于蒸汽养护。

4.1.5.4 火山灰水泥

火山灰水泥和矿渣水泥在性能方面有很多共同点，如水化反应分两步进行，早期强度低，后期强度增长率较大，水化热低，耐腐性强，抗冻性差，易碳化等。

火山灰表面粗糙、多孔，所以火山灰水泥的用水量比一般的水泥都大，泌水性较小。火山灰质混合材料在石灰溶液中会产生膨胀现象，使拌制的混凝土较为密实，故抗渗性较高，宜用于有抗渗要求的混凝土工程。

由于火山灰水泥在硬化过程中的干缩较矿渣水泥更为显著，在干热环境中易产生干缩裂缝。因此，使用时需加强养护，使其在较长时间内保持潮湿状态。

4.1.5.5 粉煤灰水泥

粉煤灰是从电厂煤粉炉烟道气体中收集的粉末，主要化学成分为活性氧化硅和活性氧化铝，具有火山灰性，因此粉煤灰水泥实质上就是一种火山灰水泥，其水化硬化过程及其他性能与火山灰水泥极为相似。

粉煤灰水泥的主要特点是干缩性小，抗裂性较好。另外，粉煤灰颗粒呈球形，起着一定的润滑作用，结构较致密，对水的吸附能力小，所以粉煤灰水泥的需水量小，配制成的混凝土和易性较好，水化热低，因此特别适用于水利工程及大体积混凝土工程。

4.1.5.6　复合水泥

复合水泥中掺入了两种或两种以上规定的混合材料，因此较掺单一混合材料的水泥具有更好的使用效果。复合水泥的特性与其所掺混合材料的种类、掺量及相对比例有密切关系。大体上其特性与矿渣水泥、火山灰水泥、粉煤灰水泥相似。

通用硅酸盐水泥的特性见表 4-4。

表 4-4　通用硅酸盐水泥的特性

品种		硅酸盐水泥	普通水泥	矿渣水泥	火山灰水泥	粉煤灰水泥	复合水泥
主要特性		①凝结硬化快 ②早期强度高 ③水化热大 ④抗冻性好 ⑤干缩性小 ⑥耐腐蚀性差 ⑦耐热性差	①凝结硬化较快 ②早期强度较高 ③水化热较大 ④抗冻性较好 ⑤干缩性较小 ⑥耐腐蚀性较差 ⑦耐热性较差	①凝结硬化慢 ②早期强度低，后期强度增长较快 ③水化热较低 ④抗冻性差 ⑤干缩性大 ⑥耐腐蚀性较好 ⑦耐热性好 ⑧泌水性大	①凝结硬化慢 ②早期强度低，后期强度增长较快 ③水化热较低 ④抗冻性差 ⑤干缩性大 ⑥耐腐蚀性较好 ⑦耐热性较好 ⑧抗渗性较好	①凝结硬化慢 ②早期强度低，后期强度增长较快 ③水化热较低 ④抗冻性差 ⑤干缩性较小，抗裂性较好 ⑥耐腐蚀性较好 ⑦耐热性较好	与所掺两种或两种以上混合材料的种类、掺量有关，其特性及应用基本上与矿渣水泥、火山灰水泥、粉煤灰水泥的特性相似
适用范围		一般土建工程中钢筋混凝土及预应力钢筋混凝土结构；受反复冰冻作用的结构；配制高强和早强混凝土	与硅酸盐水泥基本相同	高温和有耐热耐火要求的混凝土结构；大体积混凝土结构；蒸汽养护的构件；有抗硫酸盐侵蚀要求的工程	地下、水中大体积混凝土结构和有抗渗要求的混凝土结构；蒸汽养护的构件；有抗硫酸盐侵蚀要求的工程	地上、地下及水中大体积混凝土结构；蒸汽养护的构件；抗裂性要求较高的构件；有抗硫酸盐侵蚀要求的工程	
不适用范围		大体积混凝土结构；受化学及海水侵蚀的工程	与硅酸盐水泥基本相同	早期强度要求高的工程；有抗冻、抗渗要求的混凝土工程	早期强度要求高的工程；有抗冻要求的混凝土工程；干热环境中的混凝土工程	早期强度要求高的工程；有抗冻要求的混凝土工程；有抗碳化要求的工程	

4.1.6　通用水泥的选用

根据通用水泥的主要技术性质及特性，针对各类混凝土工程的性质和所处的环境条件，按表 4-5 选用。

表 4-5　通用水泥品种的选用

混凝土工程特点或所处环境条件		优先使用	可以使用	不可使用
普通混凝土	1. 在普通气候条件下的混凝土	普通水泥	矿渣水泥 火山灰水泥 粉煤灰水泥 复合水泥	
	2. 干燥环境中的混凝土	普通水泥	矿渣水泥	火山灰水泥 粉煤灰水泥

混凝土工程特点或所处环境条件		优先使用	可以使用	不可使用
普通混凝土	3. 在高湿度环境中或长期处于水下的混凝土	矿渣水泥	普通水泥 火山灰水泥 粉煤灰水泥 复合水泥	
	4. 厚大体积混凝土	矿渣水泥 火山灰水泥 粉煤灰水泥 复合水泥	普通水泥	硅酸盐水泥
有特殊要求的混凝土	1. 快硬高强(≥C40)的混凝土	硅酸盐水泥	普通水泥	矿渣水泥 火山灰水泥 粉煤灰水泥 复合水泥
	2. 大于等于 C50 的混凝土	硅酸盐水泥	普通水泥 矿渣水泥	火山灰水泥 粉煤灰水泥
	3. 严寒地区的露天混凝土,寒冷地区处于水位升降范围内的混凝土	普通水泥	矿渣水泥	火山灰水泥 粉煤灰水泥
	4. 严寒地区处在水位升降范围内的混凝土	普通水泥		矿渣水泥 火山灰水泥 粉煤灰水泥 复合水泥
	5. 有耐磨要求的混凝土	普通水泥 硅酸盐水泥	矿渣水泥	火山灰水泥 粉煤灰水泥
	6. 有抗渗要求的混凝土	普通水泥 火山灰水泥		矿渣水泥
	7. 处于侵蚀性环境中的混凝土	根据侵蚀性介质的种类、浓度等具体条件按专门的规定选用		

4.1.7　通用硅酸盐水泥的技术性质

4.1.7.1　化学指标

通用硅酸盐水泥的化学指标应符合表 4-6 的规定。不溶物是指经盐酸处理后的残渣,再以氢氧化钠溶液处理,经盐酸中和过滤后所得的残渣经高温灼烧所剩的物质。烧失量是指水泥经高温灼烧处理后的质量损失率,用来限制石膏和混合材料中的杂质,以保证水泥的质量。

表 4-6　通用硅酸盐水泥的化学指标(质量分数/%)(GB 175—2007)

品种	代号	不溶物	烧失量	三氧化硫	氧化镁	氯离子
硅酸盐水泥	P·Ⅰ	≤0.75	≤3.0	≤3.5	≤5.0①	≤0.06③
	P·Ⅱ	≤1.50	≤3.5			
普通水泥	P·O	—	≤5.0			
矿渣水泥	P·S·A	—	—	≤4.0	≤6.0②	
	P·S·B	—	—		—	
火山灰水泥	P·P	—	—	≤3.5	≤6.0②	
粉煤灰水泥	P·F	—	—			
复合水泥	P·C	—	—			

① 如果水泥压蒸试验合格,则水泥中氧化镁的含量(质量分数)允许放宽至 6.0%。

② 如果水泥中氧化镁的含量(质量分数)大于 6.0%时,需进行水泥压蒸安定性试验并合格。

③ 当有更低要求时,该指标由买卖双方确定。

4.1.7.2　物理指标

（1）标准稠度用水量　标准稠度用水量是指水泥净浆达到标准规定的稠度时所需拌和水量占水泥质量的百分数。由于拌和水泥浆时的用水量，对水泥凝结时间、体积安定性有影响，因此，测试水泥凝结时间、体积安定性时必须采用标准稠度。测试方法有标准法和代用法。标准法是以试杆沉入净浆并距底板 $6mm\pm1mm$ 的水泥净浆为标准稠度净浆，其拌和水量为该水泥的标准稠度用水量。

（2）体积安定性　水泥的体积安定性是指水泥在凝结硬化过程中，体积变化的均匀性。如果水泥硬化后产生不均匀的体积变化，会使水泥混凝土结构物产生膨胀性裂缝，降低工程质量，甚至引起严重事故，此即体积安定性不良。

引起水泥体积安定性不良的原因，是由于水泥熟料矿物组成中含有过多游离氧化钙（ f-CaO）、游离氧化镁（ f-MgO）或者水泥磨细时石膏掺量过多。游离氧化钙和游离氧化镁是在高温下生成，处于过烧状态，水化很慢，它们在水泥凝结硬化后还在慢慢水化并产生体积膨胀，从而导致硬化的水泥石开裂，而过量石膏会与已固化的水化铝酸钙作用，生成水化硫铝酸钙（钙矾石），产生体积膨胀，造成硬化水泥石开裂。

国家标准规定：由游离氧化钙引起的水泥体积安定性不良可采用沸煮法检验。沸煮法包括试饼法和雷氏法两种。试饼法是将标准稠度水泥净浆做成试饼，标准养护 $24\pm2h$，沸煮 3h 后，若用肉眼观察未发现裂纹，用直尺检查没有弯曲现象，则称为安定性合格。雷氏法是标准稠度水泥净浆在雷氏夹中，标准养护（ 24 ± 2）h，沸煮 3h 后的膨胀值，若膨胀量在规定值内则为安定性合格。当试饼法和雷氏法两者结论有矛盾时，以雷氏法为准。

由于氧化镁和石膏引起的体积安定性不良不便于快速检验，因此，在水泥生产中要严格控制。国家标准规定：通用水泥中游离氧化镁含量不得超过 5.0%，三氧化硫不得超过 3.5%，但矿渣水泥不得超过 4.0%。如果水泥压蒸试验合格，则水泥中氧化镁的含量允许放宽至 6.0%。

（3）凝结时间　水泥的凝结时间在施工中具有重要意义。为保证在水泥初凝之前，有足够的时间完成混凝土成型等各工序的操作，故初凝时间不宜过短；当混凝土浇捣完成后应尽早凝结硬化，以利于下道工序进行，故终凝时间不宜过长。

国家标准规定：通用水泥的初凝时间均不得早于 45min；硅酸盐水泥的终凝时间不得迟于 390min，其他五种水泥的终凝时间不得迟于 600min。

（4）强度　水泥强度是选用水泥的主要技术指标，也是划分水泥强度等级的依据。

国家标准规定：采用胶砂法测定水泥强度。该法是将水泥和标准砂按 1∶3 混合，水灰比为 0.5，按规定方法制成 $40mm\times40mm\times160mm$ 的试件，在（ 20 ± 1 ）℃，相对湿度≥90% 的养护箱中养护 24h，脱模后放在温度（ 20 ± 1 ℃）的水中养护，分别测定 3d 和 28d 抗压强度和抗折强度。根据测定结果，按表 4-6 规定，确定该水泥的强度等级。

硅酸盐水泥分为 42.5、42.5R、52.5、52.5R、62.5、62.5R 六个强度等级；普通水泥分为 42.5、42.5R、52.5、52.5R 四个强度等级；其他四种水泥分为 32.5、32.5R、42.5、42.5R、52.5、52.5R 六个强度等级。其中有代码 R 者为早强型水泥。通用水泥各强度等级的 3d、28d 强度均不得低于表 4-7 中的规定值。

表 4-7 通用硅酸盐水泥技术性质标准 （GB 175—2007）

项目		硅酸盐水泥		普通水泥		矿渣水泥 火山灰水泥 粉煤灰水泥 复合水泥	
		P·I	P·II				
细度		比表面积≥300m²/kg				0.08mm 方孔筛筛余量≤10% 或 0.045mm 方孔筛筛余量≤30%	
凝结时间	初凝	≥45min					
	终凝	≤6.5h		≤10h			
体积安定性	安定性	沸煮法必须合格(若试饼法和雷氏法两者有争议,以雷氏法为准)					
	MgO	含量≤5.0%					
	SO₃	含量≤3.5%(矿渣水泥中含量≤4.0%)					
强度等级	龄期	抗压强度 /MPa	抗折强度 /MPa	抗压强度 /MPa	抗折强度 /MPa	抗压强度 /MPa	抗折强度 /MPa
32.5	3d 28d	— —	— —	— —	— —	10.0 32.5	2.5 5.5
32.5R	3d 28d	— —	— —	— —	— —	15.0 32.5	3.5 5.5
42.5	3d 28d	17.0 42.5	3.5 6.5	17.0 42.5	3.5 6.5	15.0 42.5	3.5 6.5
42.5R	3d 28d	22.0 42.5	4.0 6.5	22.0 42.5	4.0 6.5	19.0 42.5	4.0 6.5
52.5	3d 28d	23.0 52.5	4.0 7.0	23.0 52.5	4.0 7.0	21.0 52.5	4.0 7.0
52.5R	3d 28d	27.0 52.5	5.0 7.0	27.0 52.5	5.0 7.0	23.0 52.5	4.5 7.0
62.5	3d 28d	28.0 62.5	5.0 8.0	—	—	—	—
62.5R	3d 28d	32.0 62.5	5.5 8.0	—	—	—	—

（5）细度（选择性指标） 细度是指水泥颗粒的粗细程度。水泥颗粒过细过粗都不好，因此细度应适宜。

国家标准规定：硅酸盐水泥和普通水泥的细度以比表面积表示，其比表面积不小于 300m²/kg；其他四种水泥的细度用筛析法，要求在 0.08mm 方孔筛筛余不大于 10% 或 0.045mm 方孔筛筛余不大于 30%。

4.1.7.3 碱含量（选择性指标）

碱含量是指水泥中 Na_2O 和 K_2O 的含量。水泥中碱含量过高，遇到有活性的骨料，易产生碱-骨料反应，造成工程危害。

国家标准规定：水泥中碱含量按 $Na_2O+0.658K_2O$ 计算值来表示。若使用活性骨料，用户要求提供低碱水泥时，水泥中的碱含量应不大于 0.60% 或由供需双方商定。

对以上水泥的主要技术要求，国家标准还规定，凡符合三氧化硫、氧化镁、氯离子、安定性、凝结时间、强度的规定，同时硅酸盐水泥还得符合不溶物和烧失量的规定，普通水泥符合烧失量的规定者，为合格品。反之，不符合上述规定的任何一项技术要求者为不合格品。

4.1.8　通用硅酸盐水泥的包装、标志、运输与贮存

4.1.8.1　包装

国家标准规定：水泥可以散装或袋装，袋装水泥每袋净含量为 50kg，且应不少于标志质量的 99%；随机抽取 20 袋总质量（含包装袋）应不少于 1000kg。其他包装形式由供需双方协商确定，但有关袋装质量要求，应符合上述规定。

4.1.8.2　标志

国家标准规定了水泥包装袋上应清楚标明执行标准、水泥品种、代号、强度等级、生产者名称、生产许可证标志（QS）及编号、出厂编号、包装日期、净含量。包装袋两侧应根据水泥的品种采用不同的颜色印刷水泥名称和强度等级，硅酸盐水泥和普通水泥采用红色，矿渣水泥采用绿色；火山灰水泥、粉煤灰水泥和复合水泥采用黑色或蓝色。散装发运时应提交与袋装标志相同内容的卡片。

4.1.8.3　运输与贮存

水泥在运输与贮存时不得受潮和混入杂物，不同品种和强度等级的水泥在贮运中避免混杂。通用水泥的有效贮存期为 90d。在 90d 内，买方对水泥质量有疑问时，则买卖双方应将共同认可的试样送省级或省级以上国家认可的水泥质量监督检验机构进行仲裁检验。

 复习思考题

1. 气硬性胶凝材料和水硬性胶凝材料的主要区别是什么？举例说明。

2. 硅酸盐水泥熟料的主要矿物成分是什么？它们对水泥的性质有何影响？它们的水化产物是什么？

3. 影响通用硅酸盐水泥性能的主要因素有哪些？

4. 通用硅酸盐水泥有哪些技术性质？国标有何规定？

5. 通用硅酸盐水泥通过检验，什么是合格品？什么是不合格品？

6. 下列混凝土构件和工程，试分别选用合适的水泥，并说明理由。

（1）海洋工程。

（2）大跨度结构工程、高强度预应力混凝土工程。

（3）工业窑炉基础。

（4）混凝土大坝。

（5）紧急抢修的工程或紧急军事工程。

（6）采用蒸汽养护预制构件。

4.2 其他品种水泥

4.2.1 白色和彩色硅酸盐水泥

以适当成分的生料烧至部分熔融，所得以硅酸钙为主要成分、含氧化铁少的熟料，掺入为水泥质量 0～10% 的混合材料（石灰石、窑灰），及适量石膏磨细制成，称为白色硅酸盐水泥，简称白水泥，代号 P·W。

白水泥的性能基本与硅酸盐水泥相同。根据 GB/T 2015—2005 规定：白水泥熟料中氧化镁含量不宜超过 5.0%，如果水泥经压蒸安定性试验合格，则熟料中氧化镁含量允许放宽到 6.0%；三氧化硫含量应不超过 3.5%；细度为 0.080mm 方孔筛筛余不得超过 10%；凝结时间，初凝不早于 45min，终凝不迟于 10h；体积安定性用沸煮法检验必须合格；白度应不低于 87，白度为白水泥对红、绿、蓝三原色的反射率与标准白板氧化镁的反射率的比值；白水泥分为 32.5、42.5、52.5 三个强度等级，各龄期强度值应不低于表 4-8 规定。

表 4-8　白色硅酸盐水泥各龄期强度指标（GB/T 2015—2005）

强度等级	抗压强度/MPa		抗折强度/MPa	
	3d	28d	3d	28d
32.5	12.0	32.5	3.0	6.0
42.5	17.0	42.5	3.5	6.5
52.5	22.0	52.5	4.0	7.0

注：当用户需要时，生产厂应提供结果。

对以上主要技术要求，国家标准还规定：凡三氧化硫、初凝时间、安定性中任一项不符合标准规定或强度低于最低等级的指标时为废品；凡细度、终凝时间、强度和白度中任一项不符合标准规定时为不合格品。水泥包装标志中水泥品种、生产者名称和出厂编号不全的也属于不合格品。白水泥的有效贮存期为 3 个月。

生产彩色硅酸盐水泥有三种方法：一是在水泥生料中加入着色物质，烧成彩色熟料再磨细成彩色水泥，此种方法的优点是制成的彩色水泥颜色稳定，但烧制的过程中颜色的类型很难控制，且成本高、颜色较单一，很少生产；二是将白水泥熟料或硅酸盐水泥熟料、适量石膏和碱性着色物质共同磨细成彩色水泥，此种方法的优点是制成的彩色水泥颜色均匀、易控制，缺点是颜色单一；三是将干燥状态的着色颜料掺入白水泥或硅酸盐水泥中，此种方法的优点是颜色易控制，方法简单易操作，水泥的颜色可以多样化，但缺点是现场配制，容易造成颜色不均匀，使用过程中可能造成颜色不稳定，因此施工时，一个立面或整体一次配好装袋备用，以防颜色不匀。

白色和彩色硅酸盐水泥主要用于装饰工程，可配成彩色砂浆、混凝土等，用于制造各种水磨石、水刷石、斩假石等饰面、雕塑和装饰部件等制品。

4.2.2 铝酸盐水泥

以铝酸钙为主的铝酸盐水泥熟料，磨细制成的水硬性胶凝材料称为铝酸盐水泥，代号 CA。铝酸盐水泥按氧化铝含量百分数分为四类。

CA-50　$50\% \leqslant Al_2O_3$ 含量 $< 60\%$；

CA-60　$60\% \leqslant Al_2O_3$ 含量 $< 68\%$；

CA-70　$68\% \leqslant Al_2O_3$ 含量 $< 77\%$；

CA-80　$77\% \leqslant$ 含量 Al_2O_3。

根据 GB 201—2000 规定：细度为比表面积不小于 $300m^2/kg$ 或 0.045mm 方孔筛筛余不大于 20%；凝结时间应符合表 4-9 的规定；四种类型的各龄期强度应不低于表 4-10 规定。

表 4-9　铝酸盐水泥凝结时间指标（GB 201—2000）

水泥类型	初凝时间不得早于/min	终凝时间不得迟于/h
CA-50,CA-70,CA-80	30	6
CA-60	60	18

表 4-10　铝酸盐水泥各龄期强度指标（GB 201—2000）

水泥类型	抗压强度/MPa				抗折强度/MPa			
	6h	1d	3d	28d	6h	1d	3d	28d
CA-50	20	40	50	—	3.0	5.5	6.5	—
CA-60	—	20	45	85	—	2.5	5.0	10.0
CA-70	—	30	40	—	—	5.0	6.0	—
CA-80	—	25	30	—	—	4.0	5.0	—

由于铝酸盐水泥的熟料矿物成分不同于硅酸盐水泥，因而表现出一些特殊的性能。

(1) 早期强度增长快、强度高，铝酸盐水泥在不超过 30℃时水化（最适宜的硬化温度为 15℃），生成物主要为细长针状和板状结晶连生体，形成骨架，析出的铝胶填充于骨架空隙中，形成密实的水泥石，1d 和 3d 的强度增长快、强度高，因此，适用于紧急抢修工程和早期强度要求高的特殊工程。

(2) 后期强度下降，在温度高于 30℃的潮湿环境中，铝酸盐水泥水化产物会逐渐转变为更为稳定的产物，高温高湿条件下，上述转变极为迅速，晶体硬化转变的结果，使水泥中固相体积减少 50%以上，强度大大降低，在湿热环境下尤为严重；另外，铝酸盐水泥硬化后的晶体结构在长期使用中会发生转移，引起强度下降，因此，不宜用于长期承重的结构工程和处于高温高湿环境的混凝土工程。

(3) 水化热高，而且集中在早期放出，1d 内放出的水化热为总量的 70%～80%，使混凝土内部温度上升较高，即使在 -10℃下施工，铝酸盐水泥也能很快凝结，因此，适宜于冬季施工，不宜用来浇筑大体积混凝土工程。

(4) 耐热性强，铝酸盐水泥硬化时不宜在超过 30℃温度下进行，但硬化后的水泥石在

1000℃以上高温下仍能保持较高强度，主要是因为在高温下各组分发生固相反应成烧结状态，代替了水化结合，因此，可用于配制耐热混凝土，如高温窑炉炉衬等。

（5）抗硫酸盐腐蚀性强，水化时不析出 $Ca(OH)_2$，而且硬化后结构致密，具有较好的抗硫酸盐腐蚀的性能，可用于有硫酸盐腐蚀的混凝土工程中。

（6）碱液对铝酸盐水泥的腐蚀性极强，使用时应避免碱腐蚀，不得与硅酸盐水泥、石灰等能析出 $Ca(OH)_2$ 的材料混合使用，以免产生"闪凝"现象，导致无法施工，可以与具有脱模强度的硅酸盐水泥混凝土接触使用，但接茬处不应长期处于潮湿状态。

铝酸盐水泥的有效贮存期为2个月，在运输与贮存时，应注意防潮和不与其他品种水泥混杂。

4.2.3 膨胀水泥

一般水泥在凝结硬化过程中都会产生一定的收缩，使水泥混凝土出现裂纹，影响混凝土的强度及其他许多性能。而膨胀水泥则克服了这一弱点，在硬化过程中能够产生一定的膨胀，增加水泥石的密实度，消除由收缩带来的不利影响。

膨胀水泥主要是比一般水泥多一种膨胀组分，在水化凝结硬化过程中，膨胀组分使水泥产生一定量的膨胀值。常用的膨胀组分是在水化后能形成膨胀性产物钙矾石的材料。

按膨胀值大小，可将膨胀水泥分为膨胀水泥和自应力水泥两大类。膨胀水泥的膨胀率较小，主要用于补偿水泥在水化凝结硬化过程中产生的收缩，其自应力值小于2.0MPa，一般为0.5MPa，其线膨胀率一般在1%以下，相当或稍大于一般水泥的收缩，因此又称为无收缩水泥或收缩补偿水泥；自应力水泥的膨胀值较大，在限制膨胀的条件下（如配有钢筋时），由于水泥石的膨胀作用，使混凝土受到压应力，从而达到了预应力的作用，预应力值不小于2.0MPa，线膨胀率一般在1%～3%，同时还增加了钢筋的握裹力。

常用的膨胀水泥及主要用途如下。

（1）硅酸盐膨胀水泥　硅酸盐膨胀水泥主要用于制造防水层和防水混凝土，加固结构、浇筑机器底座或固结地脚螺栓，还可用于接缝及修补工程，但禁止在有硫酸盐侵蚀的工程中使用。

（2）低热微膨胀水泥　低热微膨胀水泥主要用于要求较低水化热和要求补偿收缩的混凝土和大体积混凝土，还可用于要求抗渗和抗硫酸侵蚀的工程。

（3）膨胀硫铝酸盐水泥　膨胀硫铝酸盐水泥主要用于配置接点、抗渗和补偿收缩的混凝土工程。

（4）自应力水泥　自应力水泥主要用于自应力钢筋混凝土压力管及其配件。

此外，还有多种膨胀水泥。

 复习思考题

1. 仓库内有四种白色胶凝材料粉末，分别是生石灰粉、建筑石膏、白水泥和石灰石粉，试用简易的方法加以辨别。

2. 试述铝酸盐水泥的性质与通用硅酸盐水泥的区别。

小　　结

通用水泥 {
　硅酸盐水泥
　普通水泥
　矿渣水泥
　火山灰水泥
　粉煤灰水泥
　复合水泥
}
　　　生产简介
　　　水化和凝结硬化
　　　水泥石的腐蚀及防止方法
　　　主要特性及选用
　　　影响性能的因素
　　　技术性质
　　　包装、标志、运输与贮存

其他水泥 {
　白色水泥　　　技术性质、应用
　铝酸盐水泥　　技术性质、应用
　膨胀水泥　　　简介
}

实 训 课 题

某建筑工地送来 42.5 级普通水泥和 32.5 级复合水泥各一组，问能否使用？

要求：1. 检测其标准稠度用水量、凝结时间、体积安定性和强度；

2. 填写水泥检测的原始记录和结果报告单。

第5章　混凝土

本章主要介绍混凝土的定义、分类、组成材料、混凝土的主要技术性能以及影响混凝土性能的因素，混凝土配合比设计的方法，混凝土质量的检验，并介绍了其他品种的混凝土。

教学目标

通过本章学习，掌握混凝土的基本组成材料、影响混凝土性能的因素、混凝土配合比设计的方法、混凝土质量的评定，会对混凝土的技术性能进行检测，利用所学知识能解决实际问题。

5.1　混凝土概述

混凝土是建筑业最重要的材料之一，广泛应用于建筑工程、水利工程、道路桥梁工程、国防工程。

5.1.1　混凝土的定义

混凝土是由胶凝材料、粗细骨料、水和外加剂以及矿物掺合料按适当比例配合，拌制、浇筑、成型后，经一定时间养护、硬化而成的一种人造石材。没有硬化的混合料称为新拌混凝土。

5.1.2　混凝土的分类

5.1.2.1　按表观密度分

（1）重混凝土　重混凝土是指干表观密度大于 2800kg/m³ 的混凝土。主要用作防辐射的屏蔽材料，如核电站建设。

（2）普通混凝土　干表观密度为 2000～2800kg/m³ 的水泥混凝土。主要用在建筑工程中的各种承重结构。

（3）轻混凝土　干表观密度小于 2000kg/m³ 的混凝土。可用作承重结构、保温隔热制品。

5.1.2.2　按强度等级分

（1）普通混凝土　其强度等级一般在 C60 以下，其中抗压强度等级小于 C30 的混凝土为低强度等级混凝土，抗压强度等级为 C30～C60（立方体抗压强度标准值为 30～60MPa）为中强度等级混凝土。

（2）高强混凝土　混凝土强度等级为 C60～C100。

（3）超高强混凝土　混凝土强度等级在 C100 以上。

5.1.2.3　按生产和施工方法分

可分为现浇混凝土、商品混凝土、泵送混凝土、喷射混凝土、碾压混凝土、真空脱水混凝土和离心密实混凝土等。

5.1.2.4　按胶凝材料分

可分为水泥混凝土、沥青混凝土、石膏混凝土、水玻璃混凝土、聚合物混凝土等。

5.1.2.5　按混凝土拌合物坍落度分

可分为干硬性混凝土、塑性混凝土、流动性混凝土、大流动性混凝土。

5.1.2.6　按用途分

可分为结构混凝土、道路混凝土、水工混凝土、耐热混凝土、耐酸混凝土、防辐射混凝土、装饰混凝土等。

5.1.2.7　按掺合料分

可分为粉煤灰混凝土、硅灰混凝土、磨细高炉矿渣混凝土、纤维混凝土等。

5.1.3　混凝土的特点

混凝土与其他常规建筑材料（如木材、钢材）相比，具有许多独特的性能特点。

（1）就地取材，来源丰富，造价低廉　制备混凝土用量最大的是砂、石材料，占混凝土总体积的 80%。这些材料分布较广，易于就地取材，而且开采费用较低，因此与其他建筑材料相比，混凝土的造价较低。

（2）混凝土拌合物具有良好的可塑性　混凝土可根据工程设计需要，浇筑成任何形状和大小尺寸的构件或结构物。

（3）能与钢筋共同工作　由于混凝土与钢筋的线膨胀系数接近，二者可以很好地复合在一起，构成钢筋混凝土复合材料，发挥各自的特长，满足工程的需要。

（4）有较高的强度和耐久性　在建筑工程中，混凝土的强度可达几十兆帕，甚至上百兆帕。且具有较高的抗渗、抗融冻破坏能力。如果配合比适当的话，其寿命可达几百年以上。

（5）具有一定的耐火性　混凝土材料不易燃烧，而且在火中燃烧时仍能保持一定的强度，比木材和钢材的耐火性好。

（6）易于施工　混凝土既可进行人工浇筑，也可根据不同的工程环境特点采用其他的施工方法，如泵送、喷射，对于难以振捣部位施工的混凝土，可采用自流平混凝土（坍落度大于 22cm）；或在工厂预制好构件，在施工现场组装，这样可保证混凝土质量，提高劳动效率。

混凝土除具有上述一些优点外，还有一些缺点。如自重大，养护周期长，抗拉强度低、呈脆性；施工中影响质量的因素较多，质量容易产生波动。大量使用水泥产品，会造成环境污染及温室效应。

复习思考题

1. 什么是混凝土？
2. 什么是高强混凝土？
3. 混凝土有什么特点？

5.2 普通混凝土的组成材料

普通混凝土在建筑工程中用量最大，其基本组成材料有水泥、砂子、石子和水，此外为了改善混凝土的一些性能，在实际工程中经常加入一些外加剂，所以外加剂也称为混凝土的第五种组成材料。

5.2.1 水泥

在普通混凝土中，水泥加水拌和形成水泥浆，水泥浆包裹砂子并填充砂子空隙形成砂浆，砂浆包裹石子并填充石子的空隙。混凝土凝结硬化前，水泥浆在砂石颗粒间起润滑作用，使混凝土拌合物具有良好的可塑性便于施工，水泥浆硬化后形成水泥石，将砂石骨料牢固地胶结在一起，形成具有一定强度的人造石材。砂子和石子不发生化学反应，只起骨架的作用，减少水泥的体积收缩。硬化后的混凝土结构如图 5-1 所示。

水泥在混凝土中起胶结的作用，其品种与数量的选定直接影响混凝土的强度、和易性、耐久性和经济性，在配制混凝土时，应合理选择水泥的品种和强度等级。

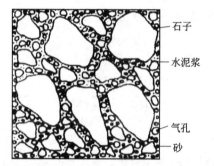

图 5-1　硬化后的混凝土结构

5.2.1.1　品种的选择

水泥品种的选择应根据混凝土工程特点、所处环境条件、施工条件以及水泥供应商的情况综合考虑。常用的水泥品种详见水泥一章，也可参考表 4-6。对于一般建筑结构及预制构件的普通混凝土，宜采用通用硅酸盐水泥；高强混凝土和有抗冻要求的混凝土宜采用硅酸盐水泥或普通硅酸盐水泥；有预防混凝土碱骨料反应要求的混凝土工程宜采用低碱水泥；大体积混凝土宜采用中、低热硅酸盐水泥或低热矿渣硅酸盐水泥，也可采用通用硅酸盐水泥；有特殊要求的混凝土也可采用其他品种的水泥。用于生产混凝土的水泥温度不宜高于 60℃。

5.2.1.2　水泥强度等级的选择

水泥强度等级的选择应与混凝土的设计强度等级相适应。原则上，配制高强度等级的混凝土，应选用高强度等级的水泥；配制低强度等级的混凝土，应选择低强度等级的水泥。若水泥强度等级过低，会使水泥用量过大而不经济。若水泥强度等级过高，则水泥用量会偏少，对混凝土的和易性及耐久性均带来不利影响。对一般强度等级的混凝土，水泥强度等级宜为混凝土强度等级的 1.5～2.0 倍，对于较高强度等级的混凝土，水泥强度等级宜为混凝土强度等级的0.9～1.5倍。

5.2.2 混凝土用水

水是混凝土的重要组成材料之一，水质的好坏不仅影响混凝土的凝结和硬化，还能影响混凝土的强度和耐久性以及混凝土中钢筋锈蚀情况，我国制定的《混凝土用水标准》（JGJ 63—2006）对混凝土用水提出的具体要求是：不影响混凝土的凝结和硬化；无损于混凝土强度发展及耐久性；不加快钢筋锈蚀；不引起预应力钢筋脆断；不污染混凝土表面。混凝土用水中的物质含量限制值见表 5-1。

表 5-1 混凝土用水中的物质含量限制值（JGJ 63—2006）

项 目	预应力混凝土	钢筋混凝土	素混凝土
pH 值 ≥	5.0	4.5	4.5
不溶物/(mg/L) ≤	2000	2000	5000
可溶物/(mg/L) ≤	2000	5000	10000
氯化物（按 Cl^-）/(mg/L) ≤	500	1000	3500
硫酸盐（按 SO_4^{2-}）/(mg/L) ≤	600	2000	2700
碱含量/(mg/L) ≤	1500	1500	1500

注：碱含量按 $Na_2O+0.658K_2O$ 计算值来表示。采用非碱活性骨料时，可不检验碱含量。

按水源分，水可分为饮用水、地表水、地下水、海水、生活污水和工业废水。拌制及养护混凝土宜采用饮用水；地表水和地下水经检验合格后方可使用；未经处理的海水严禁用于拌制钢筋混凝土，因海水对混凝土中的钢筋有加速锈蚀作用；有饰面要求的混凝土也不得采用海水拌制。生活污水的水质比较复杂，不能用于拌制混凝土。工业废水常含有酸、油脂、糖类等有害杂质，也不能用来拌制混凝土。不得采用混凝土企业设备洗刷水配制骨料为碱活性的混凝土。

5.2.3 细骨料——砂子

细骨料又称细集料，是指粒径为 0.15～4.75mm 的岩石颗粒，有天然砂和人工砂两大类。

天然砂是由天然岩石经长期风化等自然条件作用而形成的大小不等、由不同矿物颗粒组成的混合物。按其产源不同可分为河砂、湖砂、淡化海砂及山砂。河砂、淡化海砂、湖砂由于长期受水流的冲刷作用，颗粒表面比较圆滑、清洁；海砂中常含有贝壳碎片及盐类等有害杂质，使用时应冲洗；山砂是岩体风化后在山谷或旧河床等堆积下来的岩石碎屑，颗粒多棱角、表面粗糙、含泥量及有机杂质较多。

机制砂由机械破碎各种硬质岩石、筛分制成，俗称人工砂。随着天然砂资源的减少和节能环保的要求，使用机制砂将成为发展方向，这样既充分利用了资源，又保护了环境。

《建设用砂》（GB/T 14684—2011）规定，建筑用砂的规格按细度模数分粗、中、细三种；按技术要求分为Ⅰ、Ⅱ、Ⅲ三类。

GB/T 14684—2001 对细骨料的技术要求有以下几个方面。

5.2.3.1 粗细程度与颗粒级配

砂的粗细程度是指不同粒径的砂子混合在一起的平均粗细程度。在砂用量一定的情况下，砂子的颗粒粗细影响到砂的总表面积，决定水泥用量的多少，进而影响到混凝土拌合物的工作性。因此混凝土配制时应要求一定的粗细程度和颗粒级配。

砂的颗粒级配是指不同粒径的砂粒相互间的搭配情况。良好的级配是在粗颗粒的间隙填充中等颗粒，中颗粒的间隙填充细颗粒，这样一级一级地填充，使空隙率达到最小程度，如图 5-2 所示。细骨料级配良好，可以使填充砂子空隙的水泥浆用量较少，节约水泥，又可使配制的混凝土密实，提高混凝土的强度及耐久性。

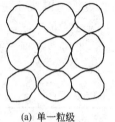 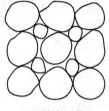 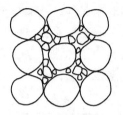

|(a) 单一粒级|(b) 两种粒级搭配|(c) 多种粒级搭配|

图 5-2　砂的不同级配情况

砂的颗粒级配和粗细程度采用筛分析方法测定。

（1）砂的颗粒级配　测定时称取 500g 烘干砂样，置于一套尺寸为 4.75mm、2.36mm、1.18mm、0.600mm、0.300mm、0.150mm 的标准方孔筛中，由粗到细一次过筛，然后称取各筛筛余试样的质量（分计筛余），计算分计筛余百分率（分计筛余量占砂样总质量的百分数）和累计筛余百分率（各筛和比该筛粗的所有分计百分率之和），见表 5-2。

表 5-2　分计筛余百分率和累计筛余百分率关系（GB/T 14684—2011）

方孔筛尺寸/mm	筛余量 m/g	分计筛余百分率 a/%	累计筛余百分率 A/%
4.75	m_1	$a_1 = m_1/500$	$A_1 = a_1$
2.36	m_2	$a_2 = m_2/500$	$A_2 = a_1 + a_2$
1.18	m_3	$a_3 = m_3/500$	$A_3 = a_1 + a_2 + a_3$
0.600	m_4	$a_4 = m_4/500$	$A_4 = a_1 + a_2 + a_3 + a_4$
0.300	m_5	$a_5 = m_5/500$	$A_5 = a_1 + a_2 + a_3 + a_4 + a_5$
0.150	m_6	$a_6 = m_6/500$	$A_6 = a_1 + a_2 + a_3 + a_4 + a_5 + a_6$

GB/T 14684—2011 规定，按 0.600mm 筛孔的累计筛余百分率，将砂分为三个级配区，见表 5-3。凡经筛分析检验的砂，各筛的累计筛余百分率落在表 5-3 的任一级配区内其级配都属于合格或级配良好。所以 0.600mm 筛孔作为控制粒级。

为了更直观反映砂的级配情况，可将表 5-3 的规定绘出级配曲线图，如图 5-3 所示。

表 5-3　砂的颗粒级配（GB/T 14684—2011）

砂的分类	天然砂			机制砂		
级配区	1	2	3	1	2	3
方筛孔/mm	累计筛余/%					
9.50	0	0	0	0	0	0
4.75	10～0	10～0	10～0	10～0	10～0	10～0
2.36	35～5	25～0	15～0	35～5	25～0	15～0
1.18	65～35	50～10	25～0	65～35	50～10	25～0
0.600	85～71	70～41	40～16	85～71	70～41	40～16
0.300	95～80	92～70	85～55	95～80	92～70	85～55
0.150	100～90	100～90	100～90	97～85	94～80	94～75

注：对于砂浆用砂，4.75mm 筛孔的累计筛余量应为 0；砂的实际颗粒级配除 4.75mm 和 0.600mm 筛档外，可以略有超出，但超出总量应＜5%。

以累计筛余百分数为纵坐标，以筛孔尺寸为横坐标，将表 5-3 中三个区的数值分别绘在坐标中，以 0.600mm 筛孔作为控制粒级，根据计算的累计筛余百分率，判断其落在哪一区。

一般认为，处于 2 区级配的砂，属于中砂，粗细适中，级配较好，宜优先选用；1 区砂较粗，拌制的混凝土保水性较差；3 区属于细砂，拌制的混凝土保水性好，黏聚性好，但水泥用量多，干缩大，容易产生微裂缝，影响混凝土的耐久性。

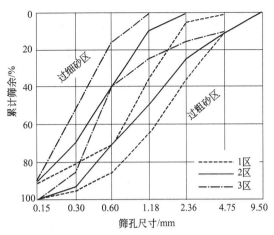

图 5-3　砂的级配曲线

（2）粗细程度　砂的粗细用细度模数（M_x）表示。细度模数计算公式如下。

$$M_x = \frac{(A_2 + A_3 + A_4 + A_5 + A_6) - 5A_1}{100 - A_1}$$

混凝土用砂的细度模数范围：粗砂 3.7～3.1；中砂 3.0～2.3；细砂 2.2～1.6。

配制混凝土时，往往是细度模数相同而级配不同的砂，所配制的混凝土性质却不同，所以判断砂的级配分布情况时，同时考虑细度模数与颗粒级配。

在实际工程中，若砂的级配不合适，可采用人工掺配的方法来改善，即将粗、细砂按适当比例进行掺合使用；或将砂过筛，筛除过粗或过细颗粒，使之达到级配要求。

【例】　检验某砂的级配。用 500g 烘干试样进行筛分，其结果如表 5-4，试评定该试样的粗细程度及颗粒级配。

解：计算结果见表 5-4。

表 5-4　砂筛分结果及计算结果

筛孔尺寸/mm	4.75	2.36	1.18	0.600	0.300	0.150	<0.150
筛余量/g	18	69	70	145	101	76	21
分计筛余百分率/%	a_1=3.6	a_2=13.8	a_3=14.0	a_4=29.0	a_5=20.2	a_6=15.2	—
累计筛余百分率/%	A_1=3.6	A_2=17.4	A_3=31.4	A_4=60.4	A_5=80.6	A_6=95.8	—

$$M_x = \frac{(A_2 + A_3 + A_4 + A_5 + A_6) - 5A_1}{100 - A_1} = 2.78（精确至 0.01）$$

假若两次筛分结果一样，细度模数取其算术平均值为 2.8（精确至 0.1）。累计筛余百分数为 A_1=4%、A_2=17%、A_3=31%、A_4=60%、A_5=81%、A_6=96%（精确至 1%）。

细度模数为 2.78，在 2.3～3.0 之间，故该砂为中砂。将计算结果（累计筛余百分率）与表 5-3 对照比较，0.600mm 筛上的累计筛余百分率 60%，属于 2 区，其余各筛上累计筛余百分率均没有超出 2 区的要求，因此，该砂级配良好。

5.2.3.2　含泥量、石粉含量和泥块含量

天然砂中含泥量是指粒径小于 0.075mm 的颗粒含量；泥块含量是指原粒径大于 1.18mm，经水浸洗、手捏后小于 0.600mm 的颗粒含量。人工砂中石粉含量是指粒径小于 0.075mm 的颗粒；泥块含量同天然砂。

含泥量多会降低骨料与水泥石的粘接力，影响混凝土的强度和耐久性。泥块比泥土对混

凝土的性能影响更大。因此，必须严格控制其含量。

1) 天然砂的含泥量和泥块含量应符合表 5-5 的规定。

表 5-5　天然砂的含泥量和泥块含量（GB/T 14684—2011）

项　目	指　标		
	Ⅰ类	Ⅱ类	Ⅲ类
含泥量(按质量计)/%	≤1.0	≤3.0	≤5.0
泥块含量(按质量计)/%	0	≤1.0	≤2.0

2) 机制砂的石粉含量和泥块含量应符合表 5-6 的规定。

表 5-6　机制砂的石粉含量和泥块含量（MB≤1.4 或快速法合格）（GB 50164—2011）

类别	Ⅰ类	Ⅱ类	Ⅲ类
MB	≤0.5	≤1.0	≤1.4 或合格
石粉含量	≤10.0		
泥块含量	0	≤1.0	≤2.0

注：MB 为亚甲蓝试验值。

5.2.3.3　有害物质的含量

国标规定，砂不应混有草根、树叶、树枝、塑料、煤块、炉渣等杂物。砂中如含有云母、轻物质、有机物、硫化物及硫酸盐、氯盐等，应符合表 5-7 的规定。

表 5-7　砂中有害物质含量（GB/T 14684—2011）

类别	Ⅰ类	Ⅱ类	Ⅲ类
云母(按质量计)/%	≤1.0	≤2.0	≤2.0
轻物质(按质量计)/%	1.0		
有机物	合格		
硫化物及硫酸盐(按 SO_3 质量计)/%	0.5		
氯化物(以氯离子质量计)/%	≤0.01	≤0.02	≤0.06
贝壳(按质量计)[①]/%	≤3.0	≤5.0	≤8.0

① 该指标仅限于海砂，其他砂种不做要求。

云母是层、片状物质，其含量超标会影响到混凝土的强度，硫化物会影响水泥石的强度，进而影响混凝土的强度、耐久性，氯化物容易加剧混凝土中的钢筋锈蚀。所以在混凝土拌制之前可对砂进行清洗，去除有害物质。一般预制构件厂有专门的洗骨料车间，对混凝土的质量有保证。

5.2.3.4　坚固性

砂的坚固性是指砂在自然风化和其他外界物理化学因素作用下抵抗破裂的能力。天然砂采用硫酸钠溶液法进行试验，砂样经 5 次循环后其质量损失应符合表 5-8 的规定。机制砂采用压碎指标法进行试验，压碎指标值应小于表 5-9 的规定。

表 5-8　砂的坚固性指标（GB/T 14684—2011）

类别	Ⅰ类	Ⅱ类	Ⅲ类
质量损失/%	≤8	≤8	≤10

表 5-9　砂的压碎指标（GB/T 14684—2011）

类别	Ⅰ类	Ⅱ类	Ⅲ类
单级最大压碎指标/%	≤20	≤25	≤30

5.2.3.5　碱-骨料反应

碱-骨料反应指水泥、外加剂等混凝土组成物及环境中的碱与骨料中碱活性矿物在潮湿环境下缓慢发生并导致混凝土开裂破坏的膨胀反应。规范中指出由砂制备的试件在规定的试验龄期膨胀率应小于 0.10%。

碱-骨料反应有两种类型：一种是碱-硅酸反应；另一种是碱-碳酸盐反应。碱活性骨料也分为两大类，即活性硅质骨料和活性碳酸盐骨料。

对于硅质骨料，其活性组分是 SiO_2，当骨料中这些矿物超过一定数量时，骨料就表现出碱活性。活性碳酸盐骨料为泥质石灰石质白云石，这种白云石与一般的白云石不同，含黏土与方解石较多，白云石颗粒细小，被黏土和方解石颗粒包围。碱离子能通过黏土渗入到白云石颗粒，使白云石颗粒表面产生反白云石化反应。这种原地化学反应而产生的结晶压造成混凝土膨胀开裂。

骨料的碱活性与可用性是两个完全不同的概念。骨料的碱活性是骨料的本质特征，是骨料与碱反应能力的表征。因此，应该是一个不依赖于使用条件的指标。骨料的可用性是骨料实际使用状况的表征，与使用条件有着密切的关系。在一定的条件下活性骨料不一定发生碱-骨料反应。因此，不能根据某一工程没有发生碱-骨料反应就断定所用骨料是非活性的。

5.2.3.6　表观密度、堆积密度、空隙率及砂的含水状态

砂的表观密度不小于 $2500kg/m^3$；松散堆积密度不小于 $1400kg/m^3$；空隙率不大于 47%。砂的含水状态对混凝土配合比有很大的影响。通常认为砂的含水状态有四种：完全干燥状态、气干状态、饱和面干状态和完全润湿状态。其含水状态如图 5-4 所示。

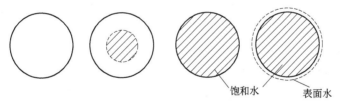

(a) 完全干燥状态　　(b) 气干状态　　(c) 饱和面干状态　　(d) 完全润湿状态

图 5-4　砂的含水状态

完全干燥状态指含水率小于 0.5% 的细骨料或含水率小于 0.2% 的粗骨料；气干状态指骨料含水率与大气湿度相平衡，但未达到饱和状态；饱和面干状态的骨料其内部含水达到饱和而其表面干燥；完全润湿状态的骨料不仅内部孔隙含水达到饱和，而且表面还附有一层自由水。一般工业与民用建筑的混凝土配合比设计采用完全干燥状态的骨料；而一些大型水利工程则采用饱和面干状态的骨料。

5.2.4　粗骨料——石子

粗骨料又称粗集料，是指粒径大于 4.75mm 的岩石颗粒，有卵石和碎石两大类。按岩石地质成因不同，可分为火成岩（花岗岩）、沉积岩（石灰岩、大青石岩）和变质岩（大理

石）。大部分的火成岩都是优良的骨料原料，沉积岩变化范围大，变质岩介于火成岩和沉积岩之间。

卵石又称砾石，是由自然风化、水流搬运和分选、堆积形成的岩石颗粒。按产源分为河卵石、海卵石和山卵石。

碎石是由天然岩石、卵石或矿山废石经机械破碎、筛分制成的岩石颗粒。

卵石表面光滑，拌制混凝土时需水量小，与水泥的黏结差；而碎石表面多棱角、粗糙，与水泥的黏结较好。所以用卵石配制的混凝土拌合物流动性好，但强度低；而碎石配制的混凝土拌合物流动性差，但硬化后的强度较高。碎石是建筑工程用量最大的粗骨料。

《建筑用卵石、碎石》（GB/T 14685—2011）规定，按卵石、碎石技术要求分为Ⅰ类、Ⅱ类、Ⅲ类。

GB/T 14685—2011 对粗骨料的技术要求主要有以下几个方面。

5.2.4.1　最大粒径与颗粒级配

（1）最大粒径　粗骨料公称粒级的上限值称为该粒级的最大粒径。粗骨料的规格，是用其最小粒径至最大粒径的尺寸表示，如 5~25mm、5~40mm，表示下限粒径值 5mm，上限最大粒径值 25mm、40mm。

为节约水泥，粗骨料的最大粒径在条件允许时，尽量选大值。但要符合《混凝土质量控制标准》（GB 50164—2011）规定，对于混凝土结构，粗骨料最大公称粒径不得超过构件截面最小尺寸的 1/4，且不得超过钢筋间最小净间距的 3/4；对于混凝土实心板，骨料的最大公称粒径不宜超过板厚的 1/3，且不得超过 40mm；对于大体积混凝土，粗骨料最大公称粒径不宜小于 31.5 mm。对泵送混凝土，当泵送高度在 50m 以下时，粗骨料最大粒径与输送管内径之比对碎石不宜大于 1:3，卵石不宜大于 1:2.5；泵送高度在 50~100m 时，碎石不宜大于 1:5，卵石不宜大于 1:4。高强混凝土最大公称粒径不宜大于 25mm。

（2）颗粒级配　粗骨料的颗粒级配与细骨料的级配原理相同。所用标准筛为方孔筛，尺寸为 2.36mm、4.75mm、9.50mm、16.0mm、19.0mm、26.5mm、31.5mm、37.5mm、53.0mm、63.0mm、75.0mm、90.0mm。分计筛余百分率及累计筛余百分率的计算方法与细骨料相同。粗骨料的颗粒级配应符合表 5-10 的规定。

粗骨料的级配有连续粒级和单粒粒级两种。连续粒级是指颗粒的尺寸由大到小连续分布，每一级颗粒都占一定的比例，又称连续级配。连续级配配制的混凝土和易性好，不易发生离析现象，配制的混凝土较密实，目前使用较多。

单粒粒级又称间断级配，是指石子用小颗粒的粒级直接和大颗粒的粒级相配，中间为不连续的级配。从表 5-10 可以看出这样的规律。例如将 5~10mm 与 20~40mm 两种粒级的石子配合使用，中间缺少 10~20mm 的石子，即成为间断级配。采用间断级配的混凝土大颗粒的空隙直接由比它小许多的颗粒填充，能降低骨料的空隙率，故能节约水泥。但间断级配使混凝土拌合物容易产生离析现象，导致施工困难，工程应用较少。但可以用两种或两种以上的单粒级组合成连续粒级，也可与连续粒级配合使用。

5.2.4.2　含泥量、泥块含量和有害物质含量

石子中含泥量、泥块含量及有害物质含量对混凝土的作用同砂子一样，卵石、碎石的颗粒级配见表 5-11。

表 5-10 碎石和卵石的颗粒级配（GB/T 14685—2011）

公称粒径/mm		2.36	4.75	9.50	16.0	19.0	26.5	31.5	37.5	53.0	63.0	75.0	90.0
连续粒级	5～16	95～100	85～100	30～60	0～10	0							
	5～20	95～100	90～100	40～80	—	0～10	0						
	5～25	95～100	90～100	—	30～70	—	0～5	0					
	5～31.5	95～100	90～100	70～90	—	15～45	—	0～5	0				
	5～40	—	95～100	70～90	—	30～65	—	—	0～5	0			
单粒粒级	5～10	95～100	80～100	0～15	0								
	10～16		95～100	80～100	0～15								
	10～20		95～100	85～100		0～15	0						
	16～25			95～100	55～70	25～40	0～10						
	16～31.5		95～100		85～100			0～10	0				
	20～40			95～100		80～100		0～10		0			
	40～80					95～100			70～100		30～60	0～10	0

表 5-11 石子含泥量、泥块含量、针片状颗粒含量、有害物质含量（GB/T 14685—2011）

项　目	指　标		
	Ⅰ 类	Ⅱ 类	Ⅲ 类
含泥量(按质量计)/%	≤0.5	≤1.0	≤1.5
泥块含量(按质量计)/%	0	≤0.2	≤0.5
有机物	合格	合格	合格
硫化物及硫酸盐(SO₃ 质量计)/%	≤0.5	≤1.0	≤1.0
针片状颗粒(按质量计)/%	≤5	≤10	≤10

5.2.4.3 针片状颗粒含量

石子的颗粒形状对混凝土性能有很大影响。较理想的颗粒形状是三维长度相近或相等的立方体或球形颗粒。粗骨料中凡颗粒长度大于该颗粒所属相应粒级平均粒径的 2.4 倍者为针状颗粒，厚度小于平均粒径 0.4 倍者为片状颗粒，平均粒径是指该粒级上、下限粒径的平均值。针、片状颗粒本身易折断，含量不能太多，否则会严重降低混凝土拌合物的和易性和混凝土硬化强度，因此，其含量应符合表 5-11 的规定。

5.2.4.4 坚固性和强度

（1）坚固性 粗骨料的坚固性是指在自然风化和其他外界物理化学因素作用下抵抗破裂的能力。为了保证混凝土的耐久性，粗骨料应具有与混凝土相适应的坚固性。

石子的坚固性采用硫酸钠溶液法进行试验，其质量损失应符合表 5-12 的规定。

表 5-12 石子的坚固性指标、压碎指标（GB/T 14685—2011）

项 目	指 标		
	Ⅰ 类	Ⅱ 类	Ⅲ 类
质量损失（硫酸钠溶液法）/%	≤5	≤8	≤12
碎石压碎指标/%	≤10	≤20	≤30
卵石压碎指标/%	≤12	≤14	≤16

（2）强度 石子的强度可用岩石的抗压强度和压碎指标两种方法表示。

岩石抗压强度是指用母岩制成 50mm×50mm×50mm 的立方体（或直径与高度均为 50mm 的圆柱体），在浸水饱和状态下（48h），测其极限抗压强度。6 个试件为一组，取 6 个试件检测结果的算术平均值，精确至 1MPa。其抗压强度火成岩（岩浆岩）应不小于 80MPa，变质岩应不小于 60MPa，水成岩（沉积岩）应不小于 30MPa。仲裁检验时，以 $\phi50mm×50mm$ 圆柱体试件的抗压强度为准。对于高强混凝土粗骨料的岩石抗压强度应至少比混凝土设计强度高 30%。

压碎指标法是将一定质量气干状态粒级在 9.50～19.0mm 的石子，分两层装入压碎指标测定仪圆模内，每装完一层试样后，在底盘下面垫放一直径为 10mm 的圆钢，将筒按住左右交替颠击地面各 25 次，两层颠实后，平整模内试样表面，盖上压头。把装有试样的模子置于压力机上，开动压力机以 1kN/s 速度均匀加荷至 200kN 并稳荷 5s，然后卸荷。取下加压头，倒出试样称量，然后用孔径 2.36mm 的筛筛除被压碎的细粒，称出留在筛上的试样质量，按下式计算压碎指标。

$$Q_c = \frac{G_1 - G_2}{G_1} \times 100\%$$

式中 Q_c——压碎指标值，%；

G_1——试样的质量，g；

G_2——压碎试验后筛余的试样质量，g。

压碎指标是测定粗骨料抵抗压碎能力的强弱指标。压碎指标越小，粗骨料抵抗受压破坏的能力越强。工程上通常采用压碎指标进行质量控制。有争议时，采用岩石立方体强度检验。碎石和卵石的压碎指标应符合表 5-12 的规定。

5.2.4.5 表观密度、堆积密度、空隙率和碱-骨料反应、含水状态

粗骨料的表观密度不小于 2600kg/m³、吸水率：Ⅰ类≤1.0%，Ⅱ、Ⅲ类≤2.0%；含水率和堆积密度报告期实测值。空隙率：Ⅰ类≤43%，Ⅱ类≤45%、Ⅲ类≤47%。

碱-骨料反应试验后，由卵石、碎石制备的试件无裂缝、酥裂、胶体外溢等现象，在规定的检测龄期的膨胀率应小于 0.10%。

含水状态同砂也有四种。

5.2.5　混凝土外加剂和掺合料

5.2.5.1　混凝土外加剂

混凝土外加剂是一种在混凝土搅拌之前或拌制过程中加入的、用以改善新拌混凝土和（或）硬化混凝土性能的材料。

各种混凝土外加剂的应用改善了新拌和硬化混凝土的性能，促进了混凝土新技术的发展，促进了工业副产品在胶凝材料系统中更多的应用，还有助于节约资源和环境保护，已经逐步成为优质混凝土必不可少的材料。

（1）外加剂的分类　混凝土外加剂品种很多，根据《混凝土外加剂》（GB 8076—2008）规定，按其主要使用功能分为四类。

1）改善混凝土拌合物流变性能的外加剂，如各类减水剂和泵送剂等。

2）调节混凝土凝结时间、硬化性能的外加剂，如缓凝剂、促凝剂和速凝剂等。

3）改善混凝土耐久性的外加剂，如引气剂、防水剂、阻锈剂和矿物外加剂等。

4）改善混凝土其他特殊性能的外加剂，如膨胀剂、防冻剂、着色剂等。

按化学成分分为三类。

1）无机外加剂，如 $CaCl_2$、Na_2SO_4 等早强剂，一些金属粉末如铝粉、镁粉等加气剂。

2）有机外加剂，如表面活性物质（三乙醇胺早强剂），有机化合物盐类（聚羧酸盐高性能减水剂）。

3）复合外加剂，如无机和有机化合物复合（三乙醇胺-二水石膏-亚硝酸钠复合早强剂）。

（2）常用的混凝土外加剂

1）减水剂　混凝土减水剂又称塑化剂或水泥分散剂，是一种在保持混凝土拌合物坍落度基本相同的条件下，能减少拌和用水量的外加剂。

减水剂是混凝土外加剂中最重要的品种。按其减水率大小，分为普通减水剂（以木质素磺酸盐类为代表）、高效减水剂（包括萘系、蜜胺系、氨基磺酸盐系、脂肪族系等）和高性能减水剂（以聚羧酸系高性能减水剂为代表）。

图 5-5　表面活性剂分子结构模型

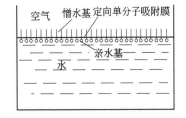

图 5-6　表面活性剂定向吸附

① 减水剂的作用机理　减水剂是一种表面活性剂，一端为亲水基团，另一端为憎水基团，如图 5-5 所示。其本身不与水泥发生化学反应而是通过表面活性剂的吸附-分散作用、润滑和湿润作用，改善新拌混凝土的和易性、水泥石的内部结构及混凝土的性能。表面活性剂定向吸附示意图见图 5-6，亲水基团指向水，憎水基团指向空气、固体。

　　水泥加水拌和后，由于水泥颗粒间分子引力的作用而形成絮凝状结构，如图 5-7，使不少拌和水被包围在其中，从而降低了混凝土的和易性。加入适量减水剂后，表面活性剂的憎水基团吸附在水泥颗粒表面，亲水基团指向水溶液，这样水泥颗粒表面带有相同的电荷，产生静电排斥力，同性相斥使水泥颗粒相互分散，导致絮凝结构解体，释放出游离水，从而有效地提高了混凝土拌合物的流动性。表面活性剂的亲水基团极性很强，很容易与水分子以氢键形式缔合，在水泥颗粒表面形成一层稳定的溶剂化水膜，阻止了水泥颗粒间的直接接触，这层溶剂化膜起润滑作用，使混凝土的流动性进一步提高。同时由于加入减水剂，使体系界面张力降低，水泥颗粒更容易被水润湿，充分水化，这一作用也有利于和易性的改善。

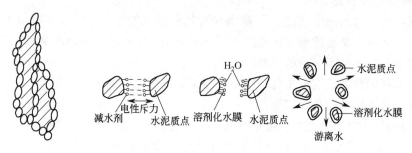

　　　　(a) 混凝土的絮凝结构　　　　　　　(b) 减水剂作用过程示意

图 5-7　减水剂作用示意图

　　② 普通减水剂　普通减水剂是在混凝土坍落度基本相同的条件下，能减少拌和用水的外加剂。通常减水率在 5%～10% 的减水剂。如木质素系减水剂、糖蜜系减水剂。

　　木质素系减水剂中木质素磺酸钙（木钙）、木质素磺酸钠（木钠）、木质素磺酸镁（木镁）是最早研制成功的减水剂，属于天然高分子化合物。其中，木钙减水剂（又称 M 型减水剂）使用较多。其主要性能如下。

　　a. 节省水泥，保持混凝土强度及坍落度与基准混凝土相近时，可节约水泥 10% 左右。

　　b. 改善混凝土的性能，当水泥用量及坍落度不变时，可减水 10% 左右，混凝土 3～28d 强度提高 15% 左右；掺入木钙后混凝土的保水性、黏聚性和可泵性显著改善，木钙掺量为 0.25% 时混凝土含气量增加了 2%～3%，从而提高混凝土的抗渗、抗冻融等性能，木钙还具有缓凝性，降低水泥初期水化热的作用。

　　使用木钙时还应注意以下问题。

　　a. 严格控制掺量，因过量会使新拌混凝土的凝结时间显著延长，甚至几天也不硬化，且含气量增加会降低混凝土的强度。

　　b. 注意施工温度，对一般工业与民用建筑，规定日最低气温 5℃ 以上时可掺木钙，低于 5℃ 时，应与早强剂复合使用，温度低于密度时，除要复合早强剂外，还要同时掺用抗冻剂。

　　c. 蒸养性能差。

　　③ 高效减水剂　减水率在混凝土坍落度基本相同的条件下，能大幅度减少拌和用水的外加剂。通常减水率 10% 以上。常用的有萘系、树脂系、脂肪族系等。

　　萘系减水剂是萘或萘的同系物经磺化与甲醛缩合而成。国产的主要品种有 MF、FDN 等。

　　萘系减水剂适宜掺量为水泥质量的 0.5%～1.0%，减水率为 10%～25%，混凝土 28d 强度提高 20% 以上。在保持混凝土强度和坍落度相近时，可节约水泥 10%～20%。对混凝土的力学性能以及抗渗、耐久性等均有所改善，对钢筋无腐蚀作用。

磺化三聚氰胺树脂减水剂简称蜜胺树脂减水剂。它是由三聚氰胺、甲醛、亚硫酸钠按适当比例，在一定条件下经磺化、缩聚而成的阴离子表面活性剂。我国生产的主要有三聚氰胺树脂磺酸钠（SM）高效减水剂。

SM 为非引气型早强高效减水剂。适宜掺量为 $0.5\% \sim 2.0\%$，减水率可达 $20\% \sim 27\%$，28d 强度提高 $30\% \sim 60\%$。蒸养适应性好，耐高温。适用于配制高强混凝土、早强混凝土、流态混凝土、蒸养混凝土及耐火混凝土。

④ 高性能减水剂　高性能减水剂是比高效减水剂减水效果好、坍落度保持性好、干燥收缩也较小，且具有一定引气性能的减水剂。减水率不小于 25%。与其他减水剂相比，高性能减水剂在配制高强度混凝土和高耐久性混凝土时，具有明显的技术优势和较高的性价比。高性能减水剂包括聚羧酸系减水剂、氨基羧酸系减水剂以及其他减水剂。其中以聚羧酸系减水剂为代表的高性能减水剂逐渐在工程中得到应用。它具有以下特点：减水率大；坍落度损失小；与胶凝材料的适应性好；无味、无污染；具有引气性，提高混凝土的耐久性。

常用减水剂的品种及使用效果见表 5-13。

表 5-13　常用减水剂的品种及使用效果

类别	普通减水剂	高效减水剂		高性能减水剂
种类	木质素系	萘系	树脂系	聚羧酸系
主要品种	木钙，木镁，木钠	NNO，NF，NUF，FDN，MF 等	SM，GRS	聚羧酸盐
适宜掺量（占水泥质量）/%	0.2～0.3	0.2～1.0	0.5～2.0	由厂家定
减水率	10%左右	10%左右	20%～30%	25%以上
早强效果	—	显著	显著	显著
缓凝效果	1～3h	—	—	—
引气效果	1%～2%	—	—	显著
适用范围	一般混凝土工程及滑模、泵送、大体积及夏季施工的混凝土	适用所有混凝土工程，更适用配制高强混凝土及流态混凝土工程	用于有特殊要求的混凝土	适用所有混凝土工程

2）引气剂　混凝土在搅拌过程中，能引入大量均匀分布、稳定而封闭的微小气泡的外加剂称为引气剂。目前常用的有松香皂及松香热聚物、烷基磺酸钠、脂肪醇硫酸钠等。

掺入引气剂能减少混凝土拌合物的泌水离析，改善和易性；显著提高混凝土抗渗性、抗冻性和耐久性；但大量气泡的存在，减少了混凝土的有效使用面积，使混凝土强度有所降低，一般混凝土的含气量每增加 1% 时，其抗压强度将降低 $4\% \sim 6\%$。引气剂的掺量一般为水泥质量的 $0.005\% \sim 0.015\%$，含气量为 $3\% \sim 5\%$，减水率 8% 左右。当温度从 10℃增加到 32℃时，含气量将降低一半，故不宜用于蒸汽养护的混凝土。

3）早强剂　能提高混凝土早期强度，并对后期强度无显著影响的外加剂称为早强剂。按化学成分分为氯盐类、硫酸盐类、有机胺类及复合早强剂。

氯盐类早强剂主要有氯化钙、氯化钠等，其中氯化钙效果最佳。氯盐类早强剂的缺点是加速钢筋锈蚀及增加混凝土的收缩。在预应力混凝土结构中，严禁使用含氯化物的外加剂。钢筋混凝土结构中，当使用含氯化物的外加剂时，混凝土拌合物中氯化物的总含量（以氯离子质量计）应符合现行国家标准《混凝土质量控制标准》（GB 50164—2011）的规定，对素混凝土，不得超过水泥总量的 2%；对处于干燥环境或有防潮措施的钢筋混凝土，不得超过水泥质量的 1%；对处在潮湿而不含有氯离子环境中的钢筋混凝土，不得超过水泥质量的 0.3%；对处于潮湿并含有氯离子的钢筋混凝土结构中，不得超过水泥质量的 0.1%；预应力混凝土及处于易腐蚀环境中的钢筋混凝土，不得超过水泥质量的 0.06%。

　　硫酸盐类早强剂有硫酸钠、硫酸钙等，其中以硫酸钠应用较多。硫酸钠为白色粉状物，一般掺量为 0.5%～2.0%，若掺量过多，会导致混凝土后期产生膨胀开裂及混凝土表面产生"白霜"现象。硫酸钠对钢筋无锈蚀，适用于日最低气温不低于－5℃环境下的混凝土施工。但严禁用于含活性骨料的混凝土，以免发生碱-骨料反应。

　　有机胺类早强剂主要有三乙醇胺、三异丙醇胺等，其中三乙醇胺早强效果最佳。三乙醇胺为无色或淡黄色油状液体，掺量为水泥质量的 0.02%～0.05%，能使混凝土早期强度提高。与其他外加剂（如氯化钙、氯化钠、硫酸钠等）复合使用，效果显著。三乙醇胺对混凝土稍有缓凝作用，掺量超过 0.1%会造成混凝土严重缓凝和混凝土强度下降，应严格控制掺量。

　　复合早强剂是指无机盐类与有机盐类、无机盐类与无机盐类、有机物类与有机物类之间复合，按适当比例配制的复合早强剂。

　　早强剂多用于要求早拆模工程、抢修工程及冬季施工。

　　4）缓凝剂　能延缓混凝土凝结时间，并对混凝土后期强度发展无不利影响的外加剂称为缓凝剂。可做缓凝剂的有以下几类。

　　① 羟基羧酸类：酒石酸及其盐、柠檬酸及其盐、葡萄糖酸及其盐。
　　② 多羟基碳水化合物：糖类及其衍生物、糖蜜及其改性物质。
　　③ 木质素磺酸盐类：如木钙、木钠、木镁。
　　④ 无机化合物：氧化锌、氯化锌、磷酸及其盐、硼酸及其盐。

　　国内常用的缓凝剂是糖蜜和木钙，其中糖蜜的缓凝效果最好。糖蜜减水剂是以制糖生产过程中的下脚料，采用石灰中和处理调制成的一种粉状或液体状产品，属非离子表面活性剂。国内产品有 3FG、TF、ST 等。一般掺量为水泥质量的 0.1%～0.3%（粉剂），掺量超过 1%时混凝土长时间酥松不硬，掺量为 4%时 28d 强度仅为不掺的 1%。

　　糖蜜具有缓凝作用，能降低水泥初期水化热，气温低于 10℃后缓凝作用加剧；能提高混凝土的流动性，掺用糖蜜的混凝土，其坍落度比不掺的增大 5cm；早期强度发展较慢，28d 混凝土抗压强度提高 15%左右。主要用于大体积混凝土、炎热气候条件下施工的混凝土、需较长时间停放或长距离运输的混凝土等。不宜用于 5℃以下施工的混凝土、有早强要求的混凝土及蒸养混凝土。糖蜜对钢筋无锈蚀危害。

　　当掺用含有糖类及木质素磺酸盐类外加剂时，应先做水泥适应性测试，合格后方可使用。

　　5）防冻剂　能降低水的冰点，使混凝土在负温下硬化，并在规定养护条件下达到预期性能的外加剂称为防冻剂。

　　常用的防冻剂有氯盐类（氯化钙、氯化钠）；氯盐阻锈剂类（以氯盐与亚硝酸钠阻锈剂复合而成）；无氯盐类（以亚硝酸盐、硝酸盐、碳酸盐及尿素复合而成）。

　　目前国内防冻剂产品适用的温度范围为 0～－20℃，更低的气温下施工时应采用其他冬季施工措施。氯盐类防冻剂适用于无筋混凝土；氯盐阻锈剂类防冻剂可用于钢筋混凝土；无氯盐类防冻剂可用于钢筋混凝土与预应力混凝土。硝酸盐、亚硝酸盐、碳酸盐不适用于预应力混凝土及镀锌钢材或与铁相接触部位的钢筋混凝土结构。含有六价铬盐、亚硝酸盐等有毒成分的防冻剂，严禁用于引水工程及与食品接触的工程。

　　6）速凝剂　能使混凝土迅速凝结硬化的外加剂称为速凝剂。速凝剂有铝酸盐类和硅酸钠类速凝剂。铝酸盐类速凝剂的主要成分是铝酸钠和碳酸钠等盐类。我国常用的速凝剂有红星Ⅰ型、711型、728型等。速凝剂掺入混凝土后，能使混凝土在5min内初凝，10min内终凝，1h就可产生强度，1d强度提高2～3倍，但后期强度会下降，28d强度约为不掺时的80%～90%。速凝剂主要用于矿山井巷、铁路隧道、地下工程、喷射混凝土及抢险工程。

7）泵送剂　能改善混凝土拌合物泵送性能的外加剂称为混凝土泵送剂。能改善混凝土泵送性能的外加剂有减水剂、缓凝减水剂、高效减水剂、引气剂等，混凝土泵送剂大多是复合产品。掺入泵送剂能使混凝土具有良好的流动性和在压力条件下较好的稳定性，即混凝土具有坍落度大、泌水率小、黏结性好的特点。泵送剂主要应用于商品混凝土的施工。如大体积混凝土、高层建筑、高速公路、桥梁、水工混凝土及地下、水下灌注混凝土等。

（3）外加剂的选择与使用　外加剂品种的选择，应根据工程需要，施工条件及环境、混凝土原材料等因素通过测试确定。严禁使用对人体产生危害、对环境产生污染的外加剂。

外加剂掺量应根据厂家提供的数据，结合具体工程，通过试验试配确定最佳掺量。

外加剂的掺入方法有先掺法、同掺法、后掺法和滞水法。先掺法是将粉状外加剂先与水泥混合后，再加入骨料与水搅拌；同掺法是先将粉状或液体外加剂与拌合水形成溶液，然后再同时掺入混凝土组成材料中一起投入搅拌机拌合（木钙类减水剂用同掺法）；后掺法是搅拌好混凝土拌合物后，再加入外加剂（如萘系高效减水剂）并再次搅拌均匀进行浇筑；滞水法是在混凝土搅拌过程中减水剂滞后于水2～3min加入混凝土拌合物中。有些外加剂一般不能直接投入混凝土搅拌机内，应先与水混合，调配成一定浓度的溶液，随水加入搅拌机进行搅拌。对于不溶于水的外加剂，应与适量水泥或砂混合均匀后再加入搅拌机中。外加剂计量应准确，每盘称量的允许偏差不应大于±2%。

（4）存放和运输　《混凝土外加剂应用技术规范》（GB 50119—2003）规定，外加剂应按不同供货单位、不同品种、不同牌号分别存放，标识应清楚。粉状外加剂应防止受潮结块，如有结块，经性能检验合格后应粉碎至全部通过0.63mm筛后方可使用；液体外加剂应放置阴凉干燥处，防止日晒、受冻、污染、进水或蒸发，如有沉淀等现象，经性能检验合格后方可使用；有毒性的外加剂必须单独存放。外加剂的存放时间不得超过有效期。搬运时应轻拿轻放，避免破损，运输时注意防潮。

5.2.5.2　混凝土掺合料

混凝土的掺合料即混凝土的外掺料，是指在混凝土搅拌前或搅拌过程中，与混凝土的其他组分一样，直接加入的一种外掺料。其作用是可以节约水泥，充分利用工业废料，保护环境，改善混凝土的性能。如水化放热降低，改善混凝土的和易性，提高混凝土的强度等。

掺合料按其性质可分为两类，即活性掺合料和非活性掺合料。用于混凝土中的掺合料绝大多数是具有一定活性的固体工业废渣，如粉煤灰、粒化高炉矿渣、硅灰、钢渣粉、磷渣粉等。可采用两种或两种以上的矿物掺合料按一定的比例混合使用。在矿物掺合料应用方面应符合以下规定：①掺入矿物掺合料的混凝土，宜采用硅酸盐水泥和普通硅酸盐水泥；②在混凝土中掺用矿物掺合料时，矿物掺合料的种类和掺量应经试验确定，其混凝土性能应满足设计要求；③矿物掺合料宜与高效减水剂同时使用；④对于高强混凝土或有抗渗、抗冻、抗腐蚀、耐磨等其他特殊要求的混凝土，宜采用不低于Ⅱ级的粉煤灰；⑤对于高强混凝土和有耐腐蚀要求的混凝土，当需要采用硅灰时，宜采用二氧化硅含量不小于90%的硅灰；硅灰宜采用吨包供货。下面主要介绍目前用量最大，使用范围最广的粉煤灰掺合料。

（1）粉煤灰的产生　粉煤灰是由燃烧煤粉的锅炉烟气中收集到的细粉末，其颗粒多呈球形，表面光滑。

粉煤灰有高钙粉煤灰和低钙粉煤灰之分。高钙粉煤灰是由褐煤燃烧形成的粉煤灰，其氧化钙含量较高（一般大于10%），呈褐黄色，它具有一定的水硬性；低钙粉煤灰是由烟煤和无烟煤燃烧形成的粉煤灰，其氧化钙含量低（一般小于10%），呈灰色或深灰色，一般具有火山灰活性。低钙粉煤灰来源广泛，使用量最大。

（2）用低钙粉煤灰做掺合料的效果

1）节约水泥。一般可节约水泥 10％～15％，有显著的经济效益。

2）改善和提高混凝土的技术性能，如：改善混凝土拌合物的和易性、可泵性和抹面性；降低了混凝土水化热；提高混凝土抗硫酸盐性能；提高混凝土抗渗性；抑制碱-骨料反应。

（3）粉煤灰掺合料的作用机理　粉煤灰掺合料的作用机理为形态效应、活性效应和微集料效应。

粉煤灰的形态效应是指粉煤灰粉料由其颗粒的外观形貌、内部结构、表面性质、颗粒级配等所产生的效应。在高温燃烧过程中形成的粉煤灰颗粒，绝大多数为玻璃微珠，这部分外表比较光滑的类球形颗粒，由硅铝玻璃体组成，尺寸多在几微米到几十微米。由于球形颗粒表面光滑，故掺入混凝土之后能起到滚球润滑作用，并能不增加甚至减少混凝土拌合物的用水量，起到减水的作用。

粉煤灰的活性效应是指混凝土中粉煤灰的活性成分所产生的化学效应。粉煤灰的活性取决于粉煤灰的火山灰反应能力，即粉煤灰中的 SiO_2 和 Al_2O_3 与 $Ca(OH)_2$ 的反应，生成类似于水泥水化所产生的水化硅酸钙和水化铝酸钙等反应产物。这些水化产物可作为胶凝材料的一部分起到增强作用。

粉煤灰的微集料效应是指粉煤灰中的微细颗粒均匀分布在水泥浆内，填充孔隙和毛细孔，改善混凝土孔结构和增大密实度的特性。其取决于粉煤灰的物理力学性能及其颗粒级配。如对粉煤灰和水泥净浆的研究，大量试验表明，破坏不在粉煤灰颗粒界面发生而是在水泥凝胶部分发生，这说明粉煤灰水化凝胶的硬度大于水泥凝胶的硬度，微骨料效应增强了硬化浆体的结构强度。

（4）用于混凝土中的粉煤灰分为三个等级，Ⅰ级、Ⅱ级、Ⅲ级；其技术指标见表5-14。

表 5-14　用于混凝土中的粉煤灰的技术要求（GB/T 1596—2005）

粉煤灰等级	细度（45μm 方孔筛筛余）/％	烧失量/％	需水量比/％	三氧化硫含量/％
Ⅰ	≤12	≤5	≤95	≤3
Ⅱ	≤25	≤8	≤105	≤3
Ⅲ	≤45	≤15	≤115	≤3

粉煤灰用于混凝土工程可根据等级，按下列规定应用。

1）Ⅰ级粉煤灰适用于钢筋混凝土和跨度小于 6m 的预应力钢筋混凝土。

2）Ⅱ级粉煤灰适用于钢筋混凝土和无筋混凝土。

3）Ⅲ级粉煤灰主要用于无筋混凝土。对设计强度等级 C30 及以上的无筋粉煤灰混凝土，宜采用Ⅰ、Ⅱ级粉煤灰。

4）用于预应力钢筋混凝土、钢筋混凝土及设计强度等级 C30 及以上的无筋混凝土的粉煤灰等级，如经试验论证，可采用低一级的粉煤灰。

复习思考题

1. 普通混凝土的组成材料有哪几种？在混凝土中各起什么作用？

2. 配制普通混凝土如何选择水泥的品种和强度等级？

3. 混凝土用砂为何要提出级配和细度要求？两种砂的细度模数相同，其级配是否相同？反之如果级配相同，其细度模数是否相同？

4. 某烘干砂样 500g，筛分结果如下表，试评定该砂的级配及粗细程度。

筛孔尺寸/mm	4.75	2.36	1.18	0.60	0.30	0.15	<0.15
筛余量/g	28	56	73	145	98	79	21

5. 什么是石子的最大公称粒径？为什么要限制最公称大粒径？

6. 某钢筋混凝土梁，断面尺寸 30cm×40cm，钢筋间最小净距为 5cm，试确定粗骨料最大粒径。

7. 选择题

(1) 配制高强、超高强混凝土，需采用以下哪种混凝土掺合料？

A. 粉煤灰　B. 硅灰　C. 煤矸石　D. 火山渣

(2) 以下哪种掺和料能降低混凝土的水化热，是大体积混凝土的组要掺和料？

A. 粉煤灰　B. 硅灰　C. 火山灰　D. 沸石粉

(3) 在混凝土中掺入优质粉煤灰，可提高混凝土什么性能？

A. 抗冻性　B. 抗渗性　C. 抗侵蚀性　D. 抗碳化性

(4) 配制混凝土的细骨料一般采用天然砂，以下哪种砂与水泥黏结较好？

A. 河砂　B. 海砂　C. 湖砂　D. 山砂

(5) 钢筋混凝土构件的混凝土，为提高其早期强度，有时掺入外加早强剂，但下列四个选项中（　　）不能做早强剂？

A. 氯化钠　B. 硫酸钠　C. 三乙醇胺　D. 复合早强剂

5.3 混凝土拌合物的和易性

混凝土的技术性质主要有混凝土拌合物的和易性、硬化后混凝土的强度、变形性和耐久性。本节主要介绍混凝土拌合物的和易性。

所谓混凝土拌合物是指混凝土各组成材料按一定比例配合，经搅拌均匀后尚未凝结硬化的材料，又称新拌混凝土。

5.3.1 和易性的概念

和易性是指混凝土拌合物易于施工操作（搅拌、运输、浇筑、捣实），并能获得均匀、密实的混凝土的性能。和易性是一项综合性技术指标，包括流动性、黏聚性和保水性三方面的含义。

5.3.1.1 流动性

流动性是指混凝土拌合物在自重或机械振捣作用下能产生流动，并均匀密实地填满模板的性能。流动性反映混凝土拌合物的稀稠程度。若混凝土拌合物太干稠，流动性差，难以振捣密实，易造成内部或表面孔洞等缺陷；若拌合物过稀，流动性好，但容易出现分层离析，使硬化后的混凝土强度降低，耐久性变差。

5.3.1.2 黏聚性

黏聚性是指混凝土拌合物各组分之间具有一定的黏聚力，不致产生分层离析现象。黏聚性反映混凝土拌合物的均匀性。若混凝土拌合物黏聚性差，骨料与水泥浆容易分离，造成混凝土不均匀，振捣密实后会出现蜂窝、麻面等现象。

5.3.1.3　保水性

保水性是指混凝土拌合物在施工过程中具有一定的保水能力，不产生严重泌水的现象。保水性反映混凝土拌合物的稳定性。保水性差的混凝土拌合物，经振捣密实后，由于水的渗流，在混凝土内部形成透水通路，影响混凝土的性能。

混凝土拌合物和易性是以上三个性能的综合反映，它们之间既互相联系，又互相矛盾。增大流动性，会使黏聚性、保水性变差；反之若使黏聚性、保水性变大，又会导致流动性变差。实际工程中，在保证混凝土技术性能的前提下，要有所侧重，又要互相关照综合考虑。

5.3.2　和易性的测定

目前尚没有全面评定混凝土拌合物和易性的方法。根据《普通混凝土拌合物性能试验方法》（GB/T 50080—2002）规定，混凝土拌合物的流动性可采用坍落度法和维勃稠度法测定。

5.3.2.1　坍落度法

当混凝土拌合物坍落度不小于 10mm，骨料最大粒径不大于 40mm 时，采用坍落度法测其和易性，具体操作如下。

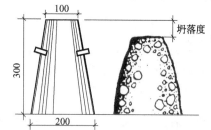

图 5-8　坍落度测定示意图（单位：mm）

将混凝土拌合物按规定方法装入坍落度筒内，装满后刮平，然后将筒垂直提起，移至一旁，混凝土拌合物由于自重将产生坍落现象，量测筒高与坍落后混凝土试体最高点之间的高度差（mm），即为混凝土拌合物的坍落度值。坍落度越大，流动性越好。同时用捣棒轻轻敲打已坍落的混凝土锥体侧面，观察其受击后下沉、坍落情况及四周泌水情况。拌合物坍落度满足要求，四周不泌水，敲击后锥体逐渐下沉，表示该混凝土黏聚性好，保水性好，则混凝土拌合物的和易性好。见图 5-8。当混凝土拌合物的坍落度大于 220mm 时，用钢尺测量混凝土扩展后最终的最大直径和最小直径，在这两个直径之差小于 50mm 的条件下，用其算术平均值作为坍落扩展度；否则，此次测试无效。

《混凝土质量控制标准》（GB 50164—2011）规定，混凝土拌合物根据其坍落度大小分为五级，见表 5-15。混凝土拌合物的扩展度等级划分见表 5-16。

表 5-15　混凝土拌合物坍落度的等级划分（GB 50164—2011）

等级	S1	S2	S3	S4	S5
坍落度/mm	10～40	50 至 90	100 至 150	160 至 210	≥220

注：坍落度检测结果，在分级评定时，其表达取舍至临近的 10mm。

表 5-16　混凝土拌合物扩展度等级划分（GB 50164—2011）

等级	F1	F2	F3	F4	F5	F6
扩展直径/mm	≤340	350 至 410	420 至 480	490 至 550	560 至 620	≥630

坍落度值选择，要根据结构类型、构件截面大小、配筋疏密、输送方式和施工捣实方法选取。一般在满足施工要求的前提下，尽可能采用较小的坍落度。混凝土浇筑地点的坍落度可参考水工混凝土施工规范的规定选择。

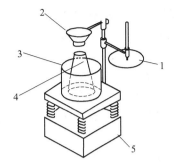

图 5-9　维勃稠度测定
1—透明圆盘；2—喂料斗；3—容器；4—坍落度筒；5—振动台

5.3.2.2　维勃稠度法

当混凝土拌合物的坍落度小于 10mm 时，属于干硬性混凝土，采用维勃稠度法测其和易性。

具体测定方法是：把维勃稠度仪水平放置在坚实的基面上。先将混凝土拌合物按规定方法装入坍落度筒中，装满后提起坍落度筒，再在拌合物顶面盖一透明圆盘，然后开启振动台，同时用秒表计时，当圆盘底面布满水泥浆时，停下秒表并关闭振动台，记录读数，所读秒数（s）即为维勃稠度，见图 5-9。

所测维勃稠度值越小，表明拌合物越稀，流动性越好，反之，维勃稠度值越大，表明拌合物越稠，越不易振实。混凝土拌合物根据维勃稠度分为五级，见表 5-17。

表 5-17　混凝土拌合物维勃稠度等级划分（GB 50164—2011）

等级	V_0	V_1	V_2	V_3	V_4
维勃稠度/s	≥31	30～21	20～11	10～6	5～3

混凝土拌合物稠度允许偏差见表 5-18。

表 5-18　混凝土拌合物稠度允许偏差（GB 50164—2011）

坍落度/mm			
设计值/mm	≤40	50～90	≥100
允许偏差/mm	±10	±20	±30
维勃时间/s			
设计值/s	≥11	10 至 6	≤5
允许偏差/s	±3	±2	±1
扩展度/mm			
设计值/mm	≥350		
允许偏差/mm	±30		

5.3.3　影响和易性的主要因素

影响混凝土拌合物和易性的主要因素有用水量、水泥浆用量、砂率、外加剂、组成材料的品种与性质、施工条件等。

5.3.3.1　用水量

拌合物流动性随用水量的增大而增大。在单位体积混凝土中，水泥用量一定的条件下，拌合用水量大，导致水泥浆变稀，拌合物黏聚性和保水性都变差，产生分层离析、流浆现象，使硬化混凝土强度与耐久性也随之降低。

5.3.3.2　水泥浆用量

水与水泥的质量比称为水灰比（水与胶凝材料的比值称为水胶比）。在水灰比不变的情况下，水泥浆数量越多，拌合物的流动性越大，若水泥浆过多不但增加水泥的用量，而且还会出现流浆现象，使拌合物黏聚性变差，混凝土强度下降。

5.3.3.3　砂率

混凝土中砂的质量占砂、石总质量的百分比，称为砂率。

在混凝土拌合物中，水泥浆含量一定时，增大砂率，骨料的总表面积及空隙率增大，使水泥浆显得比原来贫乏，从而减小了流动性；若减小砂率，又不能保证骨料之间有足够的砂浆层，拌合物的流动性也会降低。因此，混凝土砂率不能过大，也不能过小，应选合适的砂率进行配制，这合适砂率称为合理砂率或最佳砂率。所谓合理砂率是在水和水泥用量一定的条件下，使混凝土拌合物保持良好的黏聚性和保水性并获得最大流动性（坍落度最大）的砂率值，或当拌合物达到要求的流动性、良好的黏聚性和保水性时，水泥用量最少的砂率值，即合理砂率。见图5-10。

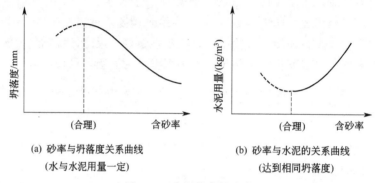

(a) 砂率与坍落度关系曲线　　　　　(b) 砂率与水泥的关系曲线
　　（水与水泥用量一定）　　　　　　　（达到相同坍落度）

图 5-10　合理砂率的确定

5.3.3.4　材料品种的影响

（1）水泥品种的影响　不同品种的水泥需水量的大小不一样，普通水泥配制的混凝土拌合物流动性和保水性较好，矿渣水泥配制的拌合物流动性较大，但黏聚性和保水性较差；火山灰水泥需水量大，配制的拌合物流动性较差，但黏聚性和保水性较好。

（2）骨料形状的影响　卵石表面比较光滑，级配较好时，拌合的混凝土流动性较大，黏聚性差；碎石表面有棱角、粗糙，拌合的混凝土流动性较差，黏聚性好；使用细砂拌合的混凝土流动性较小。

（3）掺合料的影响　当掺入优质粉煤灰时，可改善拌合物的和易性；掺入质量较差的粉煤灰时，往往使拌合物流动性降低。

（4）外加剂的影响　减水剂能显著改善混凝土拌合物的和易性。

（5）施工方面的影响　施工中环境温度、湿度的变化，施工工艺的不同都会影响混凝土的和易性。温度升高，水泥水化加快，混凝土凝结硬化快，降低混凝土的流动性；环境空气湿度小，拌合物水分蒸发快，降低拌合物的流动性。采用机械搅拌、远距离运输等都会影响拌合物的和易性。

5.3.4　改善混凝土拌合物和易性的主要措施

在实际工程中，采取以下措施改善混凝土拌合物的和易性。

1）采用合理砂率。

2）改善砂、石级配。尽可能地采用较粗的砂、石。

3）当拌合物坍落度太小时，保持水灰比（水胶比）不变，适当增加胶凝材料和水的用量，即增加水泥浆的数量；当坍落度太大时，保持砂率不变，适当增加砂、石用量。

4）掺用外加剂（减水剂、引气剂）和掺合料。

 复习思考题

1. 混凝土和易性含义是什么？影响和易性的主要因素有哪些？

2. 选择题

（1）通常用维勃稠度仪测试哪中混凝土拌合物？

A. 液态的　B. 流动性的　C. 低流动性的　D. 干硬性的

（2）某工地施工人员拟采用下述几个方案提高混凝土拌合物的流动性，试问哪个方案不可行？哪个方案可行？哪个方案最优？并说明理由。

A. 多加水；B. 保持水胶比不变，增加水泥浆用量；C. 加入氯化钙；D. 加入减水剂；E. 加强振捣。

5.4　混凝土的强度

强度是混凝土凝结硬化后最重要的力学性质，是评定混凝土质量的重要指标。混凝土的强度有立方体抗压强度、轴心抗压强度、抗拉强度、抗弯强度、抗剪强度等。其中以抗压强度最大，抗拉强度最小。因此，在实际工程中主要利用混凝土承受压力。

5.4.1　混凝土的抗压强度和强度等级

混凝土抗压强度是指其标准试件在压力作用下直至破坏时，单位面积所能承受的最大压力。

5.4.1.1　立方体抗压强度 f_{cu}

国家标准《普通混凝土力学性能试验方法标准》（GB/T 50081—2002）规定，制作边长为 150mm×150mm×150mm 的立方体试件，在标准条件下养护［温度（20±2）℃，相对湿度≥95％］，养护至 28d 龄期，用标准试验方法测得的抗压强度值，称为混凝土标准立方体抗压强度，用 f_{cu} 表示，单位 MPa。

5.4.1.2　立方体抗压强度标准值 $f_{cu,k}$

国家标准《混凝土结构设计规范》（GB 50010—2010）规定，按照标准方法制作和养护的边长 150mm 的立方体试件，在 28d 龄期，用标准试验方法测其抗压强度，在抗压强度总体分布中，具有 95％强度保证率的立方体试件抗压强度，称为混凝土立方体抗压强度标准值，用 $f_{cu,k}$ 表示，单位 MPa。

5.4.1.3　强度等级

混凝土强度等级根据其立方体抗压强度标准值确定，用符号"C"和立方体抗压强度标准值表示。如 C25，表示混凝土立方体抗压强度标准值为：$f_{cu,k} \geqslant 25MPa$，即大于等于 25MPa 的概率为 95％以上。

《混凝土质量控制标准》（GB 50164—2011）规定，混凝土的强度等级有 C10、C15、C20、C25、C30、C35、C40、C45、C50、C55、C60、C65、C70、C75、C80、C85、C90、C95 和 C100 共 19 个强度等级。当混凝土试件为非标准试件且强度低于 C60 以下时，可按表 5-19 的规定进行换算。不低于 C60 宜采用标准尺寸试件；若使用非标准尺寸试件的折算系数，应按试验确定，试件组数不少于 30 对组。

表 5-19　试件尺寸及换算系数（GB/T 50204—2015）

骨料最大粒径/mm	试件尺寸/(mm×mm×mm)	强度的尺寸折算系数
≤31.5	100×100×100	0.95
≤40	150×150×150	1.00
≤63	200×200×200	1.05

5.4.2　混凝土轴心抗压强度（f_{cp}）

在实际工程中，混凝土结构构件大部分是棱柱体或圆柱体。为了能更好地反映混凝土的实际抗压性能，在计算钢筋混凝土轴心受压构件时，常以轴心抗压强度作为设计依据。

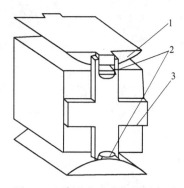

GB/T 50081—2002 规定，采用 150mm×150mm×300mm 的棱柱体标准试件，在标准条件下养护 28d 龄期后，按照标准试验方法测得抗压强度，即为轴心抗压强度，用 f_{cp} 表示。轴心抗压强度 f_{cp} 约为立方体抗压强度 f_{cu} 的 70%～80%。

5.4.3　混凝土的抗拉强度（f_{ts}）

混凝土在直接受拉时，很小的变形就会开裂，是一种脆性破坏。混凝土的抗拉强度只有抗压强度的 1/10～1/20，且随着抗压强度的提高，比值有所下降。因此在钢筋混凝土结构设计中，不考虑混凝土承受结构中的拉力，而由钢筋来承受。但混凝土的抗拉强度对混凝土的抗裂性具有重要意义，是结构设计中确定混凝土抗裂度的重要指标。有时也用它来间接衡量混凝土与钢筋间的粘接强度，并预测由

图 5-11　劈裂法试验装置示意图
1—垫块；2—垫条；3—支架

于干湿变化和温度变化而产生裂缝的情况。

我国采用劈裂抗拉试验法，间接地求出混凝土的抗拉强度。其装置示意图见图 5-11。计算公式如下。

$$f_{ts} = \frac{2F}{\pi A} = 0.637\frac{F}{A}$$

式中　f_{ts}——混凝土劈裂抗拉强度，MPa；

　　　　F——试件破坏荷载，N；

　　　　A——试件劈裂面积，mm²。

5.4.4　混凝土与钢筋的黏结强度

在钢筋混凝土结构中，既要充分发挥钢筋的抗拉强度，又要使混凝土与钢筋很好地黏结。所以，在钢筋与混凝土之间就要有一个黏结强度来满足要求。这种黏结强度主要受以下几方面因素的影响：混凝土与钢筋之间的摩擦力、钢筋与水泥石之间的黏结力及变形钢筋的表面与混凝土之间的机械啮合力。此外，黏结强度还受其他许多因素的影响，如混凝土的质量、钢筋尺寸及变形钢筋种类、加荷类型、干湿变化、温度变化等。

目前，还没有一种较适当的标准试验方法测定混凝土与钢筋的黏结强度。美国材料试验学会（ASTM C234）提出了一种拔出试验方法：将 φ19mm 的标准变形钢筋，埋入边长为 150mm 的立方体试件中，埋入的深度为 5 倍的直径，标准养护 28d 后，进行拉伸试验，试验时以不超过 34MPa/min 的加荷速度对钢筋施加拉力，直到钢筋发生屈服，或混凝土裂

开，或加荷端钢筋滑移超过 2.5mm。记录上述三种中任一情况时的荷载值 P，用下式计算混凝土与钢筋的黏结强度。

$$f_N = \frac{P}{\pi d l}$$

式中　f_N——黏结强度，MPa；

　　　d——钢筋直径，mm；

　　　l——钢筋埋入混凝土中的长度，mm；

　　　P——测定的荷载值，N。

5.4.5　影响混凝土抗压强度的因素

硬化后的混凝土受压破坏可能有三种形式：骨料与水泥石界面的黏结处破坏、水泥石本身受压破坏和骨料受压破坏。在混凝土配合比设计的原材料选择中，水泥、骨料的强度都大于要配制的混凝土强度；在混凝土凝结硬化过程中，水泥体积的收缩造成水泥砂浆与粗骨料界面处产生微裂缝，由于泌水的作用，一些上升的水分被粗骨料阻止，聚集在粗骨料下面，留下孔隙。由于这些缺陷的存在，当施加外力时混凝土最先从水泥石与粗骨料的界面处破坏。所以，混凝土的强度主要取决于水泥石强度和骨料的黏结强度，黏结强度又与水泥强度等级、水灰比及骨料的性质有密切关系，另外还与施工质量、养护条件、龄期等因素有关。

5.4.5.1　水泥强度等级与水灰（胶）比

水泥强度等级和水灰（胶）比是决定混凝土强度的最主要因素。

在其他材料相同时，水泥强度等级越高，配制的混凝土强度也越高。若水泥强度等级相同，则混凝土的强度主要取决于水灰（胶）比，水灰（胶）比越小，配制的混凝土强度越高。这是因为混凝土拌合物需要一定的流动性才能满足施工要求，水灰（胶）比愈大，流动性越大，但过大的水灰（胶）比在混凝土凝结硬化之后，多余的水分蒸发后留下孔隙，使混凝土承受荷载的能力大大降低，所以降低水灰（胶）比会提高混凝土的强度。但是如果水灰（胶）比过小，拌合物过于干稠，在一定的施工条件下，混凝土不能被振捣密实，出现较多的蜂窝、孔洞，反而导致混凝土强度严重下降。所以在配制混凝土强度时应找一个合适的水灰（胶）比。通常配制塑性混凝土时，水灰（胶）比为 0.4～0.8。混凝土强度与水灰（胶）比及灰水（胶）比的关系见图 5-12。

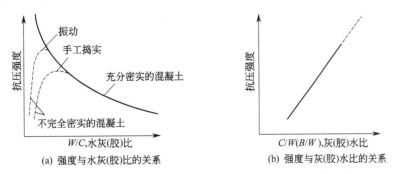

图 5-12　混凝土强度与水灰（胶）比及灰（胶）水比的关系

根据大量的试验结果，可建立混凝土强度经验公式如下。

$$f_{cu,28} = \alpha_a f_b \left(\frac{B}{W} - \alpha_b \right)$$

式中　$f_{cu,28}$——混凝土 28d 龄期立方体抗压强度，MPa；

$\dfrac{B}{W}$——胶水比；

α_a，α_b——回归系数，根据工程所使用的水泥、骨料种类通过试验确定，当不具备试验统计资料时，可按《普通混凝土配合比设计规程》（JGJ 55—2011）提供的数值取用。当采用碎石时，$\alpha_a=0.53$，$\alpha_b=0.20$；采用卵石时，$\alpha_a=0.49$，$\alpha_b=0.13$；

f_b——胶凝材料 28d 胶砂强度实测值，MPa；无实测值时可按下式估算。

$$f_b = \gamma_f \cdot \gamma_s \cdot f_{ce,g}$$

式中　γ_f，γ_s——粉煤灰影响系数和粒化高炉矿渣影响系数，见表 5-20；

$f_{ce,g}$——水泥强度等级标准值，MPa。

表 5-20　粉煤灰影响系数 γ_f 和粒化高炉矿渣影响系数 γ_s（GB 50164—2011）

掺量/% ＼ 种类	粉煤灰影响系数 γ_f	粒化高炉矿渣影响系数 γ_s
0	1.00	1.00
10	0.85～0.95	1.00
20	0.75～0.85	0.95～1.00
30	0.65～0.75	0.90～1.00
40	0.55～0.65	0.80～0.90
50	—	0.70～0.85

注：1. 采用Ⅰ级、Ⅱ级粉煤灰宜取上限值。

2. 采用 S75 级粒化高炉矿渣粉宜取下限值，采用 S95 级粒化高炉矿渣粉宜取上限值，采用 S105 级粒化高炉矿渣粉可取上限值加 0.05。

3. 当超出表中的掺量时，粉煤灰和粒化高炉矿渣粉的系数应经试验确定。

混凝土强度公式一般只适用于 $\dfrac{W}{B}$ 为 0.4～0.8 的塑性混凝土和低流动性混凝土，不适用于干硬性混凝土。该公式可以解决两方面的问题：一是混凝土配合比设计时，估算应采用的 $\dfrac{W}{B}$ 值；二是混凝土质量控制过程中，估算混凝土 28d 可达到的抗压强度。

5.4.5.2　骨料

骨料本身强度一般都比混凝土强度高（轻骨料除外），它不会直接影响混凝土的强度，但若使用含有杂质较多或材质低劣的骨料时，就会降低混凝土的强度。表面粗糙、有棱角、级配良好的骨料，配制的混凝土强度高。粒形三维长度相等或相近的立方体、球形体配制的混凝土强度高。骨料粒径的大小也对混凝土的强度有很大影响。对于贫混凝土，混凝土中水泥浆的数量是不足的，级配良好的骨料，最大粒径的增加有助于提高混凝土的密实度，因此可使贫混凝土强度提高；对于富混凝土，水泥浆的数量足以填充骨料的空隙使混凝土达到密实。这时较大骨料容易形成较大缺陷凸现出来，因而富混凝土强度随骨料粒径增大而降低。

5.4.5.3　掺合料

当前很多工程使用的混凝土中都掺有掺合料，掺合料对混凝土抗压强度、和易性及耐久性等有非常大的影响。不同的掺合料对混凝土强度影响也不同，在流动性相同的情况下，需水量大的掺合料会降低强度，而需水量小的掺合料反而会增加混凝土的强度，如优质粉煤灰具有较强的减水功能，在相同胶凝材料用量的情况下可使水胶比较大幅度地降低，从而使混凝土的强度得到提高。

5.4.5.4　养护条件与龄期

混凝土成型后的一段时间内，保持适当温度和湿度，使水泥充分水化，称为混凝土的养护。混凝土在拌制成型后所经历的时间称为龄期。在正常养护条件下，混凝土的强度随龄期的增长而不断发展，最初几天强度发展较快，以后逐渐缓慢，28d 达到设计强度。以后若能长期保持适当的温度和湿度，强度的增长可延续数十年。

若养护不当，会产生各种缺陷。如湿度不够，硬化水泥石的干缩受到骨料的约束，若在强度较低时产生较大的干缩，这种约束可能在水泥石中引发裂纹；温度高可加快水泥的水化，使混凝土早期强度增长快，但温度过高，表面过快地失水，在内、外混凝土中形成较大的湿度差，内外干缩变形的不一致性，容易形成表面裂纹，使混凝土强度降低，耐久性也降低。

若养护不当，会产生各种缺陷。如湿度不够，硬化水泥石的干缩受到骨料的约束，若在强度较低时产生较大的干缩，这种约束可能在水泥石中引发裂纹；温度高可加快水泥的水化，使混凝土早期强度增长快，但温度过高，表面过快地失水，在内、外混凝土中形成较大的湿度差，内、外干缩变形的不一致性，容易形成表面裂纹，使混凝土强度降低，耐久性也降低。

生产和施工单位应根据结构、构件或制品情况、环境条件、原材料情况以及对混凝土性能的要求等，提出施工养护方案或生产养护制度，并应严格执行。混凝土施工可采用浇水、覆盖保湿、喷涂养护剂、冬季蓄热养护等方法进行养护；混凝土构件或制品厂生产可采用蒸汽养护、湿热养护或潮湿自然养护等方法进行养护。选择的养护方法应满足施工养护方案或生产养护制度的要求。采用塑料薄膜覆盖养护时，混凝土全部表面应覆盖严密，并应保持膜内有凝结水；采用养护剂养护时，应通过试验检验养护剂的保湿效果。对于混凝土浇筑面，尤其是平面结构，宜边浇筑成型边采用塑料薄膜覆盖保湿。

混凝土施工养护时间应符合下列规定：对于采用硅酸盐水泥、普通硅酸盐水泥或矿渣硅酸盐水泥配制的混凝土，采用浇水和潮湿覆盖的养护时间不得少于 7d。对于采用粉煤灰硅酸盐水泥、火山灰质硅酸盐水泥、复合硅酸盐水泥配制的混凝土，或掺加缓凝剂的混凝土以及大掺量矿物掺合料混凝土，采用浇水和潮湿覆盖的养护时间不得少于 14d。对于竖向混凝土结构，养护时间宜适当延长。

混凝土构件或制品厂的混凝土养护应符合下列规定：采用蒸汽养护或湿热养护时，养护时间和养护制度应满足混凝土及其制品性能的要求。采用蒸汽养护时，应分为静停、升温、恒温和降温四个养护阶段。混凝土成型后的静停时间不宜少于 2h，升温速度不宜超过 25℃/h，降温速度不宜超过 20℃/h，最高和恒温温度不宜超过 65℃；混凝土构件或制品在出池或撤除养护措施前，应进行温度测量，当表面与外界温差不大于 20℃时，构件方可出池或撤除养护措施。对于大体积混凝土，养护过程应进行温度控制，混凝土内部和表面的温差不宜超过 25℃，表面与外界温差不宜大于 20℃。

对于冬期施工的混凝土，养护应符合下列规定：日均气温低于 5℃时，不得采用浇水自然养护方法。混凝土受冻前的强度不得低于 5MPa。模板和保温层应在混凝土冷却到 5℃方可拆除，或在混凝土表面温度与外界温度相差不大于 20℃时拆模，拆模后的混凝土亦应及时覆盖，使其缓慢冷却。混凝土强度达到设计强度等级的 50% 时，方可撤除养护措施。

浇水次数应能保持混凝土处于潮湿状态。图 5-13 为混凝土强度和龄期的关系。

普通水泥混凝土，在标准养护条件下，混凝土强度大致与龄期的对数成正比，计算式如下。

$$\frac{f_n}{f_{28}} = \frac{\lg n}{\lg 28}$$

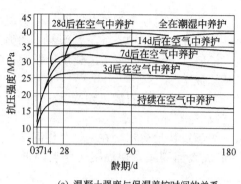 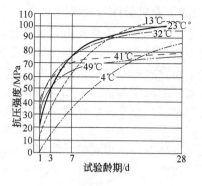

(a) 混凝土强度与保湿养护时间的关系　　　(b) 养护温度对混凝土强度的影响

图 5-13　混凝土强度和龄期的关系

式中　f_n——$n(\text{d})$ 龄期混凝土的立方体抗压强度，MPa；

　　　f_{28}——28d 龄期混凝土的立方体抗压强度，MPa；

　　　n——养护龄期，$n \geqslant 3$。

用上式可估算混凝土 28d 抗压强度，反之，当知道混凝土 28d 抗压强度，可推算 28d 之前的任何一龄期强度，以此作为确定混凝土拆摸、构件起吊、放松预应力钢筋等工序的依据，缩短施工周期。

也可根据《早期推定混凝土强度试验方法标准》（JGJ/T 15—2008）中的规定，推定混凝土 28d 的强度，推定公式如下。

$$f_{cu}^e = a + b f_{cu}^a \text{ 或 } f_{cu}^e = a(f_{cu}^a)^b$$

式中　f_{cu}^e——标准养护 28d 混凝土抗压强度的推定值，MPa；

　　　f_{cu}^a——加速养护混凝土（砂浆）试件抗压强度值，MPa；

　　　a，b——回归系数，应按 JGJ/T 15—2008 附录 A 的规定计算。

5.4.5.5　施工因素的影响

混凝土施工工艺复杂，在配料、搅拌、运输、振捣、养护等工序进行过程中，每一道工序对其质量都有影响，一定要严格遵守施工规范，确保混凝土的强度。

5.4.5.6　试验条件

试件的尺寸、形状、表面状态及加荷速度等称为试验条件。检测条件不同，会影响混凝土强度的测试值。

实践证明，材料用量相同的混凝土试件，其尺寸越大，测得的强度越低。其原因是试件越大，其内部孔隙、缺陷等出现的概率也越大，会导致其强度下降。

试件受压面积（$a \times a$）相同，而高度（h）不同时，高宽比（h/a）越大，抗压强度越小。这是由于试件受压时，试件受压面与承压板之间的摩擦力对试件横向膨胀起着约束作用，这种作用称为环箍效应。这种作用有利于强度的提高，越接近试件端面，这种约束作用就越大，在距端面大约 $\frac{\sqrt{3}}{2}a$ 的范围以外，约束作用才消失。所以试件的破坏上下部分各呈现一个棱锥体，见图 5-14(b)。

当试件受压表面涂抹油脂类润滑油时，承压板与试件表面的摩擦力大大减小，试件出现垂直裂纹而破坏，见图 5-14(c)，测出的强度值较低。

加荷速度越快，测得的混凝土强度值就越大，当加荷速度超过 1.0MPa/s 时，这种趋势更加显著。GB/T 50081—2015 规定，混凝土抗压强度的加荷速度，应根据混凝土的强度等

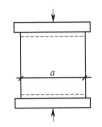 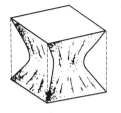 

(a) 压力机压板对试块的约束作用　(b) 受压面无润滑剂　(c) 受压面有润滑剂

图 5-14　试件受压破坏情况

级在 0.3～1.0MPa/s 范围选取，并应连续均匀地加荷。

5.4.6　提高混凝土抗压强度的主要措施

根据影响混凝土强度的因素，采取以下措施提高混凝土的强度。

1）采用高强度等级的水泥。

2）采用水灰比较小、用水量较少的混凝土。

3）采用级配良好的骨料及合理砂率，控制粗骨料的最大粒径。

4）采用机械搅拌、机械振捣，改进施工工艺。

5）采用湿热养护：即蒸汽养护和蒸压养护。蒸汽养护是将混凝土放在温度低于 100℃ 常压蒸汽中进行养护。混凝土经过 16～20h 蒸汽养护，其强度可达正常条件下养护 28d 强度的 70%～80%，如矿渣水泥、粉煤灰水泥混凝土。普通水泥和硅酸盐水泥不适用蒸汽养护，后期强度会下降。

蒸压养护是将混凝土置于 175℃、0.8 MPa 蒸压釜中进行养护。这种养护方式能大大促进水泥水化，明显提高混凝土的强度，特别适合于掺混合材料的硅酸盐水泥。

6）掺入减水剂、早强剂等外加剂及掺合料。

 复习思考题

1. 何谓混凝土的立方体抗压强度、立方体抗压强度标准值、强度等级？

2. 影响混凝土强度的主要因素有哪些？如何提高混凝土的强度？

3. 何谓标准养护、自然养护、蒸汽养护、蒸压养护？

4. 选择题

关于混凝土的叙述中，下列哪一条是错误的？

A. 气温越高，硬化速度越快　　　B. 抗剪强度比抗压强度小

C. 与钢筋的膨胀系数大致相同　　D. 水灰比越大，强度越大

5.5　混凝土的长期性能

根据 GB 50164—2011 的规定，混凝土的长期性包括收缩和徐变，也即混凝土的变形性能。混凝土的长期性是混凝土的一个重要性能，它直接影响到结构的稳定性、整体性，也影响到结构中的应力分布。混凝土的变形从受力情况可分为非荷载作用下的变形和荷载作用下的变形。非荷载作用下的变形有水泥自身的变形、环境引起的变形。荷载引起的变形有短期荷载作用下引起的变形和长期荷载作用下引起的徐变。

5.5.1 非荷载作用下的变形

5.5.1.1 化学收缩变形

化学收缩变形是指由于水泥矿物水化反应引起的系统总体积减小。这种变形大部分是在凝结以后发生的。在混凝土中，水泥石产生的这种变形受到骨料、钢筋等的约束，将产生内应力或微裂纹，导致混凝土结构的缺陷。化学收缩是不可恢复的变形，属于水泥自身的变形。一般在混凝土成型后 40d 内增长较快，以后逐渐趋于稳定，对混凝土结构没有明显的破坏作用。此外凝缩变形也属于水泥自身变形，凝缩是指由于重力沉降作用引起的收缩。这种变形发生在终凝之前，对混凝土内部结构一般不会产生什么影响。

5.5.1.2 温度变形

混凝土的热胀冷缩变形称为温度变形。混凝土的温度线膨胀系数为 $(1\sim1.5)\times10^{-5}$ mm/(mm·℃)，即温度每升降 1℃，每米胀缩 0.01～0.015mm。温度变形对大体积混凝土工程极为不利，在混凝土硬化初期，水泥水化放出较多热量，厚大的体积使混凝土内部热量不能及时散出去，由于内外温差大，在混凝土外表面产生很大的拉应力，严重时会使混凝土产生裂缝。因此，对大体积混凝土应选用低水化热的水泥，减少水泥的用量，掺加缓凝剂及采用人工降温等措施。对纵向较长的混凝土及钢筋混凝土结构，每隔一定距离应设置温度变形缝。

5.5.1.3 混凝土的干缩湿胀

由于周围环境的湿度变化引起混凝土变形，称为干湿变形。表现为干缩湿胀。所谓湿胀是指当混凝土在水中硬化时，水泥凝胶体中胶体粒子的吸附水膜增厚，胶体粒子间距增大使混凝土产生微小膨胀，湿胀变形量很小，一般无破坏作用。所谓干缩，是指混凝土在干燥的空气中硬化时，毛细孔中的水分蒸发，使毛细孔中形成负压，随着空气湿度的降低，负压逐渐增大，产生收缩力，导致混凝土收缩。同时，水泥凝胶体颗粒的吸附水也发生部分蒸发，凝胶体因失水而产生收缩，这部分体积收缩，重新吸水后大部分可恢复。干缩变形对混凝土危害较大，它可使混凝土表面出现较大拉应力而开裂，使混凝土的耐久性降低。

一般条件下，混凝土的极限收缩值达 $(50\sim90)\times10^{-5}$ mm/mm。在工程设计时，混凝土的线收缩采用 $(15\sim20)\times10^{-5}$ mm/mm，即每米胀缩 0.15～0.20mm。

影响混凝土干缩变形的因素很多，主要有水泥品种及掺合料、混凝土配合比、骨料种类及含量、环境温度及相对湿度、施工工艺等。

5.5.2 荷载作用下的变形

5.5.2.1 短期荷载作用下的变形

混凝土是一种由水泥石、砂、石、游离水、气泡等组成的不均匀的多组分三相复合材料。当它受力时，既发生弹性变形又发生塑性变形，所以它是弹塑性体材料，其应力-应变曲线如图 5-15 所示。混凝土受压破坏变形主要是在其凝结硬化过程中，水泥浆与骨料、水泥浆内部就已存在随机分布的微细界面裂缝。当在荷载的作用下，随着荷载的增大，这些界面裂缝逐渐增大相连，由内部表现到混凝土表面上来，说明混凝土受力达到了最大极限，这时混凝土就破坏了。

GB/T 50081—2002 规定，采用 150mm×150mm×300mm 的棱柱体试件，如图 5-16，加荷至基准应力为 0.5MPa 的初始荷载值 F_0，保持恒载 60s 并在以后的 30s 内记录每一测点的变形读数 ε_0，应立即均匀加荷至应力为轴心抗压强度 f_{cp} 的 1/3 荷载值 F_a，保持恒载 60s 并在以后的 30s 内记录每一测点的变形读数 ε_a，在确认试件对中后（即试件轴心与下压

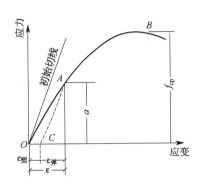

图 5-15　混凝土在压力作
用下的应力-应变曲线

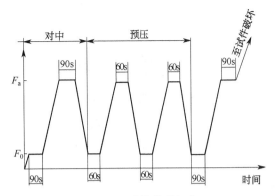

图 5-16　弹性模量加荷
方法示意图

板的中心对准），以与加荷速度相同的速度卸荷至基准应力 0.5MPa(F_0) 恒载 60s，然后用同样的加荷和卸荷速度以及 60s 的保持恒载（F_0 及 F_a）至少进行两次反复预压。在最后一次预压完成后，在基准应力 0.5MPa(F_0) 持荷 60s，并在以后的 30s 内记录每一测点的变形读数 ε_0；再用同样的加荷速度至 F_a 持荷 60s，并在以后的 30s 内记录每一测点的变形读数 ε_a；卸除变形测量仪，以同样的速度加荷至破坏，记录破坏荷载。混凝土弹性模量值应按下式计算。

$$E_a = \frac{F_a - F_0}{A} \times \frac{L}{\Delta n}$$

$$\Delta n = \varepsilon_a - \varepsilon_0$$

式中　E_a——混凝土弹性模量（MPa），精确至 100 MPa；

　　　F_a——应力为 1/3 轴心抗压强度时的荷载，N；

　　　F_0——应力为 0.5MPa 时的初始荷载，N；

　　　A——试件承压面积，mm^2；

　　　L——测量标距，mm；

　　　Δn——最后一次从 F_0 加荷至 F_a 时试件两侧变形的平均值，mm；

　　　ε_0——F_0 时试件两侧变形的平均值，mm；

　　　ε_a——F_a 时试件两侧变形的平均值，mm。

在计算混凝土构件的变形、裂缝以及大体积混凝土的温度应力时，都需要用到混凝土的弹性模量。

影响混凝土弹性模量的因素主要有混凝土的强度、骨料的含量及其弹性模量以及养护条件等。

5.5.2.2　长期荷载作用下的变形——徐变

徐变是指混凝土在长期持续荷载的作用下产生的变形。如图 5-17，在加荷的瞬间，混凝土产生瞬时变形，随着时间的延长，又产生徐变变形，在荷载初期，徐变变形增长较快，以后逐渐变慢，一般要延续 2～3 年才逐渐稳定下来，最终徐变应变可达（3～15）×10^{-4}，即 0.3～1.5mm/m。若卸除荷载后，一部分变形瞬时恢复，在卸荷后的一段时间内变形还会继续恢复，称为徐变恢复。最后残存的不能恢复的变形，称为残余变形。

混凝土的徐变，一般认为是由于水泥石中凝胶体在长期荷载作用下的黏性流动，并向毛细孔中移动，同时吸附在凝胶粒子上的吸附水因荷载应力而向毛细孔迁移渗透的结果。随着水泥的逐渐水化，新的凝胶体逐渐填充毛孔，使毛细孔的相对体积逐渐减少。在混凝土的较早龄期加荷，水泥尚未充分水化，所含凝胶体较多，其水泥石中毛细孔较多，凝胶体易流

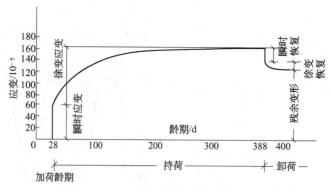

图 5-17　混凝土的徐变与恢复

动，所以徐变发展较快，在晚龄期，水泥继续硬化，凝胶体含量相对减少，毛细孔亦少，徐变发展渐慢。

影响混凝土徐变的因素很多，内因如水泥品种、水灰比、骨料、外加剂，外因如加荷龄期、加荷应力、持荷时间、温度、湿度、试件尺寸等。

混凝土徐变对混凝土结构性能的影响是多方面的。不利一面是增加的变形会对结构的稳定性产生影响，特高层建筑的不均匀徐变可引起隔墙的位移与裂缝，从而影响梁板结构；承受持续荷载的钢筋混凝土简支梁，徐变对极限强度的影响很小可以忽略，但梁的挠度却因徐变而有显著增加，以致在许多情况下可能达到设计要求的临界状态。在预应力钢筋混凝土中，徐变将使钢筋预加应力受到损失。有利的一面，徐变使混凝土不均匀收缩引起的内应力减小，因而使裂缝减小。徐变可减弱钢筋混凝土内部的应力集中，使应力局部集中得到缓解。

 复习思考题

1. 干缩变形、温度变形对混凝土性质有何影响？
2. 混凝土弹性模量如何确定的？何谓混凝土的徐变？

5.6　混凝土的耐久性

混凝土的耐久性是指混凝土在使用环境中保持长期性能稳定的能力。主要包括抗冻性、抗渗性、抗侵蚀性、抗碳化性能、抗碱-骨料反应及抗风化性能等。

混凝土长期处在某种环境中往往会造成不同程度的损害，环境条件恶劣，甚至可以完全破坏。造成混凝土损害和破坏的原因有外部环境条件引起的，也有混凝土内部缺陷及组成材料的特性引起的。混凝土能否长期保持性能稳定，关系到混凝土构筑物能否长期安全运行。因此混凝土耐久性是决定混凝土构筑物使用寿命的重要指标。

5.6.1　混凝土的抗冻性

混凝土在水饱和状态下，能经受多次冻融循环作用而不破坏，同时也不严重降低强度的性能称为抗冻性。混凝土的抗冻性用抗冻等级表示，符号 F。抗冻等级是以 28d 龄期的混凝土标准试件在吸水饱和后承受反复冻融循环，以抗压强度损失不超过 25%、质量损失不超过 5% 时所能承受的最大循环次数来确定。混凝土的抗冻等级有 F10、F15、F25、F50、

F100、F150、F200、F250 和 F300 九个等级，分别表示混凝土能承受冻融循环的最大次数不少于 10、15、25、50、100、150、200、250 和 300 次。

混凝土受冻破坏的原因主要是由于混凝土内部孔隙中的水在负温下结冰，体积膨胀产生静水压力，当这种压力产生的内应力超过混凝土的抗拉极限强度，混凝土就会产生裂缝，多次冻融循环使裂缝不断扩展直至破坏。另外混凝土的温度降低是由外部向内部逐渐降温，所以在混凝土内部就存在过冷水，随着温度的降低，过冷水发生迁移，引起各种压力，当这些压力达到一定程度将导致混凝土的破坏。混凝土发生冻融破坏最显著、最直观的特征是表面剥落，严重时可以露出石子。

试验证明，密实的混凝土和具有封闭孔隙的混凝土抗冻性较高。提高混凝土的抗冻性可采取以下措施：掺入引气剂、减水剂和防冻剂；减小水灰（胶）比；选择好的骨料级配，加强振捣和养护等。

5.6.2　混凝土的抗渗性

混凝土抵抗压力水渗透的能力称为抗渗性。混凝土的抗渗性用抗渗等级来表示，符号 P。抗渗等级是以 28d 龄期的标准试件，按标准试验方法进行测试，所能承受的最大水压力来确定。抗渗等级有 P4、P6、P8、P10、P12 五个等级，分别表示混凝土能抵抗 0.4MPa、0.6MPa、0.8MPa、1.0MPa、1.2MPa 的水压力而不渗透。

混凝土渗水的主要原因与其孔隙率的大小、孔隙的构造有关，当混凝土存在大量开口连通的孔时，水就会沿着这些孔隙形成的渗水通道进入混凝土。

提高混凝土抗渗性的措施：掺引气剂，改善孔隙结构；掺减水剂，降低水灰（胶）比，提高混凝土密实度；选择好的骨料级配，充分振捣和养护等。

5.6.3　混凝土的抗侵蚀性

混凝土的抗侵蚀性是指混凝土抵抗外界侵蚀性介质破坏作用的能力。主要有软水的侵蚀、盐的侵蚀、酸的侵蚀等。用于地下、码头、海底的混凝土工程对其抗侵蚀性提出了更高的要求。混凝土受侵蚀的原因主要是外界侵蚀性介质对水泥石中的某些成分（氢氧化钙、水化铝酸钙等）产生破坏作用所致。混凝土抗冻性能、抗水渗透性能和抗硫酸盐侵蚀性能的等级划分见表 5-21。

表 5-21　混凝土抗冻性能、抗水渗透性能和抗硫酸盐侵蚀性能的等级划分（GB 50164—2011）

抗冻等级（快冻法）		抗冻标号（慢冻法）	抗渗等级	抗硫酸盐等级
F50	F250	D50	P4	KS30
F100	F300	D100	P6	KS60
F150	F350	D150	P8	KS90
200	F400	D200	P10	KS120
>F400		D200	P12	KS150
			>P12	>KS150

提高混凝土抗侵蚀性的措施：合理选择水泥品种，提高混凝土的密实度，改善孔隙结构。

5.6.4　混凝土的碳化

混凝土的碳化作用是指空气中的二氧化碳（CO_2）与水泥石中的氢氧化钙[$Ca(OH)_2$]，在湿度适宜时发生化学反应，生成碳酸钙（$CaCO_3$）和水（H_2O）。

混凝土的碳化过程由表及里逐渐向混凝土内部扩散。碳化消耗了混凝土中的 $Ca(OH)_2$，使钢筋所需要的碱环境（钝化膜）被破坏，减弱了对钢筋的保护作用，易引起钢筋锈蚀；碳化还会引起混凝土的收缩，导致混凝土表面形成细微裂缝，使混凝土的抗拉强度、抗折强度和抗渗性降低；碳化产生的碳酸钙填充混凝土中的孔隙，使混凝土碳化层的密实度提高，所以碳化对提高混凝土的抗压强度有利。混凝土抗碳化性能等级划分见表 5-22。

表 5-22　混凝土抗碳化性能等级划分（GB 50164—2011）

等级	T-Ⅰ	T-Ⅱ	T-Ⅲ	T-Ⅳ	T-Ⅴ
碳化深度 d/mm	$d \geqslant 30$	$20 \leqslant d < 30$	$10 \leqslant d < 20$	$0.1 \leqslant d < 10$	$d < 0.1$

影响混凝土碳化的因素有二氧化碳的浓度、水泥品种、湿度。当相对湿度在 50%～75% 时，碳化速度最快，相对湿度小于 25% 或达 100% 时，碳化作用将停止。

提高混凝土抗碳化的措施：合理选择水泥品种，降低水灰（胶）比，掺入减水剂或引气剂，保证混凝土保护层的质量与厚度；加强振捣与养护。

5.6.5　碱-骨料反应

碱-骨料反应是指水泥中的碱（Na_2O、K_2O）与骨料中的活性二氧化硅发生化学反应，在骨料表面生成复杂的碱-硅酸凝胶，凝胶吸水后体积膨胀（体积可增加 3 倍以上），从而导致混凝土开裂而破坏的现象。

混凝土发生碱-骨料反应必须具备三个条件。

1）水泥中碱的含量大于 0.6%。

2）砂、石骨料中含有一定的活性成分。

3）有水存在。在无水情况下，混凝土不可能发生碱-骨料反应。

为避免发生碱-骨料反应，可采取以下措施：控制水泥中碱的含量不超过 0.6%；降低混凝土单位水泥用量，以降低单位混凝土中的含碱量；在混凝土中掺入火山灰质混合材，以减少膨胀值，提高混凝土密实度，使混凝土处于干燥状态。

此外混凝土耐久性，还有抗氧离子渗透性。

5.6.6　提高混凝土耐久性的主要措施

混凝土所处的环境和使用条件不同，对其耐久性要求也不相同，混凝土结构环境类别见表 5-23。混凝土的密实程度是影响混凝土耐久性的主要因素，其次是原材料的品质和施工质量、孔隙率和孔隙特征。提高混凝土耐久性的主要措施有以下几个。

表 5-23　混凝土结构环境类别（GB 50010—2010）

环境类别	条件
一	室内干燥环境、无侵蚀性静水浸没环境
二 a	室内潮湿环境、非严寒和非寒冷地区的露天环境 非严寒和非寒冷地区与无侵蚀性的水或土壤直接接触的环境 严寒和寒冷地区的冰冻线以下与无侵蚀性的水或土壤直接接触的环境
二 b	干湿交替环境、水位频繁变动环境、严寒和寒冷地区的露天环境 严寒和寒冷地区冰冻线以上与无侵蚀性的水或土壤直接接触的环境
三 a	严寒和寒冷地区冬季水位变动区环境、受除冰盐影响环境、海风环境
三 b	盐渍土壤、受除冰盐作用环境、海岸环境
四	海水环境
五	受人为或自然的侵蚀性物质影响的环境

1）根据混凝土所处环境条件，合理选择水泥品种。

2）选择质量和级配较好的砂、石骨料。

3）严格控制水灰（胶）比和水泥用量，除配制 C15 及其以下强度等级的混凝土外，混凝土的最小胶凝材料用量应符合表 5-24 的规定。设计使用年限为 50 年的混凝土结构，其混凝土材料的耐久性应符合表 5-25 的规定。

表 5-24　混凝土的最小胶凝材料用量（JGJ 55—2011）

最大水胶比	最小胶凝材料用量 /（kg/m³）		
	素混凝土	钢筋混凝土	预应力混凝土
0.60	250	280	300
0.55	280	300	300
0.50	320		
≤0.45	330		

表 5-25　结构混凝土材料的耐久性基本要求（GB 50010—2010）

环境等级	最大水胶比	最低强度等级	最大氯离子含量/%	最大碱含量/（kg/m³）
一	0.60	C20	0.30	不限
二 a	0.55	C25	0.20	
二 b	0.50(0.55)	C30(C25)	0.15	3.0
三 a	0.45(0.50)	C35(C30)	0.15	
三 b	0.40	C40	0.10	

注：氯离子含量系指其占胶凝材料总量的百分比；预应力构件混凝土中的最大氯离子含量为 0.05%；最低混凝土强度等级应按表中的规定提高两个等级；素混凝土构件的水胶比及最低强度等级的要求可适当放松；有可靠工程经验时，二类环境中的最低混凝土强度等级可降低一个等级；处于严寒和寒冷地区二 b、三 a 类环境中的混凝土应使用引气剂并可采用括号中的有关参数；当使用非碱活性骨料时，对混凝土中的碱含量可不作限制。

4）掺入一定量的外加剂（如减水剂、引气剂）。

5）做好配合比设计，改善施工条件，保证施工质量。

 复习思考题

1. 何谓混凝土的耐久性？影响混凝土抗渗性、抗冻性的主要因素是什么？

2. 提高混凝土的主要措施有哪些？

5.7　普通混凝土的质量控制与强度评定

混凝土的质量是影响混凝土结构可靠性的一个重要因素，决定着混凝土构筑物的使用寿命。对混凝土进行质量控制是一项非常重要而又复杂的工作，一般从两个方面进行控制：一个是生产过程的控制；一个是产品合格性的控制。

5.7.1　混凝土生产过程的质量控制

混凝土质量能否得到保证，与原材料质量和配合比的选择、施工过程的质量控制有关。

5.7.1.1　原材料的质量控制

原材料质量是否合格应严格按照国家标准进行检验。水泥是影响混凝土质量的主要材料，应经过检验合格才能使用。骨料应在开采、筛洗、堆放及运输过程中进行控制和检验，并应防止相互混合及混入泥土等杂质。外加剂及掺合料的掺入要经过试配、满足性能要求之后才能使用。水要符合混凝土用水标准。

5.7.1.2 混凝土配合比的控制

首先要根据工程的需要进行试验室配合比的设计，再结合施工现场具体情况对施工配合比进行及时调整。要经常测定骨料的含水率，了解运输过程中混凝土拌合物坍落度的损失，在保证水灰（胶）比不变的条件下，调整用水量和砂率，以保证混凝土的强度。

5.7.1.3 混凝土施工工艺的质量控制

1）拌合时应准确控制材料的称量，每盘称量的偏差应符合表 5-26 的规定。

表 5-26　各种原材料计量的允许偏差（GB 50164—2011）

材料名称	允许偏差
胶凝材料	±2%
粗、细骨料	±3%
拌和用水	±1%
外加剂	±1%
掺合料	±2%

对于原材料，应根据粗细骨料含水率的变化，及时调整粗细骨料和拌合用水的称量。

2）混凝土搅拌宜采用强制式搅拌机；原材料投放方式应满足混凝土搅拌技术要求和混凝土拌合物质量要求。

3）混凝土拌合物运输中，为防止离析、泌水、砂浆流失等不良现象，应尽量减少转运次数，缩短运输时间，采取正确的装卸措施。

4）浇筑时应采取适宜的入仓方法，限制卸料高度，防止离析。对每层混凝土都应按顺序振捣，严防漏振。拌合物入模温度不低于 5℃。

5）浇筑后注意加强养护措施，保持必要的温度湿度，保证水泥水化正常进行，防止发生干缩裂缝。混凝土成型后立即用塑料薄膜覆盖，可预防混凝土早期失水和被风吹。对于难以潮湿覆盖的结构立面混凝土，可采用养护剂进行养护，但养护效果应通过试验验证。

5.7.2 混凝土强度的统计方法

5.7.2.1 混凝土强度的波动规律——正态分布

混凝土的质量一般以抗压强度进行评定。在正常连续生产情况下，在浇筑地点随机取样，进行抗压强度测试，用数理统计方法评定混凝土的质量。试验表明，同一等级的混凝土，在施工条件基本一致的情况下，其强度波动是服从正态分布规律的，如图 5-18。正态分布是以平均强度为对称轴，距离对称轴越远的值，概率值越小。曲线与横坐标之间的面积为概率的总和，等于 100%。在对称轴两侧的曲线上各有一个拐点，拐点距离平均值的距离即为标准差。

5.7.2.2 统计参数

（1）强度平均值 $\bar{f}_{cu}$　它反映混凝土总体强度平均水平，但不能反映混凝土强度的波动情况。

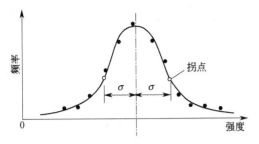

图 5-18　混凝土强度正态分布曲线

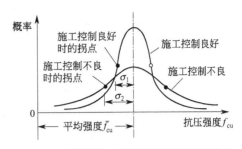

图 5-19　离散程度不同的两条强度分布曲线

$$\bar{f}_{cu} = \frac{1}{n} \sum_{i=1}^{n} f_{cu,i}$$

式中　n——试验组数，$n \geqslant 30$；

　　$f_{cu,i}$——第 i 组试件的立方体强度值，MPa。

（2）标准差 σ　又称均方差，反映混凝土强度的离散程度。σ 值越大，混凝土质量越不稳定。σ 是评定混凝土质量均匀性的重要指标，见图 5-19 所示。

$$\sigma = \sqrt{\frac{\sum_{i=1}^{n} f_{cu,i}^2 - \bar{f}_{cu}^2}{n-1}}$$

式中　σ——n 组试件抗压强度的标准差，MPa；

　　$f_{cu,i}$——统计周期内第 i 组混凝土试件的抗压强度值，精确到 0.1MPa；

　　$\bar{f}_{cu}$——统计周期内 n 组混凝土立方体试件的抗压强度平均值，精确到 0.1 MPa；

　　n——统计周期内相同强度等级混凝土的试件组数，$n \geqslant 30$。

（3）变异系数 C_v　又称离差系数，是说明混凝土质量均匀性的指标。C_v 值越小，说明混凝土质量越均匀。

$$C_v = \frac{\sigma}{\bar{f}_{cu}}$$

C_v 与 σ 都可作为评定混凝土生产质量水平的指标。

5.7.2.3　强度保证率 P

强度保证率是指混凝土强度总体分布中大于设计强度等级（$f_{cu,k}$）的概率。以正态分布曲线上的阴影部分来表示，如图 5-20。计算方法如下：

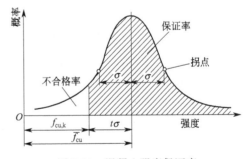

图 5-20　混凝土强度保证率

$$t = \frac{\bar{f}_{cu} - f_{cu,k}}{\sigma} = \frac{\bar{f}_{cu} - f_{cu,k}}{C_v \bar{f}_{cu}}$$

式中　t——概率度；

　　$f_{cu,k}$——设计要求的混凝土强度等级，MPa；

　　$\bar{f}_{cu}$——n 组试件抗压强度的算术平均值，MPa。

根据标准正态分布曲线方程，可得到概率度 t 与强度保证率 $P(\%)$ 的关系，见表 5-27。

表 5-27　不同强度保证率 P 对应的概率度 t 值选用表

t	0.00	0.50	0.84	1.00	1.20	1.28	1.40	1.60
P	50.0	69.2	80.0	84.1	88.5	90.0	91.9	94.5
t	1.645	1.70	1.81	1.88	2.00	2.05	2.33	3.00
P	95.0	95.5	96.5	97.0	97.7	99.0	99.4	99.87

工程中强度保证率 $P(\%)$ 值（实测强度合格率）不应小于 95%，可根据统计周期内，混凝土试件强度大于等于要求强度等级标准值的组数与试件总组数之比求得，即

$$P = \frac{n_0}{n} \times 100\%$$

式中　P——统计周期内，实测混凝土强度合格率，精确到 0.1%；

　　　n_0——统计周期内，相同强度等级混凝土达到设计强度等级的试件组数；

　　　n——统计周期内，混凝土试件总组数，$n \geqslant 30$。

商品混凝土搅拌站和预制混凝土构件厂的统计周期可取一个月；施工现场集中搅拌站的统计周期可根据实际情况确定。但不宜超过三个月。

根据《混凝土强度检验评定标准》（GB/T 50107—2010）及《混凝土质量控制标准》（GB 50146—2011）规定，依据生产场所不同，强度标准差应达到表 5-28 中的规定。

表 5-28　混凝土强度标准差（GB 50146—2011）

生产场所	强度标准差 σ/MPa		
	<C20	C20~C40	≥C45
商品混凝搅拌站、预制混凝土构件厂	≤3.0	≤3.5	≤4.0
施工现场集中搅拌站	≤3.5	≤4.0	≤4.5

5.7.2.4　混凝土的配制强度 $f_{cu,0}$

根据保证率的概念，如所配制混凝土的强度平均值 $\overline{f}_{cu}$ 与混凝土的设计强度等级 $f_{cu,k}$ 相等，则其强度保证率只有 50%。因此，为使混凝土具有较高的强度保证率，在进行配合比设计时，必须使混凝土的配制强度高于设计要求的强度等级。

令配制强度 $f_{cu,0}$ 等于总体强度平均值 $\overline{f}_{cu}$，即：$f_{cu,0} = \overline{f}_{cu}$

则 $f_{cu,0} = f_{cu,k} + t\sigma$，即：$f_{cu,0} = \overline{f}_{cu} = f_{cu,k} + t\sigma$

配制强度高出设计要求强度等级的多少，决定于设计要求的保证率 P 及施工质量水平 σ 或 C_v。设计要求的保证率越大，配制强度越高；施工质量水平越差，配制强度应提高。

根据 JGJ 55—2011，混凝土配合比设计强度保证率为 95%，则由表 5-27 查得 $t = 1.645$。

$$f_{cu,0} \geqslant f_{cu,k} + 1.645\sigma$$

5.7.3　混凝土强度的评定

混凝土强度应分批进行检验评定，一个验收批的混凝土应由强度等级相同、龄期相同、生产工艺条件和配合比基本相同的混凝土组成。混凝土试样应在浇筑地点随机抽取。

GB/T 50107—2010 规定，混凝土强度评定分为统计方法评定和非统计方法评定。

5.7.3.1　统计方法评定

（1）标准差（σ）已知方案　当混凝土的生产条件在较长时间内能保持一致，且同一品种混凝土的强度变异性能保持稳定时，应由连续的三组试件组成一个验收批，其强度应同时满足下列要求。

$$m_{f_{cu}} \geqslant f_{cu,k} + 0.7\sigma$$
$$f_{cu,min} \geqslant f_{cu,k} - 0.7\sigma$$

$$\sigma_0 = \sqrt{\frac{\sum_{i=1}^{n} f_{cu,i}^2 - n m_{f_{cu}}^2}{n-1}}$$

当混凝土强度等级不高于 C20 时，其强度的最小值尚应满足下式要求：

$$f_{cu,min} \geqslant 0.85 f_{cu,k}$$

当混凝土强度等级高于 C20 时，其强度的最小值尚应满足下式要求：

$$f_{cu,min} \geqslant 0.90 f_{cu,k}$$

式中　$m_{f_{cu}}$——同一检验批混凝土立方体抗压强度的平均值，精确到 0.1MPa；

　　　$f_{cu,k}$——混凝土立方体强度标准值，精确到 0.1 MPa；

　　　σ_0——检验批混凝土立方体抗压强度的标准差，精确到 0.01MPa。

当 $\sigma_0 < 2.5$MPa，应取 2.5MPa。

　　　$f_{cu,min}$——同一检验批混凝土立方体抗压强度的最小值，精确到 0.1MPa；

　　　n——前一检验期内的样本容量，在该期间内样本容量不少于 45。精确到 0.1MPa；

　　　$f_{cu,i}$——前一个检验期内同一品种、同一强度等级的 i 组混凝土试件的立方体抗压强度代表值，精确到 0.1MPa，检验期不应少于 60d，也不得大于 90d。

（2）标准差（σ）未知方案　当混凝土的生产条件在较长时间内不能保持一致，且混凝土强度变异性不能保持稳定时，或在前一个检验期内的同一品种混凝土没有足够的数据用以确定验收批混凝土立方体抗压强度的标准差时，应有不少于 10 组的试件组成一个验收批，其强度应同时满足下列公式的要求：

$$m_{f_{cu}} \geqslant f_{cu,i} + \lambda_1 S_{f_{cu}}$$
$$f_{cu,min} \geqslant \lambda_2 f_{cu,i}$$

式中　$S_{f_{cu}}$——同一验收批混凝土立方体抗压强度标准差，精确到 0.01MPa；当 $S_{f_{cu}}$ 计算值小于 2.5MPa 时，取 $S_{f_{cu}} = 2.5$MPa；

　　　λ_1，λ_2——合格评定系数，按表 5-29 取用。

表 5-29　强度的合格评定系数（GB/T 50107—2010）

试件组数	10~14	15~19	≥20
λ_1	1.15	1.05	0.95
λ_2	0.90	0.85	

验收批混凝土强度标准差 $S_{f_{cu}}$ 按下式计算：

$$S_{f_{cu}} = \sqrt{\frac{\sum_{i=1}^{n} f_{cu,i}^2 - n m_{f_{cu}}^2}{n-1}}$$

式中　$f_{cu,i}$——统计周期内第 i 组混凝土试件的抗压强度值，精确到 0.1MPa；

　　　$\bar{f}_{cu}$——统计周期内 n 组混凝土立方体试件的抗压强度的平均值，精确到 0.1MPa；

　　　n——本检验期内的样本容量。

5.7.3.2　非统计方法

当用于评定的样本容量小于 10 组时，应采用非统计方法评定混凝土的强度，其强度应同时满足下列公式。混凝土非统计合格评定系数见表 5-30。

表 5-30   混凝土非统计合格评定系数（GB/T 50107—2010）

混凝土强度等级	<C60	≥C60
λ_3	1.15	1.10
λ_4	0.95	

$$m_{f_{cu}} \geq \lambda_3 f_{cu,k}$$
$$f_{cu,min} \geq \lambda_4 f_{cu,k}$$

当检验结果不能满足上述规定时，该批混凝土强度应评定为不合格。由不合格批混凝土制成的结构或构件，应进行结构强度检测。若该批结构或构件的结构强度检测合格，则该批混凝土还评定为合格；若结构强度检测不合格，则该批结构或构件必须及时处理或加固。

 复习思考题

1. 某钢筋混凝土结构，设计要求的混凝土强度等级为 C25，从施工现场统计得到平均强度为 $m_{f_{cu}} = 31MPa$，强度标准差 $\sigma = 6.0MPa$。

问：该批混凝土的强度保证率是多少？如要满足 95% 强度保证率的要求，应采取什么措施？

2. 在什么情况下对混凝土的强度评定采用非统计方法？

5.8 普通混凝土的配合比设计

混凝土配合比是生产施工的关键环节之一，对于保证混凝土工程质量和节约资源具有重要意义。

混凝土配合比是指每立方米混凝土中各种材料的用量。常用的表示方法有两种：一种是以 1m³ 混凝土中各项材料的质量表示，如胶凝材料 300kg、水 180kg、砂 720kg、石子 1200kg；另一种表示方法是以各项材料相互间的质量比来表示（以胶凝材料质量为 1），将上例换算成质量比为：胶凝材料：砂：石：水 = 1：2.4：4：0.6。

5.8.1 普通混凝土配合比设计的基本要求

混凝土配合比设计不同于结构设计，不是单纯的理论计算，属于试验型而非经验型学科的范畴。混凝土配合比应根据原材料性能及对混凝土的技术要求进行计算，再在试验室进行试配、调整，以达到满足工程需要的技术指标和经济指标。其基本要求如下：

1）满足结构设计要求的强度等级；

2）满足施工所要求的混凝土拌合物的和易性；

3）满足工程所处环境对混凝土耐久性的要求；

4）在满足上述三项要求的前提下，尽可能节约水泥，降低成本。

5.8.2 混凝土配合比设计三个基本参数确定的原则

混凝土配合比设计实质上是确定组成材料用量的三个比例关系，这三个比例关系可用三个参数来表示。即水与水泥（胶凝材料）的关系，用水灰（胶）比表示；砂与石子的关系，用砂率来表示；水泥（胶凝材料）加水形成的浆体与骨料的关系，用单位用水量来反映。

5.8.2.1 确定水灰(胶)比(W/C)(W/B)

所谓水灰(胶)比是指混凝土中用水量与水泥(胶凝材料)用量的质量比。

在一定的水灰(胶)比范围内,水灰(胶)比越小,强度越高,耐久性越好,但耗用水泥较多,不仅提高成本,并使混凝土在硬化过程中增大水化热及化学收缩。因此,确定水灰(胶)比的原则是,在满足强度及耐久性的前提下,尽量选择较大水水灰(胶)比。

5.8.2.2 砂率 $\left(\beta_s = \dfrac{m_{s0}}{m_{g0}+m_{s0}} \times 100\%\right)$

砂占砂、石总质量的百分率称为砂率。砂率的大小不仅对混凝土拌合物的流动性有影响,尤其是对黏聚性和保水性有显著的影响。因此确定砂率的原则是在保证黏聚性和保水性的前提下,尽量选用较小的砂率。

5.8.2.3 单位用水量(m_{w0})

混凝土用水量的多少,是控制混凝土拌合物流动性大小的主要因素。确定的原则是在达到流动性的要求下,尽量取较小值。

确定混凝土配合比三个参数的原则示意图见图 5-21。

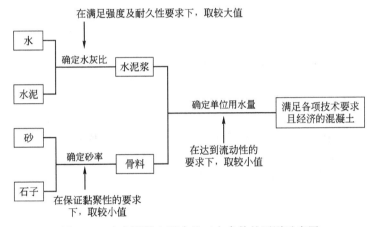

图 5-21 确定混凝土配合比三个参数的原则示意图

5.8.3 普通混凝土配合比设计的方法和步骤

5.8.3.1 基本资料的收集

进行混凝土配合比设计,要掌握一些基本资料。

1)混凝土设计的强度等级。

2)混凝土耐久性的要求(抗渗等级、抗冻等级)。

3)混凝土拌合物的坍落度指标。

4)施工方法,施工管理质量水平及强度标准差,混凝土结构截面尺寸,钢筋间最小净距等。

5)各项原材料的性质及技术指标

①水泥的品种、强度等级及密度;

②骨料的种类、最大粒径、砂石级配、密度、含水率;

③拌合用水的水质、外加剂的种类及特性、掺合物品种等。

5.8.3.2 配合比设计的方法与步骤

（1）配合比的计算——确定初步配合比

1）混凝土配制强度（$f_{cu,0}$）的确定

A. 当混凝土的设计强度等级小于 C60 时，按下式计算。

$$f_{cu,0} \geqslant f_{cu,k} + 1.645\sigma$$

式中　$f_{cu,0}$——混凝土配制强度，MPa；

　　　$f_{cu,k}$——混凝土立方体抗压强度标准值，这里取设计混凝土强度等级值，MPa；

　　　σ——混凝土强度标准差，MPa。

B. 当设计强度等级大于或等于 C60 时，配制强度应按下式计算。

$$f_{cu,0} \geqslant 1.15 f_{cu,k}$$

混凝土强度标准差应按照下列规定确定：

① 当具有近 1 个月～3 个月的同一品种、同一强度等级混凝土的强度资料时，其混凝土标准差应按下式计算。

$$\sigma = \sqrt{\frac{\sum\limits_{i=1}^{n} f_{cu,i}^2 - nm_{f_{cu}}^2}{n-1}}$$

式中　$f_{cu,i}$——第 i 组的试件强度，MPa；

　　　$m_{f_{cu}}$——n 组试件的强度平均值，MPa；

　　　n——试件组数，n 值应大于或等于 30。

对于强度等级不大于 C30 的混凝土：当 σ 计算值小于 3.0 时，σ 应取 3.0MPa。当计算值不小于 3.0 时，应按计算结果取值。

对于强度等级大于 C30 且小于 C60 的混凝土：当 σ 计算值不小于 4.0 MPa 时，应按照计算结果取值；当 σ 计算值小于 4.0 时，σ 应取 4.0 MPa。

② 当没有近期的同一品种，同一强度等级混凝土强度资料时，其强度标准差 σ 可按表 5-31 选用。

表 5-31　混凝土强度标准差值 σ（JGJ 55—2011）

混凝土强度标准值	≤C20	C25～C45	C50～C55
$\sigma/\text{MPa}, \leqslant$	4.0	5.0	6.0

2）水胶比（W/B）的确定

① 按强度确定水胶比，计算公式如下：

$$\frac{W}{B} = \frac{\alpha_a \cdot f_b}{f_{cu,0} + \alpha_a \cdot \alpha_b \cdot f_b}$$

式中　$f_{cu,0}$——混凝土配制强度，MPa；

　　　α_a，α_b——回归系数，对碎石混凝土：$\alpha_a = 0.53$，$\alpha_b = 0.20$；卵石混凝土：$\alpha_a = 0.49$，$\alpha_b = 0.13$；

　　　f_b——胶凝材料（水泥与矿物掺合料按使用比例混合）28d 胶砂强度，MPa，试验方法应按现行国家标准《水泥胶砂强度检验方法（ISO 法）》GB/T 17671 执行；当无实测值时，可按下列规定确定：

当矿物掺合料为粉煤灰和粒化高炉矿渣粉时，可按下式推算 f_b 值，MPa：

$$f_b = \gamma_f \cdot \gamma_s \cdot f_{ce}$$

式中　γ_f，γ_s——粉煤灰影响系数和粒化高炉矿渣影响系数，可按表 5-20 选用；

　　　f_{ce}——水泥 28d 胶砂抗压强度值，可实测；无实测值时，按下式计算：

$$f_{ce} = \gamma_c \cdot f_{ce,g}$$

式中　γ_c——水泥强度等级值富余系数，可按实际统计资料确定；若无时，按表 5-32 选用；

　　　$f_{ce,g}$——水泥强度等级值，MPa。

表 5-32　水泥强度等级值富余系数（JGJ 55—2011）

水泥强度等级值	32.5	42.5	52.5
富余系数 γ_c	1.12	1.16	1.10

　　② 为保证混凝土必要的耐久性，水胶比还不得大于表 5-26 的值。如计算所得的水胶比大于规定的最大水胶比值，应取规定的最大水胶比值。

　　3）单位用水量（m_{w0}）和外加剂用量的确定（m_{ao}）

　　① 干硬性和塑性混凝土用水量的确定　水胶比在 0.40～0.80 范围时，根据粗骨料的品种、粒径及施工要求的混凝土拌合物稠度，其用水量可按表 5-33，表 5-34 选取。水胶比小于 0.40 的混凝土以及采用特殊成型工艺的混凝土用水量应通过试验确定。

表 5-33　干硬性混凝土的用水量（JGJ 55—2011）　　　　单位：kg/m³

拌合物稠度		卵石最大粒径/mm			碎石最大粒径/mm		
项目	指标	10	20	40	16	20	40
维勃稠度/s	16～20	175	160	145	180	170	155
	11～15	180	165	150	185	175	160
	5～10	185	170	155	190	180	165

表 5-34　塑性混凝土的用水量（JGJ 55—2011）　　　　单位：kg/m³

拌合物稠度		卵石最大粒径/mm				碎石最大粒径/mm			
项目	指标	10	20	31.5	40	16	20	31.5	40
坍落度/mm	10～30	190	170	160	150	200	185	175	165
	35～50	200	180	170	160	210	195	185	175
	55～70	210	190	180	170	220	205	195	185
	75～90	215	195	185	175	230	215	205	195

　　注：本表用水量系采用中砂时的平均值。采用细砂时，每立方米混凝土用水量可增加 5～10kg；采用粗砂时，则减少 5～10kg。若掺用各种外加剂或掺合料时，应相应调整。

　　② 掺外加剂时，流动性或大流动性混凝土用水量的计算。

$$m_{w0} = m'_{w0}(1 - \beta)$$

式中　m_{w0}——每立方米混凝土的用水量，kg/m³；

　　　m'_{w0}——未掺外加剂时推定的满足实际坍落度要求的每立方米混凝土用水量，kg/m³，以表 5-34 中 90mm 坍落度的用水量为基础，按每增大 20mm 坍落度相应增加 5kg 用水量来计算，当坍落度增大到 180mm 以上时，随坍落度相应增加的用水量可减少；

　　　β——外加剂的减水率，%，应经混凝土试验确定。

每立方米混凝土中外加剂用量按下式计算。

$$m_{a0}=m_{b0}\beta_a$$

式中　m_{a0}——每立方米混凝土中外加剂的用量，kg/m^3；

m_{b0}——每立方米混凝土中胶凝材料的用量，kg/m^3；

β_a——外加剂掺量％，应经混凝土试验确定。

4）胶凝材料（m_{b0}）、矿物掺合料（m_{f0}）和水泥（m_{c0}）用量的确定。

每立方米混凝土的胶凝材料用量（m_{b0}）：$m_{b0}=\dfrac{m_{w0}}{W/B}$

每立方米混凝土的矿物掺合料用量（m_{f0}）：$m_{f0}=m_{b0}\beta_f$

每立方米混凝土的水泥用量（m_{c0}）：$m_{c0}=m_{b0}-m_{f0}$

式中　m_{b0}——每立方米混凝土中胶凝材料用量，kg/m^3；

m_{f0}——每立方米混凝土中矿物掺合料用量，kg/m^3；

W/B——混凝土水胶比；

β_f——矿物掺合料掺量，％；

m_{c0}——每立方米混凝土中水泥用量，kg/m^3。

混凝土的最小胶凝材料用量应符合表 5-24 的规定，配制 C15 及其以下强度等级的混凝土，可不受此表限制。

矿物掺合料在混凝土中的掺量应通过试验确定。钢筋混凝土中矿物掺合料最大掺量宜符合表 5-35；预应力钢筋混凝土中矿物掺合料最大掺量宜符合表 5-36 规定。

表 5-35　钢筋混凝土中矿物掺合料最大掺量（JGJ 55—2011）

矿物掺合料种类	水胶比	最大掺量/％	
		采用硅酸盐水泥时	采用普通硅酸盐水泥时
粉煤灰	≤0.40	45	35
	>0.40	40	30
粒化高炉矿渣粉	≤0.40	65	55
	>0.40	55	45
钢渣粉	—	30	20
磷渣粉	—	30	20
硅灰	—	10	10
复合掺合料	≤0.40	65	55
	>0.40	55	45

注：采用其他通用硅酸盐水泥时，宜将水泥混合材掺量 20％以上的混合材量计入矿物掺合料；复合掺合料各组分的掺量不宜超过单掺时的最大掺量；在混合使用两种或两种以上矿物掺合料时，矿物掺合料总掺量应符合表中复合掺合料的规定。

5）砂率的确定（β_s）

砂率的确定可采用查表法、试验法。

① 查表法　当无历史资料可参考时，混凝土砂率的确定应符合下列规定：落度小于 10mm 的混凝土，其砂率应经试验确定；坍落度为 10～60mm 的混凝土砂率，可根据粗骨料品种、最大公称粒径及水胶比按表 5-37 选取。坍落度＞60mm 的混凝土砂率，可经试验确定，也在表 5-37 的基础上，按坍落度每增大 20mm 砂率增大 1％的幅度予以调整。

表 5-36　预应力钢筋混凝土中矿物掺合料最大掺量（JGJ 55—2011）

矿物掺合料种类	水胶比	最大掺量/%	
		采用硅酸盐水泥时	采用普通硅酸盐水泥时
粉煤灰	$\leqslant 0.40$	35	30
	>0.40	25	20
粒化高炉矿渣	$\leqslant 0.40$	55	45
	>0.40	45	35
钢渣粉	—	20	10
磷渣粉	—	20	10
硅灰	—	10	10
复合掺合料	$\leqslant 0.40$	55	45
	>0.40	45	35

注：采用其他通用硅酸盐水泥时，宜将水泥混合材掺量 20％ 以上的混合材计入矿物掺合料；复合掺合料各组分的掺量不宜超过单掺时的最大掺量；在混合使用两种或两种以上矿物掺合料时，矿物掺合料总掺量应符合表中复合掺合料的规定。

表 5-37　混凝土的砂率（JGJ 55—2011）　　　　　　　　　单位:％

水胶比	卵石最大公称粒径 / mm			碎石最大公称粒径 / mm		
	10.0	20.0	40.0	16.0	20.0	40.0
0.40	26～32	25～31	24～30	30～35	29～34	27～32
0.50	30～35	29～34	28～33	33～38	32～37	30～35
0.60	33～38	32～37	31～36	36～41	35～40	33～38
0.70	36～41	35～40	34～39	39～44	38～43	36～41

注：本表系中砂的选用砂率，对细砂或粗砂，可相应地减少或增加砂率；采用人工砂配制混凝土时，砂率可适当增大；只用一个单粒级粗骨料配置混凝土时，砂率应适当增加。

② 试验法　该法是拌制五组以上不同砂率的混凝土拌合物，各组用水量及水泥用量均相同，砂率值每组应相差 2％～3％。试验时测定每组混凝土的坍落度值，同时检验其黏聚性及保水性情况。一般砂率过大时，混凝土流动性较小，而砂率过小时，因砂浆不足也降低拌合物的流动性。因此在图上将出现一个坍落度的极大值，同时黏聚性与保水性也很好，与此相应的砂率即为合理砂率。参见前图 5-10。

6）确定粗骨料（m_{g0}）和细骨料（m_{s0}）的用量

质量法：$m_{f0}+m_{c0}+m_{g0}+m_{s0}+m_{w0}=m_{cp}$

$$\beta_s = \frac{m_{s0}}{m_{g0}+m_{s0}} \times 100\%$$

式中　m_{f0}——每立方米混凝土的矿物掺合料用量，kg/m³；

　　　m_{c0}——每立方米混凝土的水泥用量，kg/m³；

　　　m_{g0}——每立方米混凝土的粗骨料用量，kg/m³；

　　　m_{s0}——每立方米混凝土的细骨料用量，kg/m³；

　　　m_{w0}——每立方米混凝土的用水量，kg/m³；

　　　m_{cp}——每立方米混凝土拌合物的假定重量，kg/m³，其值可取 2350～2450 kg/m³。

体积法：

$$\begin{cases} \dfrac{m_{c0}}{\rho_c}+\dfrac{m_{f0}}{\rho_f}+\dfrac{m_{g0}}{\rho_g}+\dfrac{m_{s0}}{\rho_s}+\dfrac{m_{w0}}{\rho_w}+0.01\alpha=1 \\[3mm] \beta_s=\dfrac{m_{s0}}{m_{g0}+m_{s0}}\times100\% \end{cases}$$

式中　ρ_c——水泥密度，kg/m³，可取 2900～3100kg/m³；

　　　ρ_f——矿物掺合料密度，kg/m³，可按《水泥密度测定方法》GB/T 208 测定；

　　　ρ_g——粗骨料的表观密度，kg/m³；

　　　ρ_s——细骨料的表观密度，kg/m³；

　　　ρ_w——水的密度，kg/m³，可取 1000kg/m³；

　　　α——混凝土的含气量百分数，在不使用引气型外加剂时，α 可取为 1。

7）得出初步配合比　将上述的计算结果表示为：$m_{c0}:m_{f0}:m_{s0}:m_{g0}:m_{w0}$ 或

$$m_{c0}:m_{f0}:m_{s0}:m_{g0}=1:\dfrac{m_{f0}}{m_{c0}}:\dfrac{m_{s0}}{m_{c0}}:\dfrac{m_{g0}}{m_{c0}};\dfrac{W}{B}=\dfrac{m_{w0}}{m_{c0}+m_{f0}}$$

（2）配合比的调整——设计配合比的确定　混凝土试配时，应采用工程中实际使用的原材料。混凝土搅拌方法宜与生产时使用的方法相同。

1）拌合物数量的确定　混凝土配合比试配时，每盘混凝土的最小搅拌量应符合表 5-38 的规定；采用机械搅拌时，其搅拌量应≥搅拌机额定搅拌量的 1/4，且不应大于搅拌机公称容量。

表 5-38　混凝土试配的最小搅拌量（JGJ 55—2011）

骨料最大粒径/mm	≤31.5	40.0
拌合物数量/L	20	25

2）试拌配合比的确定　试拌配合比是通过试拌、调整拌合物的和易性得到的。按计算的配合比进行试配，当试拌得出的拌合物坍落度或维勃稠度不能满足要求，或黏聚性和保水性不好时，应在保证水胶比不变、胶凝材料用量和外加剂用量合理的原则下调整胶凝材料用量、外加剂用量和砂率等，直到符合设计和施工要求，然后提出试拌配合比。调整的原则如下。

① 当坍落度小于要求的坍落度值时，应在保持水胶比不变的情况下，同时增加用水量及相应的胶凝材料用量或外加剂用量。

② 当坍落度过大时，应在保持砂率不变的情况下，增加砂、石用量。如出现含砂不足，黏聚性和保水性不良时，可适当增大砂率；反之应减小砂率。每次调整后再试拌，直到符合要求为止。

当试拌工作完成后，应测出混凝土拌合物的表观密度（$\rho_{0c,t}$），得出试拌配合比：

$$m'_{f0}=\dfrac{m_{fb}}{m_{fb}+m_{cb}+m_{sb}+m_{gb}+m_{wb}}\times\rho_{0c,t}$$

$$m'_{c0}=\dfrac{m_{cb}}{m_{fb}+m_{cb}+m_{sb}+m_{gb}+m_{wb}}\times\rho_{0c,t}$$

$$m'_{s0}=\dfrac{m_{sb}}{m_{fb}+m_{cb}+m_{sb}+m_{gb}+m_{wb}}\times\rho_{0c,t}$$

$$m'_{g0}=\dfrac{m_{gb}}{m_{fb}+m_{cb}+m_{sb}+m_{gb}+m_{wb}}\times\rho_{0c,t}$$

$$m'_{\mathrm{w0}} = \frac{m_{\mathrm{wb}}}{m_{\mathrm{fb}} + m_{\mathrm{cb}} + m_{\mathrm{sb}} + m_{\mathrm{gb}} + m_{\mathrm{wb}}} \times \rho_{0\mathrm{c,t}}$$

式中　m'_{f0}, m'_{c0}, m'_{s0}, m'_{g0}, m'_{w0}——试拌调整后 $1\mathrm{m}^3$ 混凝土中矿物掺合料、水泥、砂、石子、水的用量，$\mathrm{kg/m}^3$；

m_{fb}, m_{cb}, m_{sb}, m_{gb}, m_{wb}——试拌调整后混凝土中矿物掺合料、水泥、砂、石子、水的实际用量，kg；

$\rho_{0\mathrm{c,t}}$——混凝土表观密度实测值，$\mathrm{kg/m}^3$。

3）强度检验　得出试拌配合比后，即可进行强度检验，以校核水胶比。应至少采用三种不同配合比的混凝土，制作试件。当采用三个不同的配合比时，其中一个应为试拌配合比的水胶比，另外两个配合比的水胶比，宜较试拌配合比分别增加和减少 0.05，用水量应与试拌配合比相同，砂率可分别增加和减少 1％。外加剂的掺量也做减少或增加的微调。

在制作混凝土试件时，尚需检验混凝土拌合物的和易性并满足要求，并测其拌合物的表观密度，以此结果作为代表相应配合比的混凝土拌合物的性能。每种配合比至少应制作一组（三块）试件，标准养护到 28d 或设计要求的龄期时试压。

根据检验得出的混凝土强度绘制强度与胶水比的线性关系图，用图解法或插值法求出略大于配制强度的胶水比。并应按下列原则确定每立方米混凝土的材料用量。

① 用水量（m_{w}）和外加剂的用量（m_{a}）应在试拌的基础上，根据确定的胶水比作调整。

② 凝材料的用量（m_{b}）应以用水量乘以选定出来的胶水比计算确定。

③ 粗骨料和细骨料用量（m_{g} 和 m_{s}）应在用水量和胶凝材料用量调整的基础上进行相应的调整。

④ 经试配确定配合比后，尚应按下列步骤进行校正。

根据配合比调整后确定的材料用量，计算出混凝土的表观密度 $\rho_{\mathrm{c,c}}$：

$$\rho_{\mathrm{c,c}} = m_{\mathrm{c}} + m_{\mathrm{f}} + m_{\mathrm{g}} + m_{\mathrm{s}} + m_{\mathrm{w}}$$

计算混凝土配合比校正系数（δ）：

$$\delta = \frac{\rho_{\mathrm{c,t}}}{\rho_{\mathrm{c,c}}}$$

式中　$\rho_{\mathrm{c,t}}$——混凝土拌合物表观密度实测值，kg/m^3；

$\rho_{\mathrm{c,c}}$——混凝土拌合物表观密度计算值，kg/m^3。

当混凝土表观密度实测值与计算值之差的绝对值不超过计算值的 2％时，不必校正；当二者之差超过 2％时，应将配合比中每项材料用量均乘以校正系数 δ。配合比调整后，应测定拌合物水溶性氯离子含量，并应对设计要求的混凝土耐久性能进行试验，符合设计规定的氯离子含量和耐久性能要求的配合比即为所求。

5.8.3.3　配合比的应用——施工配合比的确定

施工配合比是对设计配合比粗细骨料的含水率进行修正而得到的。上述设计配合比的骨料是以干燥状态（含水率小于 0.5％的细骨料或含水率小于 0.2％的粗骨料）为基准确定的。而施工现场的砂、石常含有一定的水分，并且含水率随气候的变化经常改变。所以施工现场要经常测定骨料的含水率，以确保混凝土的质量。假设施工现场实测砂的含水率为 a％，石子的含水率为 b％，则施工配合比为：

$$m'_{\mathrm{c}} = m_{\mathrm{c}}$$
$$m'_{\mathrm{f}} = m_{\mathrm{f}}$$
$$m'_{\mathrm{s}} = m_{\mathrm{s}}(1 + a\%)$$
$$m'_{\mathrm{g}} = m_{\mathrm{g}}(1 + b\%)$$

$$m'_w = m_w - a\%m_s - b\%m_g$$

式中　m'_c，m'_f，m'_s，m'_g，m'_w——每立方米混凝土拌合物中、施工用的水泥、矿物掺合料、砂、石子和水的量，kg。

5.8.4　普通混凝土配合比设计例题

【例】　处于严寒地区受冻部位的钢筋混凝土，其设计强度等级为C25，施工要求的坍落度为35~50mm，采用机械搅拌和机械振动成型。施工单位无历史统计资料。试确定混凝土的配合比。原材料的条件为：42.5级普通硅酸盐水泥，28天实测强度为45.2MPa，密度为3.0g/cm³；级配合格的中砂（细度模数为3.0，表观密度为2.65 g/cm³，含水率为3%）；级配合格的碎石（最大粒径为31.5mm，表观密度为2.70g/cm³，含水率为1%）；自来水。

解：（1）确定初步配合比

1）配制强度 $f_{cu,0}$ 的确定　查表5-31，取 $\sigma=5.0$，则

$$f_{cu,0} = f_{cu,k} + 1.645\sigma = 25 + 1.645 \times 5.0 = 33.2(MPa)$$

2）水灰比 $\dfrac{W}{B}$ 的确定　采用碎石混凝土：$\alpha_a=0.53$，$\alpha_b=0.20$，由强度确定：

$$\frac{W}{B} = \frac{\alpha_a f_b}{f_{cu,0} + \alpha_a \alpha_b f_b} = \frac{0.53 \times 45.2}{33.2 + 0.53 \times 0.20 \times 45.2} = 0.63$$

由耐久性确定：查表5-24，严寒地区受冻部位的最大水灰比为0.55。

根据同时满足强度与耐久性的原则，水灰比取0.55。

3）单位用水量 m_{w0} 的确定　查表5-34，因为砂的细度模数为3.0，中砂偏粗，故用水量确定为180kg。

4）水泥用量 m_{c0} 的确定　因无矿物掺合料，所以 $m_{c0}=m_{b0}$。

$$m_{c0} = m_{b0} = \frac{m_{w0}}{W/B} = \frac{180}{0.55} = 327(kg)$$

查表5-24，严寒地区受冻部位钢筋混凝土的最小胶凝材料用量为300kg，所以水泥用量取327kg。

5）砂率 β_s 的确定　查表5-37，取砂率为35%。

6）砂 m_{s0}、石子 m_{g0} 用量的确定

体积法：

$$\begin{cases} \dfrac{m_{c0}}{\rho_c} + \dfrac{m_{f0}}{\rho_f} + \dfrac{m_{g0}}{\rho_g} + \dfrac{m_{s0}}{\rho_s} + \dfrac{m_{w0}}{\rho_w} + 0.01\alpha = 1 \\[4mm] \beta_s = \dfrac{m_{s0}}{m_{g0} + m_{s0}} \times 100\% \end{cases}$$

可得

$$\begin{cases} \dfrac{327}{3000} + \dfrac{m_{g0}}{2700} + \dfrac{m_{s0}}{2650} + \dfrac{180}{1000} + 0.01 \times 1 = 1 \\[4mm] \dfrac{m_{s0}}{m_{g0} + m_{s0}} \times 100\% = 35\% \end{cases}$$

解方程组得：$m_{s0}=658$kg，$m_{g0}=1222$kg

得出初步配合比 $m_{c0} : m_{s0} : m_{g0} : m_{w0} = 327 : 658 : 1222 : 180 = 1 : 2.01 : 3.74 : 0.55$

（2）设计配合比的确定

1）试拌、调整和易性，确定基准配合比　按初步配合比试拌20L混凝土拌合物，则各

材料用量为：

水泥　$0.020 \times 327 = 6.54(\text{kg})$

砂　　$0.020 \times 658 = 13.16(\text{kg})$

石子　$0.020 \times 1222 = 24.44(\text{kg})$

水　　$0.020 \times 180 = 3.6(\text{kg})$

搅拌均匀后，做坍落度测定。测得坍落度为 20mm，小于 35～50mm，黏聚性和保水性均良好。保持水灰比不变，水泥用量和用水量各增加 5％后，测得坍落度为 35mm，黏聚性和保水性均良好。此时各材料用量为：

水泥　$6.54 \times (1+5\%) = 6.87(\text{kg})$

水　　$3.6 \times (1+5\%) = 3.78(\text{kg})$

砂　　13.16kg

石子　24.44kg

同时测得拌合物的表观密度为 2390kg/m³，得试拌配合比：

$$m'_{c0} = \frac{m_{cb}}{m_{cb} + m_{sb} + m_{gb} + m_{wb}} \times \rho_{0c,t} = \frac{6.87}{48.25} \times 2390 = 340(\text{kg})$$

$$m'_{s0} = \frac{m_{sb}}{m_{cb} + m_{sb} + m_{gb} + m_{wb}} \times \rho_{0c,t} = \frac{13.16}{48.25} \times 2390 = 652(\text{kg})$$

$$m'_{g0} = \frac{m_{gb}}{m_{cb} + m_{sb} + m_{gb} + m_{wb}} \times \rho_{0c,t} = \frac{24.44}{48.25} \times 2390 = 1211(\text{kg})$$

$$m'_{w0} = \frac{m_{wb}}{m_{cb} + m_{sb} + m_{gb} + m_{wb}} \times \rho_{0c,t} = \frac{3.78}{48.25} \times 2390 = 187(\text{kg})$$

试拌配合比为：$m'_{c0} : m'_{s0} : m'_{g0} : m'_{w0} = 340 : 652 : 1211 : 187$

2）强度校核　在试拌配合比的基础上，分别拌制三种不同水胶比的混凝土，水胶比分别是：0.50、0.55、0.60，拌量按 20L 混凝土用量取，各组材料用量见表 5-39。分别拌合，测定坍落度均满足要求，黏聚性和保水性良好，测定表观密度，制作强度试块，养护至 28d，测得抗压强度分别为：$f_{I} = 39.7\text{MPa}$，$f_{II} = 34.1\text{MPa}$，$f_{III} = 29.8\text{MPa}$。$f_{II} = 34.1\text{MPa}$ 稍高于配制强度，所以第二组配合比作为设计配合比。

表 5-39　三种水灰比的各组材料用量

组数	W/B	C/kg	W/kg	S/kg	G/kg
第一组	0.50	7.56	3.78	13.16	24.44
第二组	0.55	6.87	3.78	13.16	24.44
第三组	0.60	6.3	3.78	13.16	24.44

设计配合比为：$m_c : m_s : m_g : m_w = 340 : 652 : 1211 : 187 = 1 : 1.92 : 3.56 : 0.55$。

（3）施工配合比的确定

$$m'_c = m_c = 340\text{kg}$$

$$m'_s = m_s(1 + a\%) = 652 \times (1 + 3\%) = 672(\text{kg})$$

$$m'_g = m_g(1 + b\%) = 1211 \times (1 + 1\%) = 1223(\text{kg})$$

$$m'_w = m_w - a\% m_s - b\% m_g = 187 - 652 \times 3\% - 1211 \times 1\% = 155(\text{kg})$$

 复习思考题

1. 何谓混凝土配合比的三个参数？确定的原则及方法是什么？

2. 某施工单位浇筑钢筋混凝土梁，要求混凝土的强度等级为 C30，坍落度为 30～50mm，现场采用机械搅拌、机械振捣。采用原材料如下。

水泥：普通水泥强度等级 42.5，密度 $3.0g/cm^3$，实测强度 45.1MPa；

砂子：级配合格的中砂，表观密度 $2.65g/cm^3$；

碎石：最大粒径 40mm，表观密度 $2.60g/cm^3$；

水：自来水。（已知 $\sigma = 5.0MPa$）

要求：计算该混凝土初步配合比。

5.9 其他混凝土

5.9.1 泵送混凝土

混凝土拌合物的坍落度不低于 100mm 并用泵送施工的混凝土称为泵送混凝土。混凝土泵可将混凝土送至水平距离 1000m 之外，垂直高度 200m 以上。泵送混凝土主要用于商品混凝土、场地狭小的施工工地及高层建筑施工等。由于泵送技术的应用使混凝土施工环境得到改善，减少占用场地面积，施工效率得到提高。同时，对保证混凝土的性能也有了更高的要求。

5.9.1.1 泵送混凝土对原材料的要求

1）泵送混凝土应选用硅酸盐水泥、普通硅酸盐水泥、矿渣硅酸盐水泥和粉煤灰硅酸盐水泥。

2）粗骨料宜采用连续级配，其针片状颗粒含量不宜大于 10%；粗骨料的最大粒径与输送管径之比应符合表 5-40 的规定。

3）泵送混凝土宜采用中砂，其通过公称直径 $315\mu m$ 筛孔的颗粒含量不宜少于 15%。

4）泵送混凝土应掺用泵送剂或减水剂，并宜掺用矿物掺合料。

表 5-40　粗骨料的最大公称粒径与输送管径之比（摘自 JGJ 55—2011）

粗骨料品种	泵送高度/m	粗骨料最大粒径与输送管径之比
碎石	＜50	≤1∶3.0
	50～100	≤1∶4.0
	＞100	≤1∶5.0
卵石	＜50	≤1∶2.5
	50～100	≤1∶3.0
	＞100	≤1∶4.0

5.9.1.2 泵送混凝土试配时要求的坍落度

按式计算：
$$T_t = T_p + \Delta T$$

式中　T_t——试配时要求的坍落度值，mm；

　　T_p——入泵时要求的坍落度，mm；

　　ΔT——试验测得在预计出机到泵送时间段内的坍落度经时损失值，mm。

泵送混凝土试配时应考虑坍落度经时损失。

5.9.1.3 配合比设计时要满足的要求

1）泵送混凝土的胶凝材料用量不宜小于 $300kg/m^3$。

2）泵送混凝土的砂率宜为 35%～45%。

5.9.1.4　施工时的注意事项

混凝土拌合物要用专用的搅拌运输车运输。开始泵送时，应先泵送适量的水湿润管道内壁，再泵送适量的水泥砂浆使管道润滑畅通，然后由慢到快正式泵送混凝土。混凝土泵送应连续进行，如果必须中断，其中断时间不得超过混凝土从搅拌至浇筑完毕所允许的延续时间。

泵送混凝土浇筑顺序为先远后近，先竖向结构后水平结构。不允许留施工缝时，区域之间浇筑间歇不得超过混凝土的初凝时间。浇筑竖向结构时，出料口不得靠近模板内侧直冲布料，也不得直冲钢筋骨架。浇筑水平结构时，不得在同一点连续布料任其流淌，应在 2～3m 范围内水平移动布料。水平结构表面应适时用木抹子压平搓毛两遍以上，以防止产生收缩裂缝。

【例】　某高层商品住宅楼，主体为钢筋剪力墙混凝土结构，设计混凝土强度等级为 C30，泵送施工（砂率取 35%～45%）。要求混凝土拌合物入泵时坍落度为 150mm±10mm，机械搅拌、振捣，原材料如下。

水泥：42.5 级普通硅酸盐水泥，28d 实测强度为 45.0MPa，密度为 3.1g/cm³；

砂子：中砂，细度模数 $M_x=2.67$，表观密度为 2.63g/cm³；

石子：碎石，粒径 5～20mm，表观密度为 2.69g/cm³；

粉煤灰：磨细 II 级干排灰，表观密度为 2.20g/cm³；粉煤灰采用等量取代法掺入，且取代水泥百分率 $f=15\%$；

外加剂：JA-2 型高效泵送剂，掺量为胶凝材料重量的 0.8%，减水率为 16%；

水：自来水；

根据以上条件，设计混凝土的初步配合比。

解：（1）确定混凝土配制强度　查表 5-32，取标准差 $\sigma=5.0$，则

$$f_{cu,0}=f_{cu,k}+1.645\sigma=30+1.645\times5.0=38.2\text{MPa}$$

（2）确定水胶比 $\dfrac{W}{B}$　采用碎石 $\alpha_a=0.53$，$\alpha_b=0.20$，粉煤灰影响系数 $\gamma_f=0.85$，粒化高炉矿渣 $\gamma_s=1.00$，由强度确定：$\dfrac{W}{B}=\dfrac{\alpha_a\cdot f_b}{f_{cu,0}+\alpha_a\cdot\alpha_b\cdot f_b}=\dfrac{\alpha_a\cdot\gamma_f\cdot\gamma_s\cdot f_{ce,g}}{f_{cu,0}+\alpha_a\cdot\alpha_b\cdot\gamma_f\cdot\gamma_s\cdot f_{ce,g}}=$

$$\dfrac{0.53\times0.85\times1.0\times45.0}{38.2+0.53\times0.20\times0.85\times1.0\times45.0}=0.48$$

由耐久性确定：查表 5-25 知，结构物处于干燥环境，要求 $\dfrac{W}{B}\leqslant0.60$；

根据同时满足强度与耐久性的原则，水胶比取 0.48。

（3）确定单位用水量（m_{w0}）　现场搅拌并泵送，故可不考虑经时坍落度损失。按每增加 5kg 水，坍落度约增加 20mm 算，查表 5-34，取 $m_{w0'}=230$kg。又因使用泵送剂，泵送剂减水率 16%，故用水量：

$$m_{w0}=m_{w0'}(1-\beta)=230\times(1-0.16)=193(\text{kg/m}^3)$$

（4）计算胶凝材料、矿物掺合料、水泥用量　粉煤灰采用等量取代法掺入，且取代水泥百分率 $\beta_f=15\%$，则

$$m_{b0}=\dfrac{m_{w0}}{W/B}=\dfrac{193}{0.48}=402(\text{kg})$$

（5）计算粉煤灰用量 $m_{f0}=m_{b0}\cdot\beta_f=402\times15\%=60(\text{kg})$

$$水泥用量\ m_{c0}=402-60=342(\text{kg})$$

查表 5-24，胶凝材料最小用量为 320kg/m³；泵送混凝土要求胶凝材料的总量不宜小于

$300kg/m^3$。实际上，水泥和粉煤灰胶凝材料的计算总量为$402kg/m^3$，满足要求。

（6）计算泵送剂用量（m_{a0}），泵送剂掺量为胶凝材料用量的0.8%，故泵送剂用量为：

$$m_{a0} = m_{b0}\beta_a = 402 \times 0.8\% = 3.2(kg/m^3)$$

（7）确定合理砂率（β_s）

查表5-38坍落度＞60mm，砂率选取按坍落度每增大20mm，砂率增加1%，取$\beta_s = 41\%$，符合泵送混凝土的砂率宜为$35\%\sim45\%$。

（8）计算砂（m_{s0}）和石用量（m_{g0}）

$$\frac{m_{c0}}{\rho_c} + \frac{m_{f0}}{\rho_f} + \frac{m_{s0}}{\rho_s} + \frac{m_{g0}}{\rho_g} + \frac{m_{w0}}{\rho_w} + 0.01\alpha = 1$$

$$\beta_s = \frac{m_{s0}}{m_{g0} + m_{s0}} \times 100\%$$

$$\frac{342}{3100} + \frac{60}{2200} + \frac{m_{s0}}{2630} + \frac{m_{g0}}{2690} + \frac{193}{1000} + 0.01 \times 1 = 1$$

$$41\% = \frac{m_{s0}}{m_{g0} + m_{s0}} \times 100\%$$

解方程得：$m_{s0} = 729kg/m^3$ $m_{g0} = 1050kg/m^3$

初步配合比为：

$$m_{c0} : m_{f0} : m_{s0} : m_{g0} : m_{wa} : m_{a0} = 342 : 60 : 729 : 1050 : 193 : 3.2$$

5.9.2 抗渗（防水）混凝土

抗渗等级不小于P6级的混凝土（抗渗压力大于0.6MPa）。目前常用的防水混凝土有普通防水混凝土、掺外加剂的防水混凝土和膨胀水泥混凝土。

普通防水混凝土是在普通混凝土骨料级配的基础上，以调整和控制配合比的方法，提高自身密实性和抗渗性，实现防水功能的混凝土，是一种富砂混凝土。

掺外加剂的防水混凝土是在混凝土中掺入适当品种和数量的外加剂，用以隔断或堵塞混凝土中的各种孔隙及渗水通道，从而改善混凝土的抗渗性能。常用的外加剂有引气剂、减水剂、早强剂等。

膨胀水泥防水混凝土是以膨胀水泥为胶结材料配制而成的防水混凝土。一方面体积膨胀抵消或减小了混凝土的体积收缩，提高了混凝土的抗裂性，避免了开裂导致的渗漏；另一方面钙矾石晶体生长膨胀填充和堵塞孔隙，降低了孔隙率，改善了孔隙结构，从而提高了抗渗性。

5.9.2.1 抗渗混凝土对原材料的要求

（1）水泥宜采用普通硅酸盐水泥；

（2）粗骨料宜采用连续级配，其最大公称粒径不宜大于40.0mm，含泥量不得大于1.0%，泥块含量不得大于0.5%；

（3）细骨料宜采用中砂，含泥量不得大于3.0%，泥块含量不得大于1.0%；

（4）抗渗混凝土宜掺用外加剂（防水剂、膨胀剂、引气剂、减水剂或引气减水剂）和矿物掺合料，粉煤灰等级应为Ⅰ级或Ⅱ级。

5.9.2.2 抗渗混凝土配合比设计要求

1）最大水胶比应符合表5-41的规定；

2）每立方米胶凝材料用量不宜小于320kg；

3）砂率宜为$35\%\sim45\%$；

4）掺入引气剂或引气型外加剂的抗渗混凝土，应进行含气量试验，含气量宜控制在

3.0%～5.0%。

表 5-41　抗渗混凝土最大水胶比 （JGJ 55—2011）

抗渗等级	最大水胶比	
	C20～C30 混凝土	C30 以上混凝土
P6	0.60	0.55
P8～P12	0.55	0.50
P12 以上	0.50	0.45

5.9.2.3　检测结果

试配时，配制抗渗混凝土要求的抗渗水压值应比设计值提高 0.2MPa。采用较小的水胶比，可提高混凝土的密实性，因此控制最大水胶比是抗渗混凝土配合比设计的重要法则。采用水胶比最大的配合比作抗渗试验，其试验结果应符合下式要求。

$$P_t \geq \frac{P}{10} + 0.2$$

式中　P_t——6 个试件中不少于 4 个未出现渗水时的最大水压值，MPa；

P——设计要求的抗渗等级值。

防水混凝土应用非常广泛，一般工业与民用建筑的地下室、水塔、隧道、港口、桥墩、大型设备基础等都大量使用防水混凝土。防水混凝土不宜工作于表面温度大于 100℃ 的环境中，一般应不大于 60℃，否则应采取有效隔热措施。

5.9.2.4　应用

防水混凝土应用非常广泛，一般工业与民用建筑的地下室、水塔、隧道、港口、桥墩、大型设备基础等都大量使用防水混凝土。防水混凝土不宜工作于表面温度大于 100℃ 的环境中，一般应小于等于 60℃，否则应采取有效隔热措施。

5.9.3　加气混凝土

加气混凝土是用含钙质材料（水泥、石灰）、含硅质材料（石英砂、粉煤灰、粒化高炉矿渣）和发气剂为原料，经过磨细、配料、搅拌、浇注、发泡、坯体静停、切割成型、送入蒸压釜中养护（0.8～1.5MPa 下养护 6～8h）等工序生产而成。

发气剂目前大都使用铝粉。其主要原理是钙质材料与硅质材料在水热合成过程中生成一系列水化产物，铝粉作为发气剂与水化产物氢氧化钙 $[Ca(OH)_2]$ 发生作用产生大量氢气 (H_2)，氢气在水化热的作用下升温体积膨胀，从而在料浆中形成大量气泡使混凝土拌合物体积膨胀，加入气泡稳定剂和调节剂，使气泡互相独立不连通，且保持一个合适的状态。其化学反应式如下：

$$2Al + 3Ca(OH)_2 + 6H_2O == 3CaO \cdot Al_2O_3 \cdot 6H_2O + 3H_2 \uparrow$$

除铝粉外，还可采用双氧水、碳化钙和漂白粉等作为加气剂。

加气混凝土的性能随其体积密度和含水率不同而变化。在干燥状态下，它的主要物理力学性能见表 5-42。

表 5-42　加气混凝土的物理力学性能

体积密度/(kg/m³)	抗压强度/MPa	抗拉强度/MPa	弹性模量/MPa	热导率/[W/(m·K)]
500	3.0～4.0	0.3～0.4	1.4×10^3	0.12
600	4.0～5.0	0.4～0.5	2.0×10^3	0.13
700	5.0～6.0	0.5～0.6	2.2×10^3	0.16

加气混凝土制品有砌块和条板两种。条板配有钢筋，钢筋宜加工或电焊成网片，而且必须预先经过防腐处理。砌块多作为墙体材料，可用于三层及三层以下房屋的承重墙。也可做成复合墙体材料，既减轻墙体自重，又可起到保温、装饰的作用。加气混凝土具有吸水性，砌筑砌块时要适量浇水润湿，防止砂浆被吸干。板材用于厨房卫生间时，宜在下部地面上现浇 250mm 高的混凝土墙，其上再安装加气混凝土板材。

5.9.4　高强混凝土

高强混凝土是指强度等级不小于 C60 的混凝土。高强混凝土配合比设计除满足普通混凝土配合比设计规定外还应符合下列的一些规定：

5.9.4.1　原材料

（1）应选用硅酸盐水泥或普通硅酸盐水泥；

（2）粗骨料宜采用连续级配，其最大公称粒径不宜大于 25.0mm，针片状颗粒含量不宜大于 5.0%，含泥量不应大于 0.5%，泥块含量不应大于 0.2%；

（3）细骨料的细度模数为 2.6～3.0，含泥量不应大于 2.0%，泥块含量不应大于 0.5%；

（4）宜采用减水剂不小于 25% 的高性能减水剂；

（5）以复合掺用粒化高炉矿渣粉、粉煤灰和硅灰等矿物掺合料；粉煤灰应采用 F 类，并不应低于 Ⅱ 级；强度等级不低于 C80 的高强混凝土宜掺用硅灰。

5.9.4.2　配合比的确定

高强混凝土配合比应经试验确定。在缺乏试样依据的情况下，高强混凝土配合比设计以符合下列要求。

（1）水胶比、胶凝材料用量和砂率可按下表选取，并应经试配确定；

表 5-43　高强混凝土水胶比、胶凝材料用量和砂率（JGJ 55—2011）

强度等级	水胶比	胶凝材料用量/(kg/m³)	砂率/%
>C60,<C80	0.28～0.33	480～560	
≥C80,<C100	0.26～0.28	520～580	35～42
C100	0.24～0.26	550～600	

（2）外加剂和矿物掺合料的品种、掺量，应通过试配确定；矿物掺合料掺量宜为 25%～40%；硅灰掺量不宜大于 10%；

（3）水泥用量不宜大于 500kg/m³。

在试配过程中，应采用三个不同的配合比进行混凝土强度试验，其中一个可谓依据表 5-43 计算后调整拌合物的试拌配合比，另外两个配合比的水胶比，宜较试拌配合比分别增加和减少 0.02。

高强混凝土设计配合比确定后，尚应用该配合比进行不少于三盘混凝土的重复试验，每盘混凝土应至少成型一组试件，每组混凝土的抗压强度不应低于配制强度。

高强混凝土抗压强度宜采用标准试件通过试验测定；使用非标准试件时，尺寸折算系数应由试验确定。

高强度混凝土与高性能混凝土是两个不同的概念，不能混淆，高性能混凝土是一种新型高技术混凝土，是在大幅度提高普通混凝土性能的基础上采用现代混凝土技术制作的混凝土。它以耐久性作为设计的主要指标，针对不同用途重点予以保证耐久性、工作性、适用性、强度、体积稳定性和经济性。

20 世纪 90 年代美国国家标准与技术研究院（NIST）与美国混凝土协会（ACI）对高性能混凝土命名时，曾提出一个定义：高性能混凝土是具有某些性能要求的匀质混凝土，必须采用严格的施工工艺，采用优质材料配制，便于浇捣、不离析、力学性能稳定、早期强度高、具有韧性和体积稳定性等性能的耐久的混凝土。高强度不一定具有高耐久性，而高性能混凝土的耐久性一定要满足要求，强度不一定是高强。因此，混凝土的技术进步不能以高强为目标，而应是高性能，单纯以高抗压强度来表征混凝土的高性能是不确切的。而高性能混凝土应根据工程建筑的要求来确定，包括不同强度等级的高性能混凝土，如普通强度的高性能混凝土、高强高性能混凝土。

近些年，高性能混凝土在我国工程实践中有着广泛的应用，如水利工程、桥梁工程、高层建筑等。具体的工程如三峡大坝、青藏铁路建设等都采用了新材料、新技术、新工艺的高性能混凝土。

5.9.5　装饰混凝土

装饰混凝土是一种表面具有线形、纹理、质感、色彩等装饰效果的混凝土。

装饰混凝土可分为清水装饰混凝土和露骨料装饰混凝土。

所谓清水装饰混凝土其色调就是所用水泥的颜色，保持混凝土原有的外观质地。

露骨料装饰混凝土将表面水泥浆剥离，露出粗、细骨料，根据水泥、砂、不同粗细骨料品种，其表层剥离后，可显示出不同的色彩和质感。

装饰混凝土的制品有装饰混凝土砖、装饰混凝土砌块、装饰混凝土预制板材及现浇墙体。

装饰混凝土采用的是表面处理技术，它在混凝土基层面上进行表面着色强化处理，以达到装饰的效果。同时，对着色强化处理过的地面进行渗透保护处理，以达到洁净地面与保养地面的要求。因此，装饰混凝土的构造模式为基层（混凝土）、彩色面层（强化料和脱模料）、保护层（保护剂）这三个基本层面构造。

装饰混凝土制品在房屋建筑中可制作屋面瓦、墙体和地面装饰材料。园林建筑中，用彩色混凝土塑造童话人物、假山长桥、人工湖壁、湖底以及仿树、仿竹、浮雕制品等。市政和交通工程中作路墙和护墙以及彩色路面。同时，它施工方便，无需压实机械，色彩也较为鲜艳，并可形成各种图案。更重要的是，它不受地形限制，可任意制作。装饰性、灵活性和表现力很强。装饰混凝土的特点如下：

1）装饰混凝土可以做到大尺度、多曲面和模具化生产；

2）装饰混凝土可以效仿金属、木材、石材；

3）装饰混凝土具有相对的高密度和轻质量，可降低墙重；

4）装饰混凝土可以现场制作，也可以预制；

5）装饰混凝土的材料来源比较广泛，形成的过程能耗比较低，对环境的污染相对比较少；从成本上看，具有一定的优势；

6）可采用水洗、缓凝、喷砂、火烧、槽剁、劈裂、研磨、模压、喷射、反贴等工艺进行表面加工；

7）可以与其他材料复合，得到不同性能与要求的装饰材料，如与钢纤维、植物纤维等复合。

 复习思考题

1. 何谓抗渗混凝土、泵送混凝土、高性能混凝土、装饰混凝土？

2. 某预拌商品混凝土设计强度为 C40，泵送施工，要求混凝土拌合物入泵时坍落度为 180mm±30mm，用于 13 层墙柱，机械搅拌、振捣。主要材料如下。

水泥：P·O42.5，密度 3.1g/m³；

砂子：中砂，表观密度 2.69g/m³，砂率 39%；

粗骨料：碎石，最大公称粒径 5～20mm，表观密度 2.69 g/m³；

水：饮用水；

矿物掺合料：Ⅱ级粉煤灰，取代水泥百分率 20%；

外加剂：SAF 高效减水剂掺量为胶凝材料的 1.9%，减水率 18%；

试根据以上条件设计初步配合比。

3. 已知某商品混凝土设计配合比 $m_c : m_s : m_g : m_w : m_f = 389 : 675 : 1049 : 180 : 98$，水胶比 0.37；高效减水剂 SAF 为 9.3kg，砂子含水率 6.4%，石子含水率 0。试求施工配合比。

小　结

$$
普通混凝土
\begin{cases}
普通混凝土 \begin{cases}
\text{普通混凝土的组成：水泥、水、细骨料、粗骨料、外加剂和掺合料} \\
\text{主要技术性质：和易性、强度、变形性和耐久性} \\
\text{混凝土质量控制：概率度、强度保证率、质量评定原则} \\
\text{配合比设计：初步配合比、设计配合比、施工配合比}
\end{cases} \\
其他品种混凝土 \begin{cases}
\left.\begin{array}{l}\text{泵送混凝土} \\ \text{抗渗（防水）混凝土}\end{array}\right\} \text{原材料要求、配合比计算和用途} \\
\text{加气混凝土} \\
\left.\begin{array}{l}\text{高性能混凝土} \\ \text{装饰混凝土}\end{array}\right\} \text{概念、主要性质和用途}
\end{cases}
\end{cases}
$$

实 训 课 题

某施工单位浇筑钢筋混凝土梁，要求混凝土的强度等级为 C30，坍落度为 30～50mm，现场采用机械搅拌、机械振捣。采用原材料如下。

水泥：普通水泥强度等级 42.5，密度 3.1g/cm³，实测强度 45.1MPa；

砂子：级配合格的中砂，表观密度 2.65g/cm³；

碎石：最大粒径 40mm，表观密度 2.60g/cm³；

水：自来水。（已知 $\sigma = 3.0$ MPa）

要求：1. 计算该混凝土的初步配合比；

　　　2. 试配调整、求出设计配合比；

　　　3. 填写混凝土配合比检验报告。

第6章 建筑砂浆

6.1 砌筑砂浆

6.1.1 砂浆的组成材料

6.1.1.1 水泥

水泥的技术指标应符合《通用硅酸盐水泥》（GB 175—2007）和《砌筑水泥》（GB/T 3183—2003）的规定。水泥是砌筑砂浆的主要胶凝材料，应根据使用部位的耐久性要求来选择水泥品种。M15 及以下强度等级的砌筑砂浆宜选用 32.5 级的通用硅酸盐水泥或砌筑水泥；M15 以上强度等级的砌筑砂浆宜选用 42.5 级通用硅酸盐水泥。

6.1.1.2 掺合料

常用材料有石灰膏、电石膏、粉煤灰、粒化高炉矿渣粉、硅灰、沸石粉等无机塑化剂，或松香皂、微沫剂等有机塑化剂，可以改善砂浆的和易性。生石灰熟化成石灰膏时，应用孔径不大于 3mm×3mm 的网过滤，熟化时间不得少于 7d；磨细生石灰粉的熟化时间不得少于 2d。沉淀池中储存的石灰膏，应采取防干燥、冻结和污染的措施。严禁使用脱水硬化的石灰膏，消石灰粉不得直接用于砌筑砂浆中。制作电石膏的电石渣应用孔径不大于 3mm×3mm 的网过滤，检验时应加热至 70℃后至少保持 20min，并应待乙炔挥发完后再使用。石灰膏和黏土膏应配制的稠度，应为（120±5）mm。粉煤灰、粒化高炉矿渣粉、硅灰、沸石粉应分别符合《用于水泥和混凝土中的粉煤灰》（GB/T 1596—2005）、《用于水泥和混凝土中的粒化高炉矿渣粉》（GB/T 18046—2008）、《高强高性能混凝土用矿物外加剂》（GB/T

18736—2002）和《混凝土和砂浆用天然沸石粉》（JG/T 3048—1998）的规定。

6.1.1.3 砂

砂浆用砂应符合普通混凝土用砂的技术要求，全部通过 4.75mm 的筛孔。石料砌体所用砂浆宜用粗砂，其最大粒径应不超过灰缝厚度的 1/4～1/5，一般为 5.0mm；砖砌体所用砂浆宜用中砂，最大粒径一般为 2.5mm；对抹面及勾缝砂浆则应采用细砂，最大粒径一般为 1.2mm。毛石砌体常配制小石子砂浆，在砂中掺入 20%～30% 粒径 5～10mm 或 5～20mm 的小石子。

6.1.1.4 外加剂

外加剂应符合国家现行有关标准的规定，引气型外加剂还应有完整的型式检验报告。

6.1.1.5 水

配制砂浆用水的技术要求与混凝土用水相同。

6.1.2 砌筑砂浆的主要技术要求

6.1.2.1 新拌砂浆的和易性

新拌砂浆的和易性是指砂浆在基面上能铺成均匀的薄层，并与基面紧密黏结的性能。和易性好的砂浆，便于施工操作，灰缝填筑饱满密实，与砖石黏结牢固，所得砌体的强度和整体性较高。和易性不良的砂浆施工操作困难，灰缝难以填实，水分易被砖石吸收使抹面砂浆很快变得干稠，与砖石材料也难以紧密黏结。新拌砂浆的和易性，包括砂浆的流动性和保水性两个方面。

（1）流动性　砂浆的流动性又称稠度。是指在自重或外力作用下流动的性能。

砂浆稠度用沉入度表示。即标准圆锥体自砂浆表面下沉的深度（mm），见图 6-1。砂浆稠度值越大，则砂浆流动性大，但稠度过大，硬化后强度将会降低；若稠度过小，则不便于施工操作，所以砌筑砂浆施工时应具有适宜的稠度。砌筑砂浆施工时的稠度应符合表 6-1 的规定。

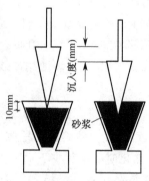

图 6-1　沉入度测定示意图

（2）保水性　砂浆的保水性反映了砂浆保持水分的能力，用保水率表示。保水性不好的砂浆，在存放与运输过程中容易离析，砌筑时水分容易被砖石吸收，影响砂浆强度发展，并严重降低与砖石的粘接强度。砂浆的保水率主要取决于骨料粒径和细微颗粒含量。如所用砂较粗，水泥及掺加料用量较少，材料的总表面积小，保水性差。实践证明，砂浆中必须有一定数量的细微颗粒才能具有所需的保水性。这些细微颗粒包括水泥及石灰膏、电石膏等各种掺加料。用量可按表 6-2 选用。

表 6-1　砌筑砂浆施工时的稠度（JGJ/T 98—2010）

砌 体 种 类	施工稠度/mm
烧结普通砖砌体、粉煤灰砖砌体	70～90
混凝土砖砌体、普通混凝土小型空心砌块砌体、灰砂砖砌体	50～70
烧结多孔砖砌体、烧结空心砖砌体、轻集料混凝土小型空心砌块砌体、蒸压加气混凝土砌块砌体	60～80
石砌体	30～50

表 6-2　砌筑砂浆的各种掺合料用量（JGJ/T 98—2010）

砂浆种类	材料用量/(kg/m³)
水泥砂浆	≥200
水泥混合砂浆	≥350
预拌砌筑砂浆	≥200

注：水泥砂浆中的材料用量指水泥用量；水泥混合砂浆中的材料用量指水泥和石灰膏、电石膏的材料用量；预拌砌筑砂浆中的材料用量是指胶凝材料用量，包括水泥和替代水泥的粉煤灰等活性矿物掺合料。

砌筑砂浆的保水率应符合表 6-3 的规定。检测方法见本书第 14 章砂浆部分的实验。

表 6-3　砌筑砂浆的保水率（JGJ/T 98—2010）

砂浆种类	保水率/%
水泥砂浆	≥80
水泥混合砂浆	≥84
预拌砌筑砂浆	≥88

6.1.2.2　硬化砂浆的技术性质

砂浆硬化后与墙体材料黏结，传递和承受各种外力，使砌体具有整体性和耐久性。因此，砂浆应具有一定的抗压强度、黏结强度、耐久性以及工程所需求的其他技术性质。砂浆与墙体材料的黏结强度受多种因素影响，如砂浆强度、材料表面粗糙及洁净程度、墙体材料润湿与否、灰缝填筑饱满程度等。耐久性主要取决于砂浆水灰比。实验结果证明，黏结强度、耐久性均与抗压强度有一定的关系，抗压强度高，黏结强度和耐久性也高。抗压强度是确定砂浆强度等级的主要依据。

（1）砂浆强度等级　砌筑砂浆强度等级用尺寸为 70.7mm×70.7mm×70.7mm 立方体试件，在温度为（20±2）℃、相对湿度为 90% 以上的标准养护室中养护 28d 的平均抗压极限强度而确定的。水泥砂浆的强度等级分为 M5、M7.5、M10、M15、M20、M25、M30；水泥混合砂浆的强度等级分为 M5、M7.5、M10、M15。

（2）砂浆抗压强度的影响因素　砂浆不含粗骨料，是一种细骨料混凝土，因此有关混凝土强度的规律，原则上亦适用于砂浆。在实际工程中，多根据具体的组成材料，采用试配的办法来确定抗压强度。对于用普通硅酸盐水泥配制的砂浆，有下列两种情况。

1）砌筑致密石料（用于不吸水底面）的砂浆抗压强度，与混凝土相似，主要取决于水泥强度和水灰比。关系式如下：

$$f_{m,0} = A f_{ce} \left(\frac{C}{W} - B \right)$$

式中　　$f_{m,0}$——砂浆 28d 抗压强度，MPa；

　　　　f_{ce}——水泥 28d 实测抗压强度，MPa；

　　C/W——灰水比；

　　A，B——经验系数，可取 $A = 0.29$，$B = 0.4$。

2）砌筑普通砖等多孔材料的砂浆（用于吸水底面），即使用水量有不同，经过底面吸水后，砂浆中最终能够保存的水量也大体相同。在此情况下，砂浆强度主要取决于水泥强度和水泥用量，而砌筑前砂浆中水灰比的影响很小。其关系式如下：

$$f_{m,0} = A f_{ce} Q_c / 1000 + B$$

式中　　$f_{m,0}$——砂浆 28d 抗压强度，MPa；

　　　　f_{ce}——水泥 28d 实测抗压强度，MPa；

　　　　Q_c——每立方米砂浆中水泥用量，kg；

　　A，B——经验系数，$A = 3.03$，$B = -15.09$。

此外，砂的质量、混合材料的品种及用量、养护条件（温度和湿度）都会影响砂浆的强度和强度增长。

（3）表观密度　砌筑砂浆拌合物的表观密度宜符合表 6-4 的规定。

表 6-4　砌筑砂浆拌合物的表观密度（JGJ/T 98—2010）

砂浆种类	表观密度/(kg/m³)
水泥砂浆	≥1900
水泥混合砂浆	≥1800
预拌砌筑砂浆	≥1800

（4）抗冻性　砂浆的抗冻性是指砂浆抵抗冻融循环作用的能力，砂浆受冻遭损是由于其内部孔隙中水的冻结膨胀引起孔隙破坏而致，密实的砂浆和具有封闭性孔隙的砂浆都具有较好的抗冻性。有抗冻性要求的砌体工程，砌筑砂浆应进行冻融试验。抗冻性应符合表 6-5 的规定，且当设计对抗冻性有明确要求时，尚应符合设计规定。

表 6-5　砌筑砂浆的抗冻性（JGJ/T 98—2010）

使用条件	抗冻指标	质量损失率/%	强度损失率/%
夏热冬暖地区	F15		
夏热冬冷地区	F25	≤5	≤25
寒冷地区	F35		
严寒地区	F50		

（5）砌筑砂浆的黏结力　砌筑砂浆必须具有足够的黏结力，才可使块状材料胶结为一个整体。其黏结力的大小，将影响砌体的抗剪强度、耐久性、稳定性及抗震能力等，因此对砂浆的黏结力也有一定的要求。

砂浆的黏结力与砂浆强度有关。通常，砂浆的强度越高，其黏结力越大；低强度砂浆因加入的掺合料过多，其内部易收缩，使砂浆与底层材料的黏结力减弱。

砂浆的黏结力还与砂浆本身的抗拉强度、砌筑底面的潮湿程度、砖石表面的清洁程度及施工养护条件等因素有关。所以施工中注意砌砖前浇水湿润，保持砖表面不沾泥土，可以提高砂浆与砌筑材料之间的黏结力，保证砌体的质量。

6.1.3　砌筑砂浆配合比设计

6.1.3.1　现场配制砌筑砂浆的试配要求

配合比应按下列步骤进行：①计算砂浆试配强度；②计算每立方米砂浆中的水泥用量；③计算每立方米石灰膏用量；④确定每立方米砂浆中砂用量；⑤选用每立方米砂浆用水量。具体步骤如下：

（1）计算砂浆试配强度 $f_{m,0}$

$$f_{m,0}=kf_2$$

式中　$f_{m,0}$——砂浆的试配强度，精确至 0.1MPa；

　　　f_2——砂浆强度等级值，精确至 0.1MPa；

　　　k——系数，施工水平优良时，k 取 1.15；施工水平一般时，k 取 1.20；施工水平较差时，k 取 1.25。

（2）计算每立方米砂浆中的水泥用量 Q_c。

$$Q_c=\frac{1000(f_{m,0}-\beta)}{\alpha \cdot f_{ce}}$$

式中　Q_c——每立方米砂浆的水泥用量，精确至 1kg；

　　　$f_{m,0}$——砂浆的试配强度，精确至 0.1MPa；

　　　f_{ce}——水泥的实测强度，精确至 0.1MPa；

　　　α，β——砂浆的特征系数，$\alpha=3.03$，$\beta=-15.09$。

【注】各地区也可用本地区试验资料确定 α、β 值，统计用的试验组数不得少于 30 组。在无法取得水泥的实测强度值时，可按下式计算 f_{ce}。

$$f_{ce}=\gamma_c \cdot f_{ce,k}$$

式中　$f_{ce,k}$——水泥强度等级对应的强度值；

　　　γ_c——水泥强度等级值的富余系数，应按实际资料统计确定。无资料时 γ_c 可取 1.0。

（3）计算每立方米砂浆石灰膏用量 Q_D。

$$Q_D=Q_A-Q_C$$

式中　Q_D——每立方米砂浆的石灰膏用量，精确至 1kg；石灰膏使用时的稠度宜为 120mm±5mm；稠度不同时，其用量应乘以表 6-6 所示的换算系数；

　　　Q_C——每立方米砂浆的水泥用量，精确至 1kg；

　　　Q_A——每立方米砂浆中水泥和石灰膏的总量，精确至 1kg；可为 350kg。

表 6-6　石灰膏不同稠度的换算系数

石灰膏稠度/mm	120	110	100	90	80	70	60	50	40	30
换算系数	1.00	0.99	0.97	0.95	0.93	0.92	0.90	0.88	0.87	0.86

（4）确定每立方米砂用量 Q_S。试验结果表明，用 1m³ 干燥状态（含水率小于 0.5%）松散堆积的砂可拌制 1m³ 砂浆。故每立方米砂浆中的砂子用量应为

$$Q_S=1 \cdot r_{s干}$$

式中　Q_S——每立方米砂浆中的用量，kg；

　　　$r_{s干}$——砂在干燥状态的松散堆积密度，kg/m³。

（5）选用每立方米砂浆用水量 Q_w。每立方米砂浆中的用水量，根据砂浆稠度等要求可选用 210～310kg。混合砂浆中的用水量，不包括石灰膏中的水；当采用细砂或粗砂时，用水量分别取上限或下限；稠度小于 70mm 时，用水量可小于下限；施工现场气候炎热或干燥季节，可酌量增加用水量。

6.1.3.2 现场配制水泥砂浆的材料用量

（1）水泥砂浆材料用量可按表 6-7 选用。

表 6-7 每立方米水泥砂浆材料用量（JGJ/T 98—2010）

强度等级	每立方米砂浆水泥用量/kg	每立方米砂子用量/kg	每立方米砂浆用水量/kg
M5	200～230		
M7.5	230～260		
M10	260～290		
M15	290～330	砂的堆积密度值	270～330
M20	340～400		
M25	360～410		
M30	430～480		

注：M15 及以下强度等级的水泥砂浆，水泥强度等级为 32.5 级；M15 以上强度等级水泥砂浆，水泥强度等级为 42.5 级；当采用细砂或粗砂时，用水量分别取上限或下限；稠度小于 70mm 时，用水量可小于下限；施工现场气候炎热或干燥季节，可酌量增加用水量。

（2）水泥粉煤灰砂浆材料用量可按表 6-8 选用。

表 6-8 每立方米水泥粉煤灰砂浆材料用量（JGJ/T 98—2010）

强度等级	水泥和粉煤灰总量/kg	粉煤灰	砂	用水量/kg
M5	210～240			
M7.5	240～270	粉煤灰掺量可占胶凝材料用量的 15%～25%	砂的堆积密度值	270～330
M10	270～300			
M15	300～330			

注：水泥强度等级为 32.5 级；当采用细砂或粗砂时，用水量分别取上限或下限；稠度小于 70mm 时，用水量可小于下限；施工现场气候炎热或干燥季节，可酌量增加用水量。

6.1.3.3 砌筑砂浆配合比试配、调整与确定

（1）试配时应采用工程中实际使用的材料；砌筑砂浆试配时应采用机械搅拌。搅拌时间应自开始加水算起，对于水泥砂浆和水泥混合砂浆，搅拌时间不得少于 120s；对于预拌砂浆和掺有粉煤灰、外加剂、保水增稠材料等的砂浆，搅拌时间不得少于 180s。

（2）按计算或查表所得配合比进行试拌时，应按《建筑砂浆基本性能试验方法标准》（JGJ/T 70—2009）测定砌筑砂浆拌合物的稠度和保水率。当稠度和保水率不能满足要求时，应调整材料用量，直到符合要求为止，然后确定为试配时的砂浆基准配合比。

（3）试配时至少应采用三个不同的配合比，其中一个配合比应为基准配合比，其余两个配合比的水泥用量应按基准配合比分别增加及减少 10%。在保证稠度、保水率合格的条件下，可将用水量、石灰膏、保水增稠材料或粉煤灰等活性掺合料用量做相应调整。

（4）砌筑砂浆试配时其稠度应满足施工要求，并应按《建筑砂浆基本性能试验方法标准》（JGJ/T 70—2009）分别测定不同配合比砂浆的表观密度及强度；并应选定符合试配强度及和易性要求、水泥用量最低的配合比作为砂浆的试配配合比。

（5）当原材料有变更时，对已确定的配合比应重新进行试验确定。

6.1.3.4　砂浆试配配合比尚应按下列步骤进行校正

（1）应根据上述确定的砂浆试配配合比材料用量，按下式计算砂浆的理论表观密度值。

$$\rho_t = Q_C + Q_D + Q_S + Q_W$$

式中　ρ_t——砂浆的理论表观密度值，精确至 $10kg/m^3$。

（2）应按下式计算砂浆配合比校正系数 δ。

$$\delta = \rho_c / \rho_t$$

式中　ρ_c——砂浆的实测表观密度值，精确至 $10kg/m^3$。

（3）当砂浆的实测表观密度值与理论表观密度值之差的绝对值不超过理论值的 2% 时，可将得出的试配配合比确定为砂浆设计配合比；当超过 2% 时，应将试配配合比中每项材料用量均乘以校正系数（δ）后，确定为砂浆设计配合比。

6.1.3.5　砂浆配合比表示方法

砌筑砂浆用质量配合比表示，不宜采用体积配合比。

质量配合比　　　　水泥：石灰膏：砂：水＝$Q_C : Q_D : Q_S : Q_W$

$$= 1 : \frac{Q_D}{Q_C} : \frac{Q_S}{Q_C} : \frac{Q_W}{Q_C}$$

6.1.3.6　砂浆配合比计算实例

（1）设计要求　配制强度等级为 M10 的砌筑烧结普通砖砌体用水泥石灰砂浆，流动性为 70~90mm。施工单位的施工水平优良。

（2）原材料　32.5 级复合硅酸盐水泥，该水泥的实测强度为 34.0MPa；中砂，其含水率为 3%、堆积密度为 $1500kg/m^3$；石灰膏，其稠度为 120mm。

（3）设计步骤

1）试配强度　施工水平优良，砂浆强度等级 M10，查表 6-6 得系数 k 取 1.15，试配强度为

$$f_{m,0} = k f_2 = 1.15 \times 10 = 11.5 (MPa)$$

2）每立方米水泥用量

$$Q_C = \frac{1000 \times (f_{m,0} - \beta)}{\alpha \cdot f_{ce}} = \frac{1000 \times [11.5 - (-15.09)]}{3.03 \times 34.0} = 258 (kg)$$

3）每立方米石灰膏用量

$$Q_D = Q_A - Q_C = 350 - 258 = 92 (kg)$$

4）每立方米砂用量　砂含水率为 3%，每立方米砂用量为：

$$Q_S = (1 + 3\%) \gamma_{s干} = (1 + 3\%) \times 1500 = 1545 (kg)$$

5）每立方米水用量　根据砂浆稠度要求，每立方米砂浆水用量暂时选用 245kg。

6）配合比　质量比为：

水泥：石灰膏：砂：水＝258：92：1500：255＝1：0.36：5.81：0.99

7）试配与调整　通过试验此配合比符合设计要求，故不需要调整。

复习思考题

1. 新拌砂浆的和易性包括哪两方面含义？如何测定？
2. 砂浆和易性对工程应用有何影响？怎样才能提高砂浆的和易性？
3. 影响砂浆强度的基本因素是什么？写出其强度公式。

6.2 其他砂浆

6.2.1 抹面砂浆

6.2.1.1 普通抹面砂浆

抹面砂浆是以薄层涂抹建筑物的表面,既能提高建筑物防风、雨及潮气侵蚀的能力,又使建筑物表面平整、光滑、清洁和美观。抹面砂浆一般用于粗糙和多孔的底面,其水分被底面吸收,因此要有很好的保水性。抹面砂浆对强度的要求不高,而主要是能与底面很好地黏结。从以上两个方面考虑,抹面砂浆的胶凝材料用量要比砌筑砂浆多一些。

为了保证抹灰质量及表面平整,避免裂缝、脱落,常分底层、中层、面层三层涂抹。底层砂浆主要起与基层的黏结作用,对于砖墙、混凝土墙面、柱面等则多用混合砂浆。中层砂浆主要起找平作用,多用石灰砂浆或混合砂浆。面层主要起装饰作用,多采用细砂配制的混合砂浆、麻刀石灰浆或纸筋石灰浆。在容易碰撞或潮湿的地方应采用水泥砂浆。见表6-9。

表 6-9 抹面砂浆各层的作用、沉入度、砂的最大粒径及应用

层别	作用	沉入度/mm	最大粒径/mm	应用部位	适用砂浆品种
底层	与基层黏结并初步找平	100~120	2.36	用于砖墙底层 防水、防潮要求或地面等 用于板条墙或顶棚的底层 混凝土墙、梁、柱、顶棚等底层	石灰砂浆 水泥砂浆 混合砂浆或石灰砂浆 混合砂浆
中层	找平作用	70~80			混合砂浆或石灰砂浆
面层	装饰作用	100	1.18	详见表6-10	细砂配制的混合砂浆、麻刀灰或纸筋灰

抹面砂浆采用体积比,经验配合比可参考表6-10。

表 6-10 各种抹面砂浆配合比参考表

材　　料	配合比(体积比)	应　用　范　围
石灰:砂	1:2~1:4	砖石墙表面(檐口、勒脚、女儿墙以及防潮房屋的墙除外)
石灰:黏土:砂	1:1:4~1:1:8	干燥环境的墙表面
石灰:石膏:砂	1:0.4:2~1:1:3	用于潮湿房间木质表面
石灰:石膏:砂	1:0.6:2~1:1.5:3	用于不潮湿房间的墙及天花板
石灰:石膏:砂	1:2:2~1:2:4	用于不潮湿房间的线脚及其他装修工程
石灰:水泥:砂	1:0.5:4.5~1:1:5	用于檐口、勒脚、女儿墙以及比较潮湿的部位
水泥:砂	1:3~1:2.5	用于浴室、潮湿车间等墙裙、勒脚或地面基层
水泥:砂	1:2~1:1.5	用于地面、顶棚或墙面面层
水泥:砂	1:0.5~1:1	用于混凝土地面随时压光
水泥:石膏:砂:锯末	1:1:3:5	用于吸音抹灰
水泥:白石子	1:2~1:1	用于水磨石(打底用1:2.5水泥砂浆)
水泥:白灰:白石子	1:(0.5~1):(1.5~2)	用于水刷石(打底用1:0.5:3.5)
水泥:白石子	1:1.5	用于斩假石[打底用1:(2~2.5)水泥砂浆]
石灰:麻刀	100:2.5(质量比)	用于板条顶棚底层
石灰膏:麻刀	100:1.3(质量比)	用于板条顶棚面层(或100:3.8)
石灰膏:纸筋	石灰膏0.1m³,纸筋0.36kg	较高级墙面、顶棚

6.2.1.2 装饰抹面砂浆

装饰抹面砂浆是用于室内外装饰,以增加建筑物美感为主要目的的砂浆,应具有特殊的表面形式及不同的色彩和质感。

　　装饰抹面砂浆常以白水泥、石灰、石膏、普通水泥等为胶结材料，以白色、浅色或彩色的天然砂、大理岩及花岗岩的石屑或特制的塑料色粒为骨料。为进一步满足人们对建筑艺术的需求，还可利用矿物颜料调制成多种彩色，但所加入的颜料应具有耐碱、耐光、不溶等性质。

　　装饰砂浆的表面可进行各种艺术处理，以形成不同形式的风格，达到不同的建筑艺术效果，如制成水磨石、水刷石、斩假石、麻点、干粘石、粘花拉毛、拉条及人造大理石等。

　　(1) 水磨石　是以大理石石渣、水泥和水，按比例拌和，经养护硬化后，在淋水的同时，用磨石机磨平、抛光而成。水泥和石渣的比例一般为 1∶2.5。水泥可用普通颜色，或白水泥，均可以加入矿物颜料着色。石渣一般用大八厘，有多种颜色供选择，但应与料浆的基色搭配合理。这种现制的水磨石，其色调、露石率、分格线、磨平度等，均应由设计人员指定。目前广泛生产的是预制的水磨石制品。

　　(2) 水刷石　是用较小的大理石渣、水泥和水拌和，抹在事先做好并硬化的底层上，压实、赶平，待水泥接近凝结前，用毛刷沾水或喷雾器喷水，使表面石渣外露而形成的饰面。石渣可采用单色或花色普通石渣，也有的用各种美术石渣。水泥一般用普通颜色的，也有用白水泥或加入矿物颜料的。水泥与石渣的比例：当采用小八厘石渣时为 1∶1.5；中八厘石渣为 1∶1.25。用类似水刷石的做法，可制成水刷小豆石、水刷砂等。

　　(3) 干粘石　是对水刷石做法的改进，一般采用小八厘石渣略掺石屑，在刚抹好的水泥砂浆面层上，用手工甩抛并及时拍入，而得到的石渣类饰面。为了提高效率，用喷涂机代替手工作业，每小时可喷出石渣 12～15m³，即所谓喷粘石。

　　(4) 斩假石　又称剁斧石，多采用细石渣内掺 3% 的石屑，加水拌和后抹在已做好的底层上，压实、赶平、养护硬化后用石斧斩毛，而得到的仿石料的表面。

　　(5) 拉毛与拉条　拉毛是在抹面表层砂浆的同时，用抹刀粘拉起凹凸状表面；拉条则是用特制的模具拉乱成各种立体的线条。拉毛与拉条的做法，一般用于内墙面，多采用水泥石灰混合砂浆，做好后可喷色浆罩面，或用过滤的细纸筋灰膏甩浆罩面。

　　上述传统的做法均有一定的缺点，如多层次湿作业、效率低、劳动强度大等。后来广为发展的喷涂、滚涂、弹涂等新工艺，使传统做法得到很大的改进。特别是喷涂工艺，可得到波面喷涂、粒状喷涂、花点套色喷涂的各种饰面，施工效率高，装饰效果好。用于外墙喷涂砂浆的配合比见表 6-11。

表 6-11　用于外墙喷涂砂浆的配合比（质量比）

饰面做法	水泥	颜料	细骨料	木质素磺酸钙	聚乙烯醇缩甲醛胶	石灰膏	砂浆稠度/cm
波面	100	适量	200	0.3	10～15	—	13～14
波面	100	适量	400	0.3	20	100	13～14
粒状	100	适量	200	0.3	10	—	10～11
粒状	100	适量	400	0.3	20	100	10～11

　　注：根据气温情况，加水量可适当调整；普通硅酸盐水泥的强度等级不低于 32.5MPa；聚乙烯醇缩甲醛胶的固含量为 10%～12%，密度为 1.05g/cm³，pH 值为 6～7，黏度为 3.5～4.0Pa·s，应能与水泥浆均匀混合。

6.2.1.3　防水砂浆

　　制作砂浆防水层（又称为刚性防水）所采用的砂浆，称防水砂浆。砂浆防水层仅适用于不受震动和具有一定刚度的混凝土及砖石砌体工程。

　　防水砂浆可采用普通水泥砂浆，也可以在水泥砂浆中掺入防水剂来提高砂浆的防水能力。防水剂有氯盐型防水剂和非氯盐型防水剂，在钢筋混凝土工程中，应尽量采用非氯盐型防水剂，以防止由于氯离子的引入，造成钢筋锈蚀。

防水砂浆的配合比一般采用水泥∶砂=1∶（2.5～3.0），水灰比为0.50～0.55之间。水泥应采用42.5级的普通硅酸盐水泥，砂子应采用级配良好的中砂。

防水砂浆对施工操作技术要求很高。制备防水砂浆应先将水泥和砂干拌均匀，再加入水和防水剂溶液搅拌均匀。粉刷前，先在润湿清洁的底面上抹一层低水灰比的纯水泥浆（也可用聚合物水泥浆），然后抹一层防水砂浆，在砂浆初凝前，用木抹子压实一遍，第二、三、四层都是以同样的方法进行操作。最后一层要压光。粉刷时，每层厚度约为5mm，共粉刷4～5层，厚20～30mm。粉刷完后，必须加强养护，防止开裂。

6.2.2 特种砂浆

6.2.2.1 绝热砂浆

采用水泥、石灰、石膏等胶凝材料与膨胀珍珠岩、膨胀蛭石、陶粒、陶砂或聚苯乙烯泡沫颗粒等轻质多孔材料，按一定比例配制的砂浆称为绝热砂浆。绝热砂浆重量轻，具有良好的绝热保温性能。其热导率为0.07～0.10W/（m·K），可用于屋面隔热层、隔热墙壁、冷库以及工业窑炉、供热管道隔热层等处。

6.2.2.2 耐酸砂浆

以水玻璃与氟硅酸钠为胶凝材料，加入石英岩、花岗岩、铸石等耐酸粉料和细集料拌制并硬化而成的砂浆。水玻璃硬化后具有很好的耐酸性能。耐酸砂浆可应用耐酸地面、耐酸容器基座及与酸性接触的结构部位。在某些有酸雨腐蚀的地区建筑物的外墙装修，也可应用耐酸砂浆，以提高建筑物的耐酸雨腐蚀能力。

6.2.2.3 防射线砂浆

在水泥砂浆中掺入重晶石粉、重晶石砂，可配制有防X射线和γ射线的能力的砂浆。其配合比约为水泥∶重晶石粉∶重晶石砂=1∶0.25∶（4～5。）如在水泥中掺入硼砂、硼化物等可配制具有防中子射线的砂浆。

6.2.2.4 膨胀砂浆

在水泥砂浆中掺入膨胀剂，或使用膨胀水泥，可配制膨胀砂浆。膨胀砂浆具有一定的膨胀特性，可补偿水泥砂浆的收缩，防止干缩开裂。膨胀砂浆还可在修补工程中和装配式大板工程中应用，靠其膨胀作用而填充缝隙，以达到粘接密封的目的。

6.2.2.5 自流平砂浆

自流平砂浆是指在自重作用下能流平的砂浆；地坪和地面常采用自流平砂浆。自流平砂浆施工方便、质量可靠。自流平砂浆的关键技术是：①掺用合适的外加剂；②严格控制砂的级配和颗粒形态；③选择具有合适级配的水泥或其他胶凝材料。良好的自流平砂浆可使地坪平整光洁，强度高，耐磨性好，无开裂现象。

6.2.2.6 吸声砂浆

吸声砂浆是指具有吸声功能的砂浆。一般绝热砂浆都具有多孔结构，因而也都具有吸声的功能。工程中常用水泥∶石灰膏∶砂∶锯末=1∶1∶3∶5（体积比）配制吸声砂浆。或在石灰、石膏砂浆中加入玻璃棉、矿棉或有机纤维或棉类物质。吸声砂浆常用于厅堂的墙壁和顶棚的吸声。

复习思考题

1. 普通抹灰砂浆的作用和特点是什么？

2. 何谓混合砂浆？工程中常采用水泥混合砂浆有何好处？为什么要在抹面砂浆中掺入纤维材料？

3. 对抹面砂浆和砌筑砂浆的组成材料及技术性质的要求有哪些不同？为什么？

小　结

砌筑砂浆：组成材料、技术性质、配合比设计、应用等

其他砂浆｛抹面砂浆：普通抹面砂浆、装饰抹面砂浆、防水砂浆的概念和应用

特种砂浆：绝热砂浆、耐酸砂浆、防射线砂浆、膨胀砂浆、自流平砂浆、吸声砂浆等概念

实 训 课 题

某建筑工地夏季需配制 M7.5 的水泥石灰混合砂浆砌筑砖墙，现场有 32.5 级及 42.5 级的复合水泥可供选用，砂为中砂，含水率为 3%，堆积密度为 1460kg/m³，石灰膏的稠度为 12cm，施工水平优良。

要求：1. 计算砂浆配合比并进行试配与调整，确定最佳配比；

　　　2. 填写砂浆配合比通知单；

　　　3. 填写砂浆抗压强度原始记录及报告单。

第7章 墙体材料

知识点

了解各种砖、砌块的分类，掌握烧结普通砖、烧结多孔砖、空心砖及砌块的特性、技术性质及应用，了解非烧结砖的类型、特点及应用。

教学目标

通过本章学习，能合理选择墙体材料，会评定其质量等级。

墙体是房屋建筑的重要组成部分，在建筑工程中，墙体材料具有承重、围护、分隔、遮阳、避雨、挡风、绝热、隔声、吸声和隔断光线等作用。因此，合理地选择墙体材料对建筑物的功能、安全以及造价等均具有重要意义。目前，用于墙体的材料主要有砌墙砖、砌块和板材三大类。

我国传统的墙体材料主要是由黏土烧制而成，其自重大、体积小、生产能耗高，砌筑速度慢，施工效率低，又需要破坏大量的农田，影响农业生产，不利于生态环境。我国已严格限制烧结普通砖的生产和使用。因此，大力利用地方性资源和工业废料开发生产轻质、高强、大体积、耐久、多功能、节能的新型墙体材料显得十分重要。

7.1 砌墙砖

砌墙砖是砌筑用人造小型块材，外形多为直角六面体，其长度不超过365mm，宽度不超过240mm，高度不超过115mm，也有各种异形的规格。砌墙砖按生产方法不同可分为烧结砖（经过焙烧而制成的砖）和非烧结砖（不经烧结而用于砌筑墙体的砖）两大类。按孔洞率和孔洞特征不同分为普通砖（体为实心或孔洞率≤15%）、多孔砖（孔洞率≥28%，孔的尺寸小而数量多的砖，常用于承重部位，强度等级较高）、空心砖（孔洞率≥35%，孔的尺寸大而数量少的砖，常用于非承重部位，强度等级偏低）等。

7.1.1 烧结砖

7.1.1.1 烧结普通砖

烧结普通砖是以黏土、页岩、煤矸石、粉煤灰为主要原料，经焙烧而成的普通砖。按主要原料分为烧结黏土砖（符号为 N）、烧结页岩砖（符号为 Y）、烧结煤矸石砖（符号为 M）和烧结粉煤灰砖（符号为 F）。

　　烧结普通砖有青砖（还原气氛中出窑）和红砖（砖坯在氧化气氛中焙烧出窑）两种。在成品中往往会出现不合格品——过火砖和欠火砖。过火砖颜色深，敲击时声音清脆，强度高，吸水率小，耐久性好，易出现弯曲变形；欠火砖颜色浅，敲击时声音暗哑，强度低，吸水率大，耐久性差。

　　烧结页岩砖、烧结煤矸石砖和烧结粉煤灰砖的原料，要按照可塑性、内燃值等要求来确定黏土和粉煤灰或粉碎煤矸石或页岩的比例，其余工艺与烧结黏土砖基本相同。

　　(1) 烧结普通砖的技术性能指标　根据《烧结普通砖》（GB 5101—2003）规定，其主要技术性能如下。

　　1) 规格及尺寸允许偏差　烧结普通砖的公称尺寸是 240mm×115mm×53mm。通常将 240mm×115mm 面称为大面，240mm×53mm 面称为条面，115mm×53mm 面称为顶面。考虑砌筑灰缝厚度 10mm，则 4 匹砖长、8 匹砖宽、16 匹砖厚均为 1m，每立方米砖砌体理论上需用砖 512 块。烧结普通砖的尺寸允许偏差见表 7-1。

表 7-1　烧结普通砖的尺寸允许偏差（GB 5101—2003）　　　　　单位：mm

公称尺寸	优等品		一等品		合格品	
	样本平均偏差	样本极差 ≤	样本平均偏差	样本极差 ≤	样本平均偏差	样本极差 ≤
240	±2.0	6	±2.5	7	±3.0	8
115	±1.5	5	±2.0	6	±2.5	7
53	±1.5	4	±1.6	5	±2.0	6

　　2) 外观质量　烧结普通砖的外观质量应符合表 7-2 的规定。

表 7-2　烧结普通砖的外观质量（GB 5101—2003）　　　　　单位：mm

项　目		优等品	一等品	合格品
两条面高度差　≤		2	3	4
弯曲　≤		2	3	4
杂质凸出高度　≤		2	3	4
缺棱掉角的三个破坏尺寸　不得同时大于		5	20	30
裂纹长度≤	a. 大面上宽度方向及其延伸至条面的长度	30	60	80
	b. 大面上长度方向及其延伸至顶面上水平裂纹的长度	50	80	100
整面① 　不得少于		两条面和两顶面	一条面和一顶面	—
颜色		基本一致	—	—

① 凡有下列缺陷之一者，不得称为完整面。
a) 缺损在条面或顶面上造成的破坏面尺寸同时大于 10mm×10mm。
b) 条面或顶面上裂纹宽度大于 1mm，其长度超过 30mm。
c) 压陷、粘底、焦花在条面或顶面上的凹陷或凸出超过 2mm，区域尺寸同时大于 10mm×10mm。
注：为装饰而施加的色差、凹凸纹、拉毛、压花等不算作缺陷。

　　3) 强度等级　烧结普通砖根据 10 块砖样抗压强度的检测结果，分为五个强度等级：MU30、MU25、MU20、MU15、MU10（检测方法详见 14.5 节）。在评定砖的强度等级时，若强度变异系数 $\delta \leq 0.21$ 时，采用平均值、标准值方法；若强度变异系数 $\delta > 0.21$ 时，则采用平均值、最小值方法。烧结普通砖强度等级见表 7-3。

表 7-3 烧结普通砖强度等级（GB 5101—2003）　　　　　单位：MPa

强度等级	抗压强度平均值 $\overline{f}$ ≥	变异系数 $\delta \leqslant 0.21$	变异系数 $\delta > 0.21$
		强度标准值 f_k ≥	单块最小抗压强度值 f_{min} ≥
MU30	30.0	22.0	25.0
MU25	25.0	18.0	22.0
MU20	20.0	14.0	16.0
MU15	15.0	10.0	12.0
MU10	10.0	6.5	7.5

4）泛霜与石灰爆裂　泛霜是指黏土原料中的可溶性盐类（如硫酸钠等）在砖使用过程中，随着砖内水分蒸发而在砖表面产生的盐析现象，一般为白色粉末、絮团或絮片状。泛霜不仅影响建筑物外观，还会造成砖表面粉化和脱落，破坏砖与砂浆的粘接，使建筑物墙体抹灰层剥落，严重的还可能降低墙体的承载力。标准中规定优等品无泛霜；一等品不允许出现中等泛霜；合格品不允许出现严重泛霜。

当原料土或掺入的内燃料中夹杂有石灰质成分，则在烧砖时被烧成过火石灰留在砖中。这些过火石灰在砖体内吸收水分消化时产生体积膨胀，导致砖发生胀裂破坏，这种现象称为石灰爆裂。石灰爆裂严重影响烧结砖的质量，并降低砌体强度。标准中规定优等品砖不允许出现最大破坏尺寸大于 2mm 的爆裂区域；一等品和合格品砖不允许出现最大破坏尺寸大于10mm 和 15mm 的爆裂区域。

5）抗风化性能　砖的抗风化性能是烧结普通砖耐久性的重要标志之一，对砖的抗风化性能要求应根据各地区的风化程度而定（风化程度的地区划分详见表 7-4）。通常以其抗冻性、吸水率及饱和系数等指标判别。抗冻性是指经 15 次冻融循环后不产生裂纹、分层、掉皮、缺棱、掉角等冻坏现象；且重量损失率≤2%。吸水率是指常温泡水 24h 的重量吸水率。饱和系数是指常温 24h 吸水率与 5h 沸煮吸水率之比。

表 7-4 风化程度的地区划分（GB 5101—2003）

严重风化区（风化指数≥12700）		非严重风化区（风化指数<12700）	
1. 黑龙江	11. 河北省	1. 山东省	11. 福建省
2. 吉林	12. 北京市	2. 河南省	12. 台湾省
3. 辽宁	13. 天津市	3. 安徽省	13. 广东省
4. 内蒙古自治区		4. 江苏省	14. 广西壮族自治区
5. 维吾尔自治区		5. 湖北省	15. 海南省
6. 宁夏回族自治区		6. 江西省	16. 云南省
7. 甘肃省		7. 浙江省	17. 西藏自治区
8. 青海省		8. 四川省	18. 上海市
9. 陕西省		9. 贵州省	19. 重庆市
10. 山西省		10. 湖南省	

注：风化指数是指日气温从正温降至负温或负温升至正温的每年平均天数与每年从霜冻之日起至消失霜冻之日止这一期间降雨总量（以 mm 计）的平均值的乘积。

（2）烧结普通砖的应用　主要用来砌筑建筑物的内外墙、柱、窑炉、烟囱、沟道与基础等，以及在砌体中配置适当钢筋或钢筋网代替钢筋混凝土过梁和柱。在应用时，必须认识到砖砌体的强度不仅取决于砖的强度，而且受砂浆性质的影响。因此，在砌筑时除了要合理配制砂浆外，还要使砖润湿。

7.1.1.2　烧结多孔砖和多孔砌块、烧结空心砖和空心砌块

近年来随着墙体材料逐渐向轻质化、多功能方向发展，推广和使用多孔砖和多孔砌块、

空心砖和空心砌块，一方面不仅可以减少黏土的消耗量，节约耕地，减轻墙体自重，降低造价；另一方面也可以较大程度地提高墙体保温隔热性能和吸声性能。

烧结多孔砖和多孔砌块、空心砖和空心砌块的主要原料、生产工艺与烧结普通砖相同，但由于坯体有孔洞，增加了成型的难度，因此对原材料的可塑性要求较高。

（1）烧结多孔砖和多孔砌块 根据《烧结多孔砖和多孔砌块》（GB 13544—2011）规定，其主要技术性能如下。

1）形状尺寸 烧结多孔砖为直角六面体。长度为 290、240mm；宽度为 190mm、180mm、140mm、115mm；高度为 90mm；多孔砌块长度为 490mm、440mm；宽度为 390mm、340mm、290mm、240mm、190mm、180mm、140mm、115mm；高度为 90mm 尺寸偏差见表 7-5。其他规格尺寸由供需双方协商确定。

表 7-5 烧结多孔砖和多孔砌块的尺寸偏差（GB 13544—2011） 单位：mm

尺寸	样本平均偏差	样本极差 ≤
>400	±3.0	10.0
300～400	±2.5	9.0
200～300	±2.5	8.0
100～200	±2.0	7.0
<100	±1.5	6.0

2）强度等级 烧结多孔砖和多孔砌块抗压强度分为 MU30、MU25、MU20、MU15、MU10 五个强度等级符合表 7-6 的规定。

表 7-6 烧结多孔砖和多孔砌块的强度等级（GB 13544—2011） 单位：MPa

强度等级	抗压强度平均值 $\overline{f}\geqslant$	强度标准值 $f_k\geqslant$
MU30	30.0	22.0
MU25	25.0	18.0
MU20	20.0	14.0
MU15	15.0	10.0
MU10	10.0	6.0

3）外观质量、孔型孔结构及空洞率 外观质量见表 7-7。

表 7-7 烧结多孔砖和多孔砌块的外观质量（GB 13544—2011） 单位：mm

项目		指标
1. 完整面	不得少于	一致
2. 缺棱掉角的三个破坏尺寸	不得同时大于	30
3. 裂纹长度		
a) 大面（有孔面）上深入孔壁 15mm 以上宽度方向及其延伸到条面的长度	不大于	80
b) 大面（有孔面）上深入孔壁 15mm 以上长度方向及其延伸到顶面的长度	不大于	100
c) 条顶面上的水平裂纹	不大于	100
4. 杂质在砖或砌块面上造成的凸出高度	不大于	5

注：凡有下列缺陷之一者，不能称为完整面。

① 缺损在条面或顶面上造成的破坏面尺寸同时大于 20mm×30mm；

② 条面或顶面上裂纹宽度大于 1mm，其长度超过 70mm；

③ 压陷、焦花、粘底在条面或顶面上的凹陷或凸出超过 2mm，区域最大投影尺寸同时大于 20mm×30mm。

孔型孔结构及孔洞率应符合表7-8的规定。

表7-8　孔型孔结构及孔洞率（GB 13544—2011）

孔型	孔洞尺寸/mm		最小外壁厚/mm	最小肋厚/mm	孔洞率/%		孔洞排列
	孔宽度尺寸 b	孔长度尺寸 L			砖	砌块	
矩形条孔或矩形孔	≤13	≤40	≥12	≥5	≥28	≥33	1. 所有孔宽应相等。孔应采用单向或双向交错排列；2. 孔洞排列上下、左右应对称，分布均匀，手抓孔的长度方向尺寸必须平行于砖的条面。

注 1. 矩形孔的孔长 L/孔宽 b 满足式 $L \geq 3b$ 时，为矩形条孔。

2. 孔四个角应做成过渡圆角，不得做成直尖角。

3. 如设有砌筑砂浆槽，则砌筑砂浆槽不计算在孔洞率内。

4. 规格大的砖和砌块应设置手抓孔，手抓孔尺寸为 (30～40)mm×(75～85)mm。

烧结多孔砖和多孔砌块主要用于建筑物的承重墙体。

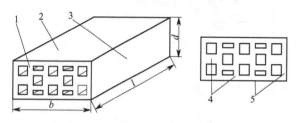

图7-1　烧结空心砖和空心砌块示意图
1—顶面；2—大面；3—条面；4—肋；5—壁；
l—长度；b—宽度；d—高度

（2）烧结空心砖和空心砌块　根据《烧结空心砖和空心砌块》（GB 13545—2014）规定，其主要技术性能如下。

1）形状与规格尺寸　烧结空心砖和空心砌块的外形为直角六面体，孔洞尺寸大而数量少，孔洞方向平行于大面和条面，在与砂浆的接合面上设有增加结合力的深度 2mm 以上的凹槽。如图7-1所示。

2）强度等级及密度等级　烧结空心砖和空心砌块根据其大面及条面抗压强度平均值和单块最小值分为 MU10.0、MU7.5、MU5.0、MU3.5 四个强度等级（表7-9）；按体积密度分为 800、900、1000、1100 四个密度级别。

表7-9　烧结空心砖和空心砌块的强度等级（GB 13545—2014）

强度等级	抗压强度/MPa			密度等级范围/(kg/m³)
	抗压强度平均值 f ≥	变异系数 $\delta \leq 0.21$	变异系数 $\delta > 0.21$	
		强度标准值 f_k ≥	单块最小抗压强度值 f_{min} ≥	
MU10.0	10.0	7.0	8.0	≤1100
MU7.5	7.5	5.0	5.8	
MU5.0	5.0	3.5	4.0	
MU3.5	3.5	2.5	2.8	

主要用于非承重墙，如多层建筑内隔墙或框架结构的填充墙等。

7.1.2　非烧结砖

不经焙烧而制成的砖均为非烧结砖。目前非烧结砖主要有蒸养（压）砖、混凝土普通砖、碳化砖等。

蒸养（压）砖通常以粉煤灰为主要原料，也可以加入矿渣、石灰、河砂做骨料，然后加入适量的白灰、石膏，经混合消解后，由压砖机压制成不同规格的砖坯，再送入蒸压釜内高压蒸汽养护而成。其具有轻质、保温、隔热、可加工、外形尺寸精确、强度高、抗压、抗折、抗冻融性能好等优点。既可用于框架结构的填充材料，也可用于承重墙，是替代传统黏土砖的理想产品，目前蒸养（压）砖在建筑工程中应用日益增多。

蒸养砖和蒸压砖属于硅酸盐制品，属于水硬性材料。主要产品有灰砂砖、粉煤灰砖及炉渣砖等。

（1）蒸压灰砂砖 蒸压灰砂砖（简称灰砂砖）是以石灰和砂为主要原料（允许掺入颜料和外加剂），经配料制备、压制成型、蒸压养护而成的实心砖。根据颜色可分为彩色（Co）和本色（N）蒸压灰砂砖。彩色砖的颜色要基本一致。

根据《蒸压灰砂砖》（GB 11945—1999）规定：砖的外形、公称尺寸与烧结普通砖相同；灰砂砖尺寸偏差见表 7-10。

表 7-10 灰砂砖尺寸偏差（GB 11945—1999）

项　　目		优等品	一等品	合格品
尺寸偏差/mm	长度 L	±2	±2	±3
	宽度 B	±2		
	高度 H	±1		
缺棱掉角	个数,不多于/个	1	1	2
	最大尺寸不得大于/mm	10	15	20
	最小尺寸不得大于/mm	5	10	10
对应高度差不得大于/mm		1	2	3
裂纹	条数,不多于/条	1	1	2
	大面上宽度方向及其延伸到条面的长度不得大于/mm	20	50	70
	大面上长度方向及其延伸到顶面上的长度或条、顶面水平裂纹的长度不得大于/mm	30	70	100

蒸压灰砂砖根据浸水 24h 后的抗压和抗折强度分为 MU25、MU20、MU15、MU10 四个强度等级。各等级强度值（检测方法详见 14.5）及抗冻性指标见表 7-11。

表 7-11 蒸压灰砂砖强度等级和抗冻性指标（GB 11945—1999）

强度等级	强度指标				抗冻性指标	
	抗压强度/MPa		抗折强度/MPa		冻后抗压强度平均值/MPa≥	单块砖干质量损失/%≤
	平均值≥	单块值≥	平均值≥	单块值≥		
MU25	25.0	20.0	5.0	4.0	20.0	2.0
MU20	20.0	16.0	4.0	3.2	16.0	
MU15	15.0	12.0	3.3	2.6	12.0	
MU10	10.0	8.0	2.5	2.0	8.0	

注：优等品的强度级别不得小于 MU15。

灰砂砖与其他墙体材料相比，强度较高，蓄热能力显著，隔声性能十分优越，属于不可燃建筑材料，可用于多层混合结构的承重墙体，其中 MU15、MU20、MU25 灰砂砖可用于基础及其他部位，MU10 可用于防潮层以上的建筑部位。由于灰砂砖中含有水化硅酸钙、氢氧化钙等不耐酸和耐热不稳定的组分，若长期受热会产生分解、脱水，甚至还会使石英发生晶型转变，因此灰砂砖不得用于长期受热（200℃以上）、受急冷急热和有酸性介质侵蚀的建筑部位，也不宜用于有流水冲刷的部位（砖中的氢氧化钙等组分流失）。

（2）蒸压粉煤灰砖　粉煤灰砖是以粉煤灰、石灰或水泥为主要原料，掺加适量石膏、外加剂、颜料和骨料等，经坯料制备、压制成型、高压或常压蒸汽养护而成。规格尺寸为 240mm×115mm×53mm；表观密度为 1500kg/m³；按抗压和抗折强度分为 MU30、MU25、MU20、MU15、MU10 五个强度等级。按外观质量、强度、抗冻性和干燥收缩分为优等品、一等品、合格品三个产品等级。各等级强度值及抗冻性指标见表 7-12。

粉煤灰砖用于工业与民用建筑的墙体和基础。不能用于长期受热（200℃以上）、受急冷急热交替作用和有酸性介质侵入的部位，也不宜用于有流水冲刷的部位。用粉煤灰砖砌筑的建筑物，应适当增设圈梁及伸缩缝或采取其他措施，以避免或减少收缩裂缝的产生。

表 7-12　粉煤灰砖强度等级和抗冻性指标（JC 239—2014）　　　　单位：MPa

强度等级	抗压强度		抗折强度	
	平均值≥	单块值最小值≥	平均值≥	单块值最小值≥
MU30	30.0	24.0	6.2	5.0
MU25	25.0	20.0	5.0	4.0
MU20	20.0	16.0	4.0	3.2
MU15	15.0	12.0	3.3	2.6
MU10	10.0	8.0	2.5	2.0

抗冻性见表 7-13。

表 7-13　粉煤灰砖抗冻性（JC 239—2014）

使用地区	抗冻指标	质量损失率	抗折强度损失率
夏热冬暖地区	D15		
夏热冬冷地区	D25	≤5%	≤25%
寒冷地区	D35		
严寒地区	D50		

（3）混凝土普通砖　混凝土普通砖（P），以水泥和普通骨料或轻骨料为主要原料，经原料制备、加压或振动加压、养护而制成，用于工业与民用建筑基础和墙体的实心砖（以下简称普通砖）。

根据《混凝土普通砖和装饰砖》（NY/T 671—2003）规定，混凝土普通砖规格尺寸为 240mm×115mm×53mm（其他规格由供需双方协商确定）；密度等级分为 500、600、700、800、900、1000、1200 七个等级；抗压强度分为 MU30、MU25、MU20、MU15、MU10、MU7.5、MU3.5 七个强度等级，强度等级小于 MU10 的砖只能用于非承重部位。强度、抗冻性能合格的砖，根据尺寸偏差、外观质量、吸水率分为优等品（A）、一等品（B）、合格品（C）三个质量等级。

复习思考题

1. 什么叫砌墙砖？分哪几类？
2. 如何鉴别欠火砖和过火砖？
3. 烧结普通砖的技术要求有哪些？
4. 烧结普通砖、多孔砖、空心砖各分几个强度等级？
5. 推广使用多孔砖和空心砖有何经济意义？

7.2 砌块

砌块是用于砌筑的人造块材，外形多为直角六面体，也有各种异形。其分类见表7-14。砌块系列中主要规格的长、宽、高有一项以上分别大于365mm、240mm 或115mm，但高度不大于长度或宽度的六倍，长度不超过高度的三倍。砌块是一种新型节能墙体材料，尺寸比砖大，施工方便，能有效提高劳动生产率，还可改善墙体功能。

表 7-14 砌块的分类

按尺寸分类/mm	按空心率大小分类	按主要原材料分类
大型砌块(高度大于980mm)	实心砌块(无孔洞或空心率<25%)	水泥混凝土砌块
中型砌块(高度为380~980mm)	空心砌块(空心率≥25%)	粉煤灰混凝土砌块
小型砌块(高度为115~380mm)		石膏砌块

7.2.1 蒸压加气混凝土砌块（ACB）

蒸压加气混凝土砌块是以钙质材料（水泥、石灰等）和硅质材料（矿渣和粉煤灰）加入铝粉（作加气剂），经蒸压养护而成的多孔轻质块体材料，简称加气混凝土。

根据《蒸压加气混凝土砌块》（GB 11968—2006）规定，加气混凝土规格尺寸见表7-15；抗压强度分为 A1.0、A2.0、A2.5、A3.5、A5.0、A7.5、A10.0 七个等级，见表7-16；干表观密度分为 B03、B04、B05、B06、B07、B08 六个等级，见表7-17。强度级别见表7-18。

表 7-15 蒸压加气混凝土砌块的规格尺寸 （GB 11968—2006）

项 目	a 系列		b 系列
长度/mm	600		600
宽度/mm	100、125、150	200、250、300	120、180、240
高度/mm	200	250	300

注：如需要其他规格，可由供需双方协商确定。

表 7-16 蒸压加气混凝土砌块各等级的抗压强度 （GB 11968—2006）

强度等级		A1.0	A2.0	A2.5	A3.5	A5.0	A7.5	A10.0
立方体抗压强度/MPa	平均值≥	1.0	2.0	2.5	3.5	5.0	7.5	10.0
	单块最小值≥	0.8	1.6	2.0	2.8	4.0	6.0	8.0

表 7-17　蒸压加气混凝土砌块的干表观密度（GB 11968—2006）

干表观密度级别		B03	B04	B05	B06	B07	B08
干密度	优等品（A）≤	300	400	500	600	700	800
	合格品（B）≤	325	425	525	625	725	825

表 7-18　砌块的强度级别（GB 11968—2006）

干密度级别		B03	B04	B05	B06	B07	B08
强度级别	优等品（A）	A1.0	A2.0	A3.5	A5.0	A7.5	A10.0
	合格品（B）			A2.5	A3.5	A5.0	A7.5

　　蒸压加气混凝土砌块常用品种有加气粉煤灰砌块、蒸压矿渣加气混凝土砌块。具有表观密度小、保温及耐火性好、易加工、抗震性好、施工方便的特点，适用于低层建筑的承重墙，多层建筑和高层建筑的隔离墙、填充墙及工业建筑物的围护墙体和绝热墙体。但在建筑的基础，处于浸水、高湿和化学侵蚀环境，温度长期高于 80℃ 的建筑部位，均不得采用加气混凝土砌块。加气混凝土外墙面应作饰面防护措施。

7.2.2　蒸养粉煤灰砌块（FB）

　　以粉煤灰、石灰、石膏和骨料为原料，经加水搅拌、振动成型、蒸汽养护而制成的一种密实砌块。主规格尺寸为 880mm×380mm×240mm 和 880mm×430 mm×240mm。强度等级按立方体抗压强度分为 MU10、MU13 两个等级。质量等级按外观质量、尺寸偏差分为一等品（B）、合格品（C），适用于一般建筑的围护墙。不适用于有酸性侵蚀介质、密封性要求高、易受较大震动的建筑物以及受高温和受潮的建筑部位。

7.2.3　普通混凝土小型砌块（NHB）

　　普通混凝土小型砌块是以水泥、矿物掺合料、砂、石、水等为原材料，经搅拌、振动成型、养护等工艺制成的小型砌块。

　　普通混凝土小型砌块简称小砌块，按空心率分为空心砌块（代号 H，空心率不小于 25%）和实心砌块（代号 S，空心率小于 25%）；按使用时砌筑墙体的结构和受力情况，分为承重结构用砌块（代号 L，简称承重砌块）、非承重结构用砌块（代号 N，简称非承重砌块）。常用混凝土小砌块的规格为 390mm×190（120、140、190、240、290）mm×190（140、190）mm。普通混凝土小型砌块强度等级见表 7-19；按其尺寸偏差，外观质量分为优等品（A）、一等品（B）及合格品（C）。

表 7-19　普通混凝土小型砌块强度等级（GB/T 8239—2014）　　　　单位：MPa

砌块种类	承重砌块（L）	非承重砌块（N）
空心砌块（H）	7.5、10.0、15.0、20.0、25.0	5.0、7.5、10.0
实心砌块（S）	15.0、20.0、25.0、30.0、35.0、40.0	10.0、15.0、20.0

　　普通混凝土小型砌块的技术要求主要包括尺寸偏差、外观质量、空心率、强度等级、吸水率（L 类不大于 10%；N 类不大于 14%）、线性干燥收缩值（L 类不大于 0.45mm/m；N

类不大于 0.65mm/m)、抗冻性(见表 7-20)等 11 个方面。

表 7-20 普通混凝土小型砌块抗冻性(GB/T 8239—2014)

使用条件	抗冻指标	质量损失率	强度损失率
夏热冬暖地区	D15		
夏热冬冷地区	D25	平均值≤5% 单块最大值≤10%	平均值≤20% 单块最大值≤30%
寒冷地区	D35		
严寒地区	D50		

注:使用条件应符合 GB 50176 的规定。

　　小砌块的特点是块大、体轻、高强、节约砂浆,增加房屋使用面积,砌筑方便,施工工效高,速度快,成本低,同时适应性强;多用于一般七层以下民用房屋及工业仓库、围护墙等工程上。但对小砌块质量要求严格,施工中必须精心作业,按设计要求和施工验收规范认真进行操作,确保不出现质量禁忌和工程质量事故。混凝土小型空心砌块在砌筑时一般不宜浇水,但在气候特别干燥炎热时,可在砌筑前稍喷水湿润。

 复习思考题

1. 什么叫砌块?砌块同砌墙砖相比有何优点?
2. 简述加气混凝土砌块和小型空心砌块的技术特性及其应用。

小 结

名 称			强度等级	应 用 范 围
烧结砖		烧结普通砖(页岩砖,粉煤灰砖,黏土砖和煤矸石砖)	MU30、MU25、MU20、MU15、MU10	主要用来砌筑建筑物的内外墙、柱、窑炉、烟囱、沟道与基础等,以及在砌体中配置适当钢筋或钢筋网代替钢筋混凝土过梁和柱
		烧结多孔砖和多孔砌块	MU30、MU25、MU20、MU15、MU10	主要用于建筑物的承重墙体
		烧结空心砖和空心砌块	MU10.0、MU7.5、MU5.0、MU3.5	主要用于非承重墙及框架结构的填充墙
非烧结砖	养护	混凝土普通砖	MU30、MU25、MU20、MU15、MU10、MU7.5、MU3.5	用于工业与民用建筑基础和墙体
	蒸养(压)砖	蒸压灰砂砖	MU25、MU20、MU15、MU10	可用于工业与民用建筑的墙体和基础。不得用于长期受热(高于 200℃)、受急冷急热交替作用和有酸性介质侵入的部位,也不宜用于有流水冲刷的部位
		蒸压粉煤灰砖	MU30、MU25、MU20、MU15、MU10	可用于工业与民用建筑的墙体和基础。粉煤灰砖不得用于长期受热(高于 200℃)、受急冷急热交替作用及有酸性介质侵蚀的部位,也不宜用于有流水冲刷的部位

续表

名　称	强度等级	应用范围
砌块 蒸压加气混凝砌块	A1.0、A2.0、A2.5、A3.5、A5.0、A7.5、A10	是用于低层建筑的承重墙,多层建筑的隔墙和高层框架结构的填充墙,也可用于一般工业建筑的围护墙
蒸养粉煤灰砌块	MU10、MU13	可用于一般工业与民用建筑的墙体与基础。但不宜用于长期受高温和经常受潮湿的建筑部位
混凝土小型砌块	MU3.5、MU5.0、MU7.5、MU10.0、MU15.0、MU20.0	混凝土小型砌块适用于一般工业与民用建筑的墙体

实 训 课 题

　　某工地送来一组烧结多孔砖,试评定该组砖的强度等级。试件成型养护 3d 后进行抗压试验,测得破坏荷载如下:

砖编号	1	2	3	4	5	6	7	8	9	10
破坏荷载/kN	297	392	315	321	376	283	340	412	219	334

　　要求: 1. 计算烧结多孔砖(尺寸为 240mm×115mm×90mm)抗压强度等级;

　　　　　2. 填写烧结多孔砖抗压强度原始记录及报告单。

第8章 建筑钢材

　　了解钢材的冶炼、加工和分类方法，掌握钢材的力学性能、工艺性能以及常用钢材的技术要求，了解钢材的锈蚀原因与防护方法。

教学目标

　　通过本章学习，掌握建筑钢材的主要性能及特点，能正确合理地选用钢材，会对建筑钢材的技术性能进行检测和评定。

　　钢材是应用最广泛的一种金属材料。建筑钢材是建筑工程中的主要材料之一，建筑工程中使用的各种钢材，包括钢结构用各种型材（如圆钢、角钢、工字钢、管钢）、板材；混凝土结构用钢筋、钢丝、钢绞线。钢材的优点是材质均匀、性能可靠、强度高，具有一定的塑性、韧性，能承受较大的冲击和振动荷载，可以焊接、铆接、螺栓连接，便于装配。由各种型材组成的钢结构，安全性大，自重较轻，适用于重型工业厂房、大跨结构、可移动的结构及高层建筑。

　　钢材的缺点是易锈蚀，维护费用大，耐火性差。

8.1　钢材的冶炼、分类及化学成分对钢性能的影响

8.1.1　钢的冶炼

　　在理论上凡含碳量在 2.06% 以下，含有害杂质较少的铁碳合金称为钢材（即碳钢）。

　　钢是由生铁冶炼而成。生铁是含碳量≥2.06% 的铁碳合金，其中磷、硫等杂质的含量较高。生铁硬脆，强度低，韧性和塑性差，耐腐蚀性强，不能进行焊接、锻造、轧制等加工，在建筑工程中很少使用。碳钢有良好的塑性，强度和韧度都高，可焊接、铆接等，加工性好。

　　钢的冶炼主要是将熔融的生铁进行高温氧化，使碳的含量降低到 2.06% 以下，杂质含量降低到允许范围之内。

　　在炼钢过程中，由于采用熔炼设备和方法不同，除去杂质的程度也不同，所得钢的质量也有较大的差别。目前国内广泛采用氧气转炉炼钢的方法，平炉炼钢法已基本淘汰。

（1）氧气转炉钢　以熔融状态的铁液为原料，加入转炉内，再通入纯氧气，铁液中的碳及某些杂质受高温氧化作用，从铁液中分离除去，再脱去残存氧，便得到氧气转炉钢。这种方法冶炼速度快，生产效率高，成本低，钢质量较好。用来炼制碳素钢、低合金钢。

（2）平炉钢　平炉炼钢法是以固体或液体生铁或废钢作原料，用煤气或重油在平炉内加热冶炼。这种方法容量大，熔炼时间长（4～12h），钢质量较好且稳定，但成本较高。用来炼制碳素钢、低合金钢。

（3）电炉钢　以电为能源迅速加热生铁或废钢原料，进行高温冶炼得到的钢。这种方法容积小，耗电大，控制严格，钢质量好。主要用于冶炼优质碳素钢及特殊合金钢。

由于钢在冶炼过程中要加入氧气，通过氧气作用除去杂质，所以冶炼后的钢水中，不可避免地存在以 FeO 形式存在的氧，所以冶炼后的钢水在注锭前必须加入脱氧剂进行脱氧处理，将氧化铁还原为金属铁。常用脱氧剂有锰铁、硅铁或铝等。脱氧剂与 FeO 反应生成 MnO、SiO_2 或 Al_2O_3 等氧化物，形成钢渣而被除去。

钢水经脱氧后浇入锭模的过程称为铸锭。

在铸锭冷却过程中，由于钢内某些元素在铁的液相中的溶解度高于固相，使这些元素向凝固较迟的钢锭中心集中，导致钢锭截面上分布不均，这种现象称为化学偏析，尤以硫、磷偏析最为严重。偏析现象对钢的质量影响很大，如塑性、强度、焊接性等。

8.1.2　钢的分类

8.1.2.1　按化学成分分类

（1）碳素钢　低碳钢（含碳量小于 0.25%）；中碳钢（含碳量 0.25%～0.6%）；高碳钢（含碳量大于 0.6%）。

（2）合金钢　低合金钢（合金元素总含量小于 5%）；中合金钢（合金元素总含量 5%～10%）；高合金钢（合金元素总含量大于 10%）。

8.1.2.2　按脱氧程度分类

（1）沸腾钢　仅用弱脱氧剂锰铁进行脱氧，是脱氧不完全的钢。钢水浇入锭模后，产生大量的 CO 气体外溢，引起钢水剧烈沸腾，故称为沸腾钢。沸腾钢组织不够致密，气泡含量较多，化学偏析较大，成分不均匀，质量较差，但成本较低。用 F 表示。

（2）镇静钢　用一定数量的硅、锰和铝等脱氧剂进行彻底脱氧，钢水浇注后平静地凝固，基本无气泡产生，故称镇静钢。镇静钢质量好，组织致密，化学成分均匀，力学性能好，但成本高。主要用于承受冲击荷载或其他重要结构。用 Z 表示。

（3）半镇静钢　其脱氧程度及钢的质量介于上述两者之间。用 b 表示。

8.1.2.3　按质量分类

（1）普通钢　含硫量介于 0.055%～0.065%；含磷量介于 0.045%～0.085%。

（2）优质钢　含硫量介于 0.03%～0.045%；含磷量介于 0.035%～0.040%。

（3）高级优质钢　含硫量介于 0.02%～0.03%；含磷量介于 0.027%～0.035%。

8.1.2.4　按用途分类

（1）结构钢　建筑工程用结构钢、机械制造用结构钢。

（2）工具钢　用于制作刀具、量具、模具等。

（3）特殊钢　不锈钢、耐酸钢、耐热钢、耐磨钢、磁钢等。

8.1.3 钢的化学成分对钢性能的影响

钢材中除基本元素铁和碳外，还含有少量的硅、锰、硫、磷、氧、氮以及一些合金元素等，这些元素来自炼钢原料、炉气及脱氧剂，在熔炼中无法除净。它们的含量决定了钢材的性能和质量。

（1）碳 是碳素钢的重要元素，当含碳量小于0.8%时，随着含碳量的增加，钢的抗拉强度和硬度提高，而塑性和韧性降低，同时，钢的冷弯、焊接及抗腐蚀等性能降低，并增加钢的冷脆性和时效敏感性。

（2）硅 是炼钢时用脱氧剂硅铁脱氧而残留在钢中的。硅是钢的主要合金元素，当硅的含量在1.0%以内时，可提高钢的强度，且对钢的塑性和冲击韧性无明显影响。因此在合金钢中，有时加入一定量的硅，作为合金元素以改善其力学性能。当硅的含量大于1.0%时，将会显著降低钢的塑性、韧性、可焊性，增加冷脆性和时效敏感性。

（3）锰 是炼钢时为了脱氧而加入的元素，也是钢的主要合金元素。在炼钢过程中，锰和钢中的硫、氧化合成MnS和MnO，入渣排除，起到脱氧去硫的作用。当锰的含量在0.8%～1%时，可显著提高强度和硬度，消除热脆性，并略微降低塑性和韧性。但当含量大于1%时，在提高强度的同时，会降低钢材的塑性、韧性和可焊性。

（4）磷 是钢中的有害元素，由炼钢原料带入，以夹杂物的形式存在于钢中。磷可显著降低钢的塑性和韧性，特别是低温下冲击韧性下降更为明显。这种现象称为冷脆性。磷还能使钢的冷弯性能降低，可焊性变坏。但磷可使钢材的强度、硬度、耐磨性、耐腐蚀性提高。

（5）硫 是钢中极为有害的元素，以夹杂物的形式存在于钢中。由于熔点低，易使钢材在热加工时内部产生裂痕，引起断裂，这种现象称为钢的热脆性。硫的存在还会导致钢材的冲击韧性、疲劳强度、可焊性及耐腐蚀性降低，即使微量存在也对钢有害，故钢材中应严格控制硫的含量。

（6）氧、氮 也是钢中的有害元素，它们显著降低钢材的塑性、韧性、冷弯性能和可焊性。

（7）铝、钛、钒、铌 它们都是炼钢时的强脱氧剂，也是最常用的合金元素。适量加入钢内能改善钢的组织，细化晶粒，显著提高强度和改善韧性。

 复习思考题

什么是碳素钢？合金钢？

8.2 建筑钢材的主要技术性能

钢材的性能主要包括力学性能、工艺性能和化学性能等。只有了解、掌握钢材的各种性能，才能正确、经济、合理地选择和使用钢材。

8.2.1 力学性能

力学性能又称机械性能，是钢材最重要的使用性能。钢材的主要力学性能有拉伸性能、冲击韧性、耐疲劳性等。

8.2.1.1 拉伸性能

拉伸性能是建筑钢材的主要受力方式，也是最重要的性能。钢材的拉伸性能可以通过室温下低碳钢（软钢）拉伸所得的应力-伸长率图来说明，见图8-1。

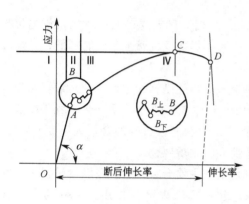

图 8-1　低碳钢受拉的应力-
伸长率示意图

从图中可见，低碳钢受力至拉断的过程可分为四个阶段：弹性阶段、屈服阶段、强化阶段和颈缩阶段。

（1）弹性阶段（OA）　在 OA 范围内，应力与伸长率成正比关系，即试件的应力与伸长率成正比例增长。如卸去外力，试件恢复原来的形状和尺寸，没有残留的永久变形。故称此阶段为弹性阶段。此阶段的变形称为弹性变形。弹性阶段的最高点 A 所对应的应力称为弹性极限，用 σ_p 表示。在弹性阶段，应力与应变的比值为常数，即弹性模量 $E = \sigma/\varepsilon$。弹性模量反映钢材抵抗弹性变形的能力，弹性模量 E 越大，抵抗变形的能力越强。

（2）屈服阶段（AB）　当应力超过 A 点后，应力与伸长率不再成正比关系，此时卸去外力，试件变形不能全部恢复，表明已出现塑性变形。在此阶段中，应力大致在一定的位置上波动，而变形迅速增加，似乎钢材承受不了外力而屈服，故称为屈服阶段。这是由于钢材在受力过程中晶格发生了滑移所致。$B_\perp$ 点是试样发生屈服而力首次下降前的最高应力，称为上屈服强度，用 R_{eH} 表示；$B_\top$ 点是最低点，称为下屈服点，用 R_{eL} 表示。以下屈服点作为钢材的屈服强度。

当钢材受力到达屈服点后，会出现较大塑性变形，虽尚未破坏，但已不能满足使用要求。由于 $B_\top$ 点较稳定易测，故一般结构设计中以下屈服强度作为钢材强度取值的依据。

（3）强化阶段（BC）　当应力超过屈服强度后，钢材内部组织产生晶格畸变，阻止晶格进一步滑移，钢材得到强化，抵抗外力的能力又重新提高。在这一阶段，伸长率随着应力的提高而增加，BC 呈上升曲线，称为强化阶段。最高点 C 的应力称为抗拉强度，用 R_m 表示。

抗拉强度是钢材受拉时所能承受的最大应力，是钢材抵抗破坏能力的重要指标。屈服强度与抗拉强度之比（R_{eL}/R_m）称为屈强比，反映钢材的利用率和结构安全可靠程度。屈强比越小，表明结构的可靠性越高，不易因局部超载而造成破坏；屈强比过小，表明钢材强度利用率偏低，造成浪费，不经济。建筑结构用钢合理的屈强比一般在 0.60～0.75 范围内。

（4）颈缩阶段（CD）　当试件受力达到 C 点后，抵抗变形的能力明显下降，塑性变形急剧增加，应力逐渐下降，试件薄弱处的截面积将显著缩小，产生"颈缩"现象，直到断裂。

将试件断裂后的两端拼合起来如图8-2，测定断后标距的残余伸长（$L_u - L_0$）与原始标距（L_0）之比的百分率，称为断后伸长率（A），按下式计算。

$$A = \frac{L_u - L_0}{L_0} \times 100\%$$

式中　L_u——拉断后标距的长度，mm；

　　　L_0——试件原始标距长度，mm。

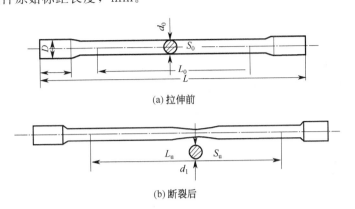

图 8-2　试件拉伸前和断裂后标距长度示意图

断后伸长率（A）是表明钢材塑性变形能力的重要指标，A 越大说明钢材的塑性越好。

由于发生颈缩，塑性变形在试件标距内的分布是不均匀的。颈缩处的伸长值最大，原标距越长，颈缩处伸长值在整个伸长值中的比重越小，因而计算的伸长率会小些。

根据《金属材料　室温拉伸试验方法》（GB/T 228—2002）规定，对于比例试样，若原始标距不为 $5.65\sqrt{S_0}$（S_0 为平行长度的原始横截面积，$5.65\sqrt{S_0}=5\sqrt{\dfrac{4S_0}{\pi}}=5d$，即为 5 倍钢筋直径），符号 A 应附以下脚注说明所使用的比例系数。例如：$A_{11.3}$ 表示原始标距（L_0）为 $11.3\sqrt{S_0}$ 的断后伸长率。对于非比例试样，符号 A 应附以下脚注说明所使用的原始标距，以 mm 表示，例如 A_{80mm} 表示原始标距为 80mm 的断后伸长率。

原则上只有断裂处在原始标距中间三分之一范围内方为有效。但断后伸长率 A 大于或等于国标相应的规定值时，不管断裂位置处于何处，测量均为有效。

断面收缩率 Z 是指试件拉断后颈缩处横截面积的最大缩减量与原始横截面积之比的百分率，是表示钢材塑性变形能力的指标之一。Z 越大，则钢材的塑性越好。按下式计算。

$$Z=\frac{S_0-S_u}{S_0}\times100\%$$

式中　S_0——试件的原始横截面积，mm^2；

　　　S_u——试件拉断后最小横截面积，mm^2。

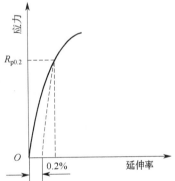

图 8-3　中碳钢、高碳钢的应力-延伸率示意图

中碳钢与高碳钢（硬钢）的拉伸曲线与低碳钢不同，无明显屈服阶段而难以测定屈服点，通常以发生残余变形为原标距长度 0.2% 时的应力作为屈服强度，用 $R_{p0.2}$ 表示。见图 8-3。

8.2.1.2　冲击韧性

钢材抵抗冲击荷载而不破坏的能力称为冲击韧性，它是通过冲击检测来确定的。以试件冲断缺口处单位面积上所消耗的功（J/cm^2）来表示，其符号为 α_K。检测时将试件放置在固定支座上，将摆锤举起一定高度，然后使摆锤自由落下，冲击带 V 形缺口试件的背面，使试件承受冲击弯曲而断裂，见图 8-4。α_K 值越大，钢材的冲击韧性越好。按下式计算。

$$\alpha_K = \frac{A_K}{A}$$

式中　α_K——冲击韧性，J/cm^2；

　　　A_K——击断试件所消耗的冲击功，J；

　　　A——检测前试件刻度槽处的横截面积，cm^2。

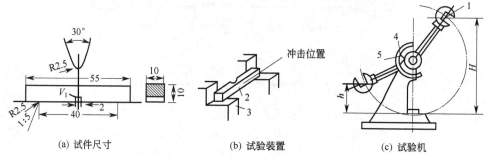

图 8-4　冲击韧性检测示意图（单位：mm）

1—摆锤；2—试件；3—试验台；4—刻度盘；5—指针

影响钢材冲击韧性的因素很多，如化学成分、组织状态、冶炼、轧制质量、环境温度、时效等。当钢材内硫、磷的含量高，存在化学偏析，含有非金属夹杂物及焊接形成的微裂纹

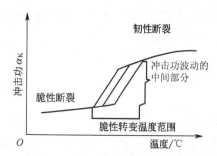

图 8-5　钢的脆性转变温度示意图

时，都会使冲击韧性显著降低。试验表明，冲击韧性随温度的降低而下降，开始时下降缓慢，呈韧性断裂，当温度降低达到某一温度范围时，α_K 突然急剧下降而使钢材呈脆性断裂，这种性质称为冷脆性，发生冷脆性时的温度（范围）称为脆性临界温度（见图 8-5）。脆性临界温度越低，钢材的低温冲击性能越好。所以在负温下使用的结构，应当选用脆性临界温度比环境最低温度低的钢材。由于脆性临界温度的测定较复杂，故通常规定根据气温条件测定
—20℃或—40℃的冲击韧性。

8.2.2　工艺性能

建筑钢材在使用前，大多需要进行一定形式的加工。良好的工艺性能可以保证钢材顺利通过各种加工，使钢材制品的质量不受影响。冷弯、冷拉、冷拔及焊接性能均是建筑钢材的重要工艺性能。

（1）冷弯性能　指钢材在常温下承受弯曲变形的能力。一般用弯曲角度 α 以及弯心直径 d 与试件厚度 a（或直径）的比值 d/a 来表示。见图 8-6。检测时采用的弯曲角度越大，弯心直径与试件厚度（或直径）的比值越小，表示对冷弯性能的要求越高。

冷弯检测是将钢材按规定的弯曲角度和弯心直径进行弯曲，若弯曲后试件弯曲处无裂纹、起层及断裂现象，即认为冷弯性能合格；否则为不合格。

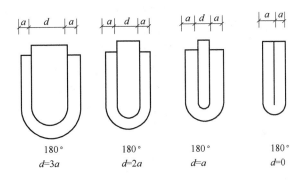

图 8-6 钢材冷弯规定弯心示意图

钢筋在弯曲过程中，受弯部位产生局部不均匀的塑性变形，有助于暴露钢材的某些内部缺陷，如是否存在组织不均匀、内应力和夹杂物等。冷弯检测对焊接质量也是一种严格的检验，能反映焊件在受弯表面存在未融合、微裂纹及夹杂物等缺陷。

（2）钢材的可焊性　可焊性是指钢材在通常的焊接方法和工艺条件下获得良好焊接接头的性能。

建筑工程中的钢结构有 90% 以上是焊接结构。可焊性好的钢材焊接后不易形成裂纹、气孔、夹渣等缺陷，焊头牢固可靠，焊缝及附近过热区的性能不低于母材的力学性能，尤其是强度不低于母材，硬脆倾向小。

钢的可焊性主要受化学成分及其含量影响。一般含碳量越高，可焊性越低。含碳量小于 0.25% 的低碳钢具有优良的可焊性。钢材中加入合金元素如硅、锰、钒、钛等，将加大焊接硬脆性，降低可焊性，特别是硫的含量较多时，会使焊缝产生热裂纹，严重降低焊接质量。

为了改善高碳钢及合金钢的可焊性，焊接时一般应采用焊前预热及焊后热处理等措施。钢筋在焊接时应注意：冷拉钢筋的焊接应在冷拉之前进行；焊接部位应清除铁锈、熔渣、油污等；应尽量避免不同国家的进口钢筋之间或进口钢筋与国产钢筋之间的焊接。

 复习思考题

1. 建筑钢材有哪些主要性质？每种性质用何种指标表示？有何实际意义？
2. 什么叫屈强比？在工程中的实际意义是什么？

8.3 钢材的冷加工与时效

在建筑工地或钢筋混凝土预制构件厂，常将钢材进行冷加工来提高钢筋屈服点，节约钢材。

8.3.1 冷加工强化

将钢材在常温下进行冷拉、冷拔、冷轧使钢材产生塑性变形，从而使强度和硬度提高，塑性、韧性和弹性模量明显下降，这种过程称为冷加工强化。通常冷加工变形越大，则强化越明显，即屈服强度提高越多，而塑性和韧性下降也越大。见图 8-7。

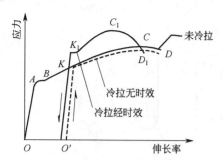

图 8-7 钢筋经冷拉时效后应力-
伸长率示意图

（1）冷拉 将热轧钢筋用冷拉设备加力进行张拉，使之伸长。钢材经冷拉后，屈服强度提高 20%～30%，节约钢材 10%～20%。但屈服阶段缩短，伸长率降低，材质变硬。

（2）冷拔 将光面圆钢筋通过硬质钨合金拔丝模孔强行拉拔，每次拉拔断面缩小应在 10% 以下。钢筋在冷拔过程中不仅受拉，同时还受到挤压作用，因而冷拔的作用比单纯的冷拉作用强烈。经过一次或多次冷拔后的钢筋，表面光洁度高，屈服强度提高 40%～60%，但塑性大大降低，具有硬钢的性质。

8.3.2 时效强化

冷加工后的钢材随时间的延长，强度、硬度提高，塑性、韧性下降的现象称为时效强化。钢材经冷加工后，在常温下存放 15～20d 或加热至 100～200℃，保持 2h 左右，其屈服强度、抗拉强度及硬度都进一步提高，而塑性、韧性继续降低。前者称为自然时效，后者称为人工时效。通常，强度较低的钢筋宜采用自然时效，强度较高的钢筋则应采用人工时效。钢材经冷加工及时效后，其应力-伸长率关系变化的规律见图 8-7。

在图中 $OABCD$ 为未经冷拉和时效试件的应力-伸长率曲线。当试件冷拉至超过屈服强度的任意一点 K，卸去荷载，此时由于试件已产生塑性变形，则曲线沿 KO' 下降，KO' 大致与 AO 平行。如立即再拉伸，曲线将沿 $O'KCD$（虚线）变化，屈服强度由 B 点提高到 K 点。但如在 K 点卸荷后进行时效处理再拉伸，则应力-伸长率曲线将成为 $O'K_1C_1D_1$ 曲线。这表明冷拉时效后，屈服强度和抗拉强度均得到提高，但塑性和韧性则相应降低。

因时效导致钢材性能改变的程度称为时效敏感性。时效敏感性越大的钢材，经时效后，其冲击韧性值降低越显著。因此，对于受到振动冲击荷载作用的重要结构（如吊车梁、桥梁等），应选用时效敏感性小的钢材。

  复习思考题

什么叫钢筋的冷加工和时效？冷加工时效后钢材的性质发生了哪些变化？

8.4 建筑钢材的标准与选用

目前我国建筑钢材主要采用碳素结构钢和低合金高强度结构钢，本节主要介绍这两大钢种。

8.4.1 碳素结构钢

8.4.1.1 碳素结构钢的牌号表示方法

根据《碳素结构钢》（GB/T 700—2006）的规定，牌号由代表屈服强度的字母、屈服强度数值、质量等级符号、脱氧方法符号等四部分按顺序组成。其中以"Q"代表屈服强度；屈服强度数值分别为195MPa、215MPa、235MPa和275MPa四种；质量等级以硫、磷等杂质含量由多到少，分别由A、B、C、D符号表示；脱氧方法以F表示沸腾钢、b表示半镇静钢、Z和TZ分别表示镇静钢和特种镇静钢；Z和TZ在钢的牌号中予以省略。如Q235-AF，表示屈服强度为235MPa的A级沸腾钢。

8.4.1.2 技术要求

各牌号钢的化学成分、力学性能、工艺性能见表8-1～表8-3。

表8-1 碳素结构钢的化学成分（GB/T 700—2006）

牌号	统一数字代号	等级	厚度或直径/mm	化学成分含量不大于/%					脱氧方法
				C	Mn	Si	S	P	
Q195	U11952	—	—	0.12	0.50	0.30	0.040	0.035	F、Z
Q215	U12152	A	—	0.15	1.20	0.35	0.050	0.045	F、Z
	U12155	B					0.045		
Q235	U12352	A	—	0.22	1.40	0.35	0.050	0.045	F、Z
	U12355	B		0.20			0.045		
	U12358	C		0.17			0.040	0.040	Z
	U12359	D					0.035	0.035	TZ
Q275	U12752	A	—	0.24	1.50	0.35	0.050	0.045	Z
	U12755	B	≤40	0.21			0.045	0.045	
			>40	0.22					
	U12758	C	—	0.20			0.040	0.040	Z
	U12759	D					0.035	0.035	TZ

注：表中为镇静钢、特殊镇静钢牌号的统一数字，沸腾钢牌号的统一数字代号如下。Q195F——U11952；Q215AF——U12150，Q215BF——U12153；Q235AF——U12350，Q235BF——U12353；Q275AF——U12750；经需方同意，Q235B的碳含量可不大于0.22%。

表8-2 碳素结构钢的力学性能（GB/T 700—2006）

牌号	等级	拉 伸 试 验													冲击试验	
		屈服强度 R_{eH}/MPa≥						抗拉强度 R_m/MPa	断后伸长率 A/%≥					冲击温度/℃	冲击吸收功(纵向)/J 不小于
		钢材厚度(或直径)/mm							厚度(或直径)/mm						
		≤16	16～40	40～60	60～100	100～150	150～200		≤40	40～60	60～100	100～150	150～200		
Q195	—	195	185	—	—	—	—	315～430	33	—	—	—	—	—	—
Q215	A	215	205	195	185	175	165	335～450	31	30	29	27	26	—	—
	B													20	27
Q235	A	235	225	215	215	195	185	370～500	26	25	24	22	21	—	—
	B													+20	27
	C													0	
	D													−20	

续表

牌号	等级	拉 伸 试 验												冲击试验	
		屈服强度 R_{eH}/MPa≥						抗拉强度 R_m/MPa	断后伸长率 A/%≥					温度/℃	冲击吸收功(纵向)/J 不小于
		钢材厚度(或直径)/mm							厚度(或直径)/mm						
		≤16	16~40	40~60	60~100	100~150	150~200		≤40	40~60	60~100	100~150	150~200		
Q275	A	275	265	255	245	225	215	410~540	22	21	20	18	17	—	—
	B													+20	27
	C													0	
	D													−20	

注：Q195 的屈服强度值仅供参考，不作交货条件。厚度大于 100mm 的钢材，抗拉强度下限允许降低 20MPa，宽带钢（包括剪切钢板）抗拉强度上限不作交货条件。厚度小于 25mm 的 Q235 级钢材，如供方能保证冲击吸收功值合格，经需方同意，可不做试验。

表 8-3　碳素结构钢的工艺性能（GB/T 700—2006）

牌号	试样方向	冷弯试验 $b=2a$,180°	
		钢材厚度(直径)/mm	
		≤60	60~100
		弯心直径	
Q195	纵	0	—
	横	0.5a	
Q215	纵	0.5a	1.5a
	横	a	2a
Q235	纵	a	2a
	横	1.5a	2.5a
Q275	纵	1.5a	2.5a
	横	2a	3a

注：b 为试样宽度，a 为钢材厚度（或直径）；钢材厚度（或直径）大于 100mm 时，弯曲试验由双方协商确定。

在建筑工程中应用最广泛的是碳素钢 Q235。它有较高的强度，良好的塑性、韧性和可焊性，综合性能好，能满足一般钢结构和钢筋混凝土用钢要求，成本较低。用 Q235 可轧制成各种型材、钢板、管材和钢筋。

Q195、Q215 号钢，强度低，塑性和韧性较好，易于冷加工，常用作钢钉、铆钉、螺栓、铁丝等。Q215 号钢经冷加工后可代替 Q235 号钢使用。

Q275 号钢，强度较高，但韧性、塑性较差，可焊性也较差，不易焊接和冷弯加工，可用于轧制带肋钢筋做螺栓配件等，但更多用于机械零件和工具等。

8.4.1.3　优质碳素钢

根据《优质碳素结构钢》（GB/T 699—1999）的规定，将优质碳素钢划分为 31 个牌号。优质碳素钢的牌号由平均含碳量的万分数表示，含锰量较高时，在牌号的后面加注 Mn，若是沸腾钢，则在数字后面加注 F。例如：45Mn 表示平均含碳量为 0.45% 的较高含锰量的镇静钢；10F 则表示平均含碳量为 0.10% 的普通含锰量的沸腾钢。

优质碳素钢大部分为镇静钢，钢材中硫、磷等有害杂质控制较严，质量较稳定，综合性能好，但成本较高，建筑上使用不多。优质碳素钢的性能主要取决于含碳量，含碳量越高，则强度越高，但塑性和韧性降低。30～45 钢主要用于重要结构的钢铸件和高强度螺栓等，45 钢用于制作预应力混凝土中的锚具，65～80 钢用于生产预应力混凝土用钢丝和钢绞线。

8.4.2 低合金高强度结构钢

低合金结构钢是在碳素结构钢的基础上，添加少量的一种或几种合金元素（总含量小于5%）的一种结构钢。所加元素主要有锰、硅、钒、钛、铌、铬、镍及稀土元素，其目的是为了提高钢的屈服强度、抗拉强度、耐磨性、耐腐蚀性及耐低温性能等。因此，它是综合性能较为理想的建筑钢材，尤其在大跨度、承受动荷载和冲击荷载的结构中更适用。另外，比碳素钢节约钢材 20%～30%，而成本增加不多。

8.4.2.1 低合金钢的牌号表示方法

《低合金高强度结构钢》（GB 1591—2008）规定，牌号的表示方法由代表屈服强度的字母 Q、屈服强度数值、质量等级（分 A、B、C、D、E 五级）三个部分组成。如 Q345-D，表示屈服强度为 345MPa 的 D 级钢。根据屈服强度数值共分有八个牌号，见表 8-4。

8.4.2.2 技术要求

低合金高强度结构钢的牌号、化学成分、力学性能及工艺性能见表 8-4～表 8-6。

表 8-4 低合金高强度结构钢的化学成分（GB/T 1591—2008）

牌号	质量等级	化学成分														
		C	Mn	Si	P	S	V	Nb	Ti	Cr	Ni	Cu	N	Mo	B	Als①
		含量不大于														
Q345	A	≤0.20	≤1.70	≤0.50	0.035	0.035	0.15	0.07	0.20	0.30	0.50	0.30	0.012	0.10	—	—
	B				0.035	0.035										
	C				0.030	0.030										0.015
	D	0.18			0.030	0.025										
	E				0.025	0.020										
Q390	A	≤0.20	≤1.70	≤0.50	0.035	0.035	0.20	0.07	0.20	0.30	0.50	0.30	0.015	0.10	—	—
	B				0.035	0.035										
	C				0.030	0.030										0.015
	D				0.030	0.025										
	E				0.025	0.020										
Q420	A	0.20	≤1.70	≤0.50	0.035	0.035	0.20	0.07	0.20	0.30	0.80	0.30	0.015	0.20	—	—
	B				0.035	0.035										
	C				0.030	0.030										0.015
	D				0.030	0.025										
	E				0.025	0.020										
Q460	C	≤0.20	≤1.80	≤0.50	0.030	0.030	0.20	0.11	0.20	0.30	0.80	0.55	0.015	0.20	0.004	0.015
	D				0.030	0.025										
	E				0.025	0.020										
Q500	C	≤0.20	≤1.80	≤0.60	0.030	0.030	0.12	0.11	0.20	0.60	0.80	0.55	0.015	0.20	0.004	0.015
	D				0.030	0.025										
	E				0.025	0.020										
Q550	C	≤0.18	≤2.00	≤0.60	0.030	0.030	0.12	0.11	0.20	0.80	0.80	0.80	0.015	0.30	0.004	0.015
	D				0.030	0.025										
	E				0.025	0.020										

续表

牌号	质量等级	化学成分														
		C	Mn	Si	P	S	V	Nb	Ti	Cr	Ni	Cu	N	Mo	B	Als①
		含量不大于														
Q620	C D E	≤0.18	≤2.00	≤0.60	0.030 0.030 0.025	0.030 0.025 0.020	0.12	0.11	0.20	1.00	0.80	0.80	0.015	0.30	0.004	0.015
Q690	C D E	≤0.18	≤2.00	≤0.60	0.030 0.030 0.025	0.030 0.025 0.020	0.12	0.11	0.20	1.00	0.80	0.80	0.015	0.30	0.004	0.015

① 指酸溶铝。

注：型材及棒材 P、S 含量可提高 0.005%，其中 A 级钢上限可为 0.045%；当细化晶粒元素组合加入时，20（Nb＋V＋Ti）≤0.22%，20（Mo＋Cr）≤0.30%。

表 8-5　低合金高强度结构钢的拉伸性能（GB/T 1591—2008）

牌号	质量等级	以下公称厚度(直径,边长/mm) 下屈服强度 R_{el}/MPa			以下公称厚度(直径,边长/mm) 下抗拉强度 R_m/MPa		断后伸长率 A/% 公称厚度(直径,边长)/mm	
		≤16	16～40	40～63	≤40	40～63	≤40	40～63
Q345	A B C D E	≥345	≥335	≥325	470～630	470～630	≥20 (A,B) ≥21 (C,D,E)	≥19 (A,B) 20 (C,D,E)
Q390	A B C D E	≥390	≥370	≥350	490～650	490～650	≥20	≥19
Q420	A B C D E	≥420	≥400	≥380	520～680	520～680	≥19	≥18
Q460	C D E	≥460	≥440	≥420	550～720	550～720	≥17	≥16
Q500	C D E	≥500	≥480	≥470	610～770	600～760	≥17	≥17
Q550	C D E	≥550	≥530	≥520	670～830	620～810	≥16	≥16

牌号	质量等级	以下公称厚度（直径，边长/mm）下屈服强度 R_{el}/MPa			以下公称厚度（直径，边长/mm）下抗拉强度 R_m/MPa		断后伸长率 A/% 公称厚度（直径，边长）/mm	
		≤16	16~40	40~63	≤40	40~63	≤40	40~63
Q620	C	≥620	≥600	≥590	710~880	690~880	≥15	≥15
	D							
	E							
Q690	C	≥690	≥670	≥660	770~940	750~920	≥14	≥14
	D							
	E							

注：钢材厚度大于63mm的拉伸性能省略。

表8-6 低合金高强度结构钢的冲击韧性和工艺性能（GB/T 1591—2008）

牌号	质量等级	试验温度/℃	冲击吸收能量（KV2 纵向）/J 公称厚度（直径、边长）/mm			180°弯曲试验，d—弯心直径；a—试件厚度（直径）钢材厚度（直径、边长）/mm	
			12~150	150~250	250~400	≤16	16~100
Q345	B	20	≥34	≥27	—	2a	3a
	C	0					
	D	−20			27		
	E	−40					
Q390	B	20	≥34	—	—		
	C	0					
	D	−20					
	E	−40					
Q420	B	20	≥34	—	—	2a	3a
	C	0					
	D	−20					
	E	−40					
Q460	C	0	≥34				
	D	−20					
	E	−40					
Q500、Q500、Q620、Q690	C	0	≥55	—	—	—	—
	D	−20	≥47				
	E	−40	≥31				

注：冲击试验取纵向试样；弯曲试验中宽度不小于600mm扁平材，拉伸试验取横向试样。宽度小于600mm的扁平材、型材及棒材取纵向试样。

在钢结构中常采用低合金高强度结构钢轧制型钢、钢板，采用低合金高强度结构钢，可减轻结构重量，延长使用寿命，特别是大跨度、大柱网结构采用这种钢材，技术经济效果更显著。在重要的钢筋混凝土结构或预应力钢筋混凝土结构中主要应用低合金钢加工成的热轧带肋钢筋。

 复习思考题

1. 碳素结构钢的牌号如何表示？Q235-A·F 表示什么含意？
2. 低合金高强度结构钢牌号如何表示？为什么工程中广泛使用低合金高强度结构钢？

8.5 建筑钢材的品种与选用

建筑钢材可分为钢筋混凝土结构用钢和钢结构用钢。

钢筋混凝土结构用钢筋和钢丝，主要由碳素结构钢和低合金结构钢轧制而成。主要品种有热轧钢筋、冷加工钢筋、热处理钢筋、预应力混凝土用钢丝及钢绞线。按直条或盘条供货。

8.5.1 钢筋混凝土用钢

8.5.1.1 热轧钢筋

是指用加热钢坯轧制的条形成品钢筋。主要用于钢筋混凝土和预应力混凝土结构的配筋。按其外形分为热轧光圆钢筋、热轧带肋钢筋。

（1）热轧光圆钢筋 热轧光圆钢筋有 HPB235、HPB300 两个牌号，是用 Q235 碳素结构钢轧制而成，钢筋的公称直径范围为 6~22mm。HPB235、HPB300 级钢筋，属于低强度钢筋，具有塑性好、伸长率高、便于弯折成型、容易焊接等特点。它的使用范围很广，可用于中、小型钢筋混凝土结构的主要受力钢筋，构件的箍筋和构造筋，钢、木结构的拉杆等。其力学性能及工艺性能见表 8-7。

表 8-7 热轧光圆钢筋的力学性能及工艺性能（GB 1499.1—2008）

牌号	R_{eL}/MPa	R_m/MPa	$A/\%$	$A_{gt}/\%$	冷弯试验 180°（d—弯心直径；a—钢筋公称直径）
	$\geqslant$				
HPB235	235	370	25.0	10.0	$d=a$
HPB300	300	420			

注：1. 根据供需双方协议，伸长率可从 A 或 A_{gt} 中选定。如未经协议确定，则伸长率采用 A，仲裁检验时采用 A_{gt}。
2. A_{gt} 为最大力总伸长率。

（2）热轧带肋钢筋 热轧带肋钢筋通常为圆形横截面，表面带有两条纵肋和沿长度方向均匀分布的横肋，横肋为月牙肋，其粗糙的表面可提高混凝土与钢筋的握裹力。月牙肋钢筋具有生产简便、强度高、应力集中敏感性小、抗疲劳性能好等优点。

热轧钢筋按屈服强度特征值分为 335、400、500 级，根据钢筋的质量（晶粒）不同，又分为普通热轧钢筋和细晶粒热轧钢筋两种类型。《钢筋混凝土用热轧带肋钢筋》（GB 1499.2—2007）的力学性能与工艺性能见表 8-8、表 8-9。H、R、B 分别为热轧、带肋、钢筋三个词的英文首位字母，F 为细晶粒中细的英文首位字母。月牙肋钢筋表面及截面形状见图 8-8。

表 8-8　热轧带肋钢筋的力学性能（GB 1499.2—2007）

牌号	R_{eL}/MPa	R_m/MPa	A/%	A_{gt}/%
	≥			
HRB335 HRBF335	335	455	17	7.5
HRB400、HRBF400	400	540	16	
HRB500、HRBF500	500	630	15	

表 8-9　热轧带肋钢筋的工艺性能（GB 1499.2—2007）

牌号	公称直径 d/mm	冷弯试验	
HRB335、HRBF335	6～25	180°	3d
	28～40		4d
	40～50		5d
HRB400、HRBF400	6～25	180°	4d
	28～40		5d
	40～50		6d
HRB500、HRBF500	6～25	180°	6d
	28～40		7d
	40～50		8d

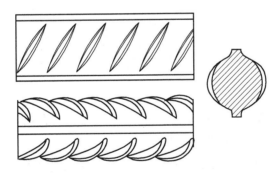

图 8-8　月牙肋钢筋表面及截面形状

　　HRB335 用低合金镇静钢或半镇静钢轧制，以硅、锰作为固溶强化元素，其强度较高，塑性较好，焊接性能比较理想。可作为钢筋混凝土结构的受力钢筋，比使用 HPB300 级钢筋可节省钢材 40%～50%。因此，广泛用于大、中型钢筋混凝土结构，如桥梁、水坝、港口工程和房屋建筑结构的主筋。将其冷拉后，也可用作结构的预应力钢筋。

　　HRB400 级钢筋主要性能与 HRB335 级钢筋大致相同。

　　HRB500 级钢筋用中碳低合金镇静钢轧制，其中除以硅、锰为主要合金元素外，还加入钒或钛作为固溶和析出强化元素，使之在提高强度的同时保证其塑性和韧性。它是房屋建筑工程的主要预应力钢筋。广泛用于预应力混凝土板类构件以及成束配置用于大型预应力建筑构件（如屋架、吊车梁等）。

　　（3）低碳钢热轧圆盘条　低碳钢热轧圆盘条是由屈服强度较低的碳素结构钢轧制的盘条，大多通过卷线机卷成盘卷供应，故称盘条、盘圆或线材。低碳钢热轧圆盘条大量用作钢筋混凝土构造配筋，还可供拉丝等深加工及其他一般用途。其牌号及力学性能见表 8-10。

表 8-10　低碳钢热轧圆盘条的力学性能（GB/T 701—2008）

牌号	抗拉强度 R_m/MPa	断后伸长率 $A_{11.3}$/%	冷弯试验 180°（d—弯心直径；a—钢筋直径）
	不小于	不小于	
Q195	410	30	$d=0$
Q215	435	28	$d=0$
Q235	500	23	$d=0.5a$
Q275	540	21	$d=0.5a$

8.5.1.2　冷轧带肋钢筋

是用低碳钢热轧圆盘条经冷轧后，在其表面带有沿长度方向均匀分布的两面或三面横肋的钢筋。《冷轧带肋钢筋》（GB 13788—2008）规定，冷轧带肋钢筋代号用 C、R、B 表示，分别为冷轧、带肋、钢筋。按抗拉强度划分为 CRB550、CRB650、CRB800、CRB970 四个牌号。CRB550 钢筋的公称直径范围为 4～12mm，CRB650 及以上牌号的公称直径为 4mm、5mm、6mm。其力学性能和工艺性能见表 8-11。

表 8-11　冷轧带肋钢筋的力学性能和工艺性能（GB 13788—2008）

牌号	$R_{p0.2}$/MPa ≥	R_m/MPa ≥	伸长率/%≥		弯曲试验 180°	反复弯曲次数	松弛率(初始应力 $\sigma_{con}=0.7\sigma_b$)/%
			$A_{11.3}$	A_{100}			1000h 松弛率/%≤
CRB550	500	550	8.0	—	$D=3d$	—	—
CRB650	585	650	—	4.0		3	8
CRB800	720	800	—	4.0		3	8
CRB970	875	970	—	4.0		3	8

注：D 为弯心直径，d 为钢筋公称直径。

CRB550 钢筋宜用于普通钢筋混凝土结构，其他牌号宜用在预应力混凝土结构中。

8.5.1.3　预应力混凝土用钢棒（PCB）

制造钢棒用原材料为低合金热轧圆盘条，热轧盘条经冷加工后（或不经冷加工）淬火和回火所得。

钢棒按表面形状分为光圆钢棒 P、螺旋槽钢棒 HG、螺旋肋钢棒 HR、带肋钢棒 R。产品标记应包含预应力钢棒、公称直径、公称抗拉强度、代号、延性级别（35 或 25）、松弛（普通松弛 N 或低松弛 L）、标准号。示例：公称直径为 9mm，公称抗拉强度为 1420MPa，35 级延性、低松弛预应力混凝土用螺旋槽钢，标记为 PCB 9-1420-35-L-HG-GB/T 5223.3。钢棒的公称直径、横截面积、重量、抗拉强度、延伸强度、伸长特性及弯曲实验的性能应符合 GB/T 5223.3—2005，见表 8-12 和表 8-13。最大松弛值详见 GB/T 5223.3—2005。

另外，钢棒还应检验尺寸和偏差。钢棒产品可以盘卷或直条交货，钢棒表面不得有影响使用的有害损伤和缺陷，允许有浮锈。成品钢棒不得存在电接头，在生产时为了连续作业而焊接的电接头应切除掉。

8.5.1.4　预应力混凝土用钢丝和钢绞线

（1）预应力混凝土用钢丝，是指以热轧盘条经冷加工或冷加工后进行连续的稳定化处理制成的专用线材。根据《预应力混凝土用钢丝》（GB/T 5223—2014），按加工状态分为冷拉

表 8-12 钢棒的公称直径、横截面积、重量及性能（GB/T 5223.3—2005）

表面形状类型	公称直径 D/mm	公称横截面积 S /mm²	横截面积 S/mm²		每米参考重量 /(g/m)	抗拉强度 R_m 不小于 /MPa	规定非比例延伸强度 $R_{p0.2}$ 不小于/MPa	弯曲性能	
			最大	最小				性能要求	弯曲半径 /mm
光圆	6	28.3	26.8	29.0	222			反复弯曲不小于 4 次 /180°	15
	7	38.5	36.3	39.5	302				20
	8	50.3	47.5	51.5	394				20
	10	78.5	74.1	80.4	616				25
	11	95.0	93.1	97.4	746			弯曲 160°～180°后弯曲处无裂纹	弯曲直径为钢棒公称直径的 10 倍
	12	113	106.8	115.8	887				
	13	133	130.3	136.3	1044				
	14	154	145.6	157.8	1209				
	16	201	190.2	206.0	1578				
螺旋槽	7.1	40	39.0	41.7	314	对所有规格钢棒 1080 1230 1420 1570	对所有规格钢棒 930 1080 1280 1420	—	
	9	64	62.4	66.5	502				
	10.7	90	87.5	93.6	707				
	12.6	125	121.5	129.9	981				
螺旋肋	6	28.3	26.8	29.0	222			反复弯曲不小于 4 次 /180°	15
	7	38.5	36.3	39.5	302				20
	8	50.3	47.5	51.5	394				20
	10	78.5	74.1	80.4	616				25
	12	113	106.8	115.8	888			弯曲 160°～180°后弯曲处无裂纹	弯曲直径为钢棒公称直径的 10 倍
	14	154	145.6	157.8	1209				
带肋	6	28.3	26.8	29.0	222			—	
	8	50.3	47.5	51.5	394				
	10	78.5	74.1	80.4	616				
	12	113	106.8	11.8	887				
	14	154	145.6	157.8	1209				
	16	201	190.2	206.0	1578				

表 8-13 伸长特性要求（GB/T 5223.3—2005）

延性级别	最大力总伸长率 A_{gt}/%	断后伸长率($L_0=8d_n$)
延性 35	3.5	7.0
延性 25	2.5	5.0

注：日常检验可用断后伸长率，仲裁试验以最大力总伸长率为准；最大力伸长率标距 $L_0=200$mm；断后伸长率标距 L_0 为钢棒公称直径的 8 倍，$L_0=8d_n$。

钢丝和消除应力钢丝两类，其代号为冷拉钢丝 WCD、低松弛钢丝 WLR。按外形分为光圆钢丝（代号为 P）、螺旋肋钢丝（代号为 H）、刻痕钢丝（代号为 I）三种。冷拉钢丝是由盘条通过拔丝等减径工艺经冷加工而形成的产品，以盘卷供货；消除应力钢丝由钢丝在塑性变形下进行的短时热处理，得到的是低松弛钢丝。螺旋肋刻痕钢丝外形见图 8-9、图 8-10。

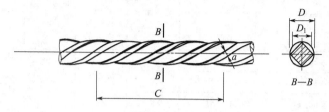

图 8-9　螺旋肋钢丝外形示意图

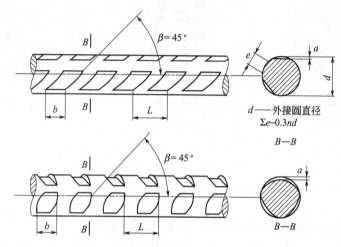

图 8-10　三面刻痕钢丝外形示意图

产品标记应包含预应力钢丝、公称直径、抗拉强度等级，加工状态代号、外形代号、标准编号。例如：直径为 4.00mm，抗拉强度为 1670MPa 冷拉光圆钢丝，标记为：预应力钢丝 4.00-1670-WCD-P-GB/T 5223—2014。

光圆钢丝、螺旋肋钢丝、三面刻痕钢丝的尺寸和允许偏差应符合 GB/T 5223—2014 的相关规定，钢丝的公称横截面积和每米理论重量参见 GB/T 5223—2014。冷拉钢丝仅保留压力管道用钢丝，其力学性能详见 GB/T 5223—2014。消除应力光圆及螺旋肋钢丝的力学性能见表 8-14。

成品钢丝不得存在电焊接头，在生产时为了连续作业而焊接的电焊接头应切除掉。

（2）钢绞线　钢绞线是按严格的技术条件，将数根钢丝经绞捻和消除内应力热处理后制成的。按《预应力混凝土用钢绞线》（GB/T 5224—2014）分类方法，钢绞线按结构分为八类，其代号分别为：

用两根钢丝捻制的钢绞线 1×2；

用三根钢丝捻制的钢绞线 1×3；

用三根刻痕钢丝捻制的钢绞线 1×3I；

用七根钢丝捻制的标准型钢绞线 1×7；

用六根刻痕钢丝和一根光圆中心钢丝捻制的钢绞线（1×7I）；

用七根钢丝捻制又经模拔的钢绞线（1×7）C；

用十九根钢丝捻制的 1+9+9 西鲁式钢绞线（1×19S）；

表 8-14　消除应力光圆及螺旋肋钢丝的力学性能（GB/T 5223—2014）

公称直径 d_n/mm	公称抗拉强度 R_m/MPa	最大力的特征值 F_m/kN	最大力的最大值 $F_{m,max}$/kN	0.2%屈服力 $F_{p0.2}$/kN，≥	最大力总伸长率（L_0=200mm）A_{gt}/%，≥	反复弯曲性能		应力松弛性能	
						弯曲次数/（次/180°）	弯曲半径 R/mm	初始力相当于实际最大力的百分数/%	1000h应力松弛率 r/%≤
4.00		18.48	20.99	16.22		3	10		
4.80		26.61	30.23	23.35		4	15		
5.00		28.86	32.78	25.32		4	15		
6.00		41.56	47.21	36.47		4	15		
6.25		45.10	51.24	39.58		4	20		
7.00		56.57	64.26	49.64		4	20		
7.50	1470	64.94	73.78	56.99		4	20		
8.00		73.88	83.93	64.84		4	20		
9.00		93.52	106.25	82.07		4	25		
9.50		104.19	118.37	91.44		4	25		
10.0		115.45	131.16	101.32		4	25		
11.0		139.69	158.70	122.59		—	—		
12.0		166.26	188.88	145.90		—	—		
4.00		19.73	22.24	17.37		3	10		
4.80		28.41	32.03	25.00		4	15		
5.00		30.82	34.75	27.12		4	15		
6.00		44.38	50.03	39.06		4	15		
6.25		48.17	54.31	42.39		4	20		
7.00		60.41	68.11	53.16		4	20		
7.50	1570	69.36	78.20	61.04	3.5	4	20	70	2.5
8.00		78.91	88.96	69.44		4	20	80	4.5
9.00		99.88	112.60	87.89		4	25		
9.50		111.28	125.46	97.93		4	25		
10.0		123.31	139.02	108.51		4	25		
11.0		149.20	168.21	131.30		—	—		
12.0		177.57	200.19	156.26		—	—		
4.00		20.99	23.50	18.47		3	10		
5.00		32.78	36.71	28.85		4	15		
6.00		47.21	52.86	41.54		4	15		
6.25		51.24	57.38	45.09		4	20		
7.00	1670	64.26	71.96	56.55		4	20		
7.50		73.78	82.62	64.93		4	20		
8.00		83.93	93.98	73.86		4	20		
9.00		106.25	118.97	93.50		4	25		
4.00		22.25	24.76	19.58		3	10		
5.00		34.75	38.68	30.58		4	15		
6.00	1770	50.04	55.69	44.03		4	15		
7.00		68.11	75.81	59.94		4	20		
7.50		78.20	87.04	68.81		4	20		
4.00		23.38	25.89	20.57		3	10		
5.00	1860	36.51	40.44	32.13		4	15		
6.00		52.58	58.23	46.27		4	15		
7.00		71.57	79.27	62.98		4	20		

用十九根钢丝捻制的 1+6+6/6 瓦林吞式钢绞线（1×19W）。

1×2、1×3、1×7、1×19 结构钢绞线外形示意图见图 8-11。

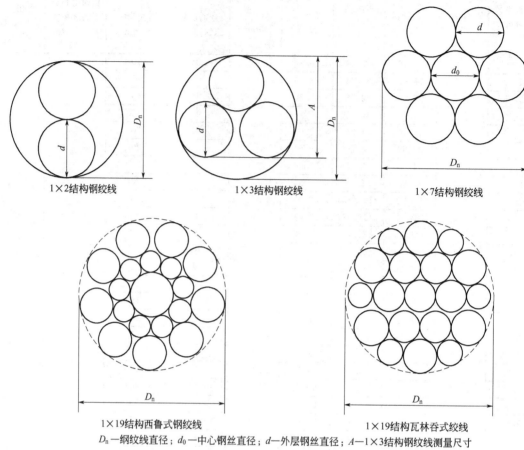

1×2结构钢绞线　　　　　1×3结构钢绞线　　　　　1×7结构钢绞线

1×19结构西鲁式钢绞线　　　　　1×19结构瓦林吞式绞线

D_n—钢绞线直径；d_0—中心钢丝直径；d—外层钢丝直径；A—1×3结构钢绞线测量尺寸

图 8-11　1×2、1×3、1×7、1×19 结构钢绞线外形示意图

产品标记应包含下列内容：预应力钢绞线，结构代号、公称直径、强度级别、标准编号。如公称直径为 15.20mm，抗拉强度为 1860MPa 的七根钢丝捻制的标准型钢绞线，其标记为：

预应力钢绞线 1×7—15.20—1860—GB/T 5224—2014

预应力钢丝和钢绞线具有强度高、柔韧性好、无接头、质量稳定、施工简便等优点，使用时可根据长度切割。主要适用于大荷载，大跨度、曲线配筋的预应力钢筋混凝土结构。

8.5.2　钢结构用钢

钢结构构件一般应直接选用各种型钢。构件之间可直接或通过连接钢板进行连接。连接方式有铆接、螺栓连接或焊接。所用母材主要是碳素结构钢及低合金高强度结构钢。型钢按加工方法有热轧和冷轧两种。

8.5.2.1　热轧型钢

有角钢、工字钢、槽钢、T 型钢、H 型钢、Z 型钢等。

　　我国建筑用热轧型钢主要采用碳素结构钢 Q235-A。其强度适中，塑性和可焊性较好，而且冶炼容易，成本低廉，适合建筑工程使用。在钢结构设计规范中推荐使用的低合金钢，主要有 Q345 及 Q390 两种，可用于大跨度、承受动荷载的钢结构。

　　热轧型钢的标记方式由一组符号组成，包括型钢名称、横断面主要尺寸、型钢标准及钢牌号与钢种标准等。如用碳素结构钢 Q235-A 轧制成的尺寸为 $160mm \times 160mm \times 16mm$ 的等边角钢标记为：

$$热轧等边角钢 \frac{160 \times 160 \times 16\text{-GB } 9787—88}{\text{Q235-A-GB } 700—2006}$$

8.5.2.2　冷弯薄壁型钢

　　通常是用 $2 \sim 6mm$ 薄钢板冷弯或模压而成，有角钢、槽钢等开口薄壁型钢及方形、矩形等空心薄壁型钢。主要用于轻型钢结构。其标记方式与热轧型钢相同。

8.5.2.3　钢板、压型钢板

　　钢板是用轧制方法生产的宽厚比很大的矩形板状钢材。用光面轧制而成的扁平钢材，以平板状态供货的称钢板，以卷状供货的称钢带。所使用的钢种有碳素结构钢、低合金结构钢和优质碳素结构钢三类。

　　按轧制温度不同，分为热轧和冷轧两大类；热轧钢板按厚度分为厚板（厚度大于 $4mm$）和薄板（厚度为 $0.35 \sim 4mm$）两种；冷轧只有薄板（厚度为 $0.2 \sim 4mm$）一种。厚板可用于焊接结构，薄板可用于屋面或墙面等围护结构，或作为涂层钢板的原材料，如制作压型钢板等。钢板还可用来弯曲型钢。钢带主要用作弯曲型钢，焊接钢管和建筑五金的原料或直接用作各种结构件及容器等。

　　薄钢板经冷压或冷轧成波形、双曲形、V 形等形状，称为压型钢板。彩色钢板（即有机涂层薄钢板）、镀锌薄钢板、防腐薄钢板等均可用来制作压型钢板。其特点是：单位质量轻、强度高、抗震性能好、施工快、外形美观等。主要用于围护结构、楼板、屋面等。

　　镀层钢板是为了提高钢板的耐腐蚀性，以满足某些使用的特殊要求。镀锡薄板，旧称马口铁。是在 $0.1 \sim 0.32mm$ 的钢板上热镀或电镀纯锡。镀锡薄板的表面光亮，耐腐蚀性强，锡焊性能良好，能在表面进行精美的印刷。

8.5.2.4　钢管

　　钢管的品种很多，按制造方法不同，分为无缝管和焊接钢管两类。

　　无缝管主要用于输送水、蒸汽和煤气的管道或建筑构件，机械零件及高压管道等。焊接钢管是供低压流体输送用的直缝焊接管，主要用于输送水、煤气及采暖系统的管道，也可用作建筑构件，如扶手、栏杆、施工脚手架等。

 复习思考题

　　1. 热轧钢筋如何划分等级？各级钢筋应用范围如何？

　　2. 建筑工程中常用的钢筋品种有哪些？

8.6 钢材的防火和防腐蚀

8.6.1 钢材的防火

钢材属于不燃性材料，但这并不表明钢材能够抵抗火灾。在高温时，钢材的性能会发生很大的变化。温度在200℃以内，可以认为钢材的性能基本不变；超过300℃以后，屈服强度和抗拉强度开始急剧下降，应变急剧增大；到达600℃时，钢材开始失去承载能力。

耐火试验和火灾案例表明：以失去支持能力为标准，无保护层时钢屋架和钢柱的耐火极限只有0.25h，而裸露钢梁的耐火极限仅为0.15h。所以，没有防火保护层的钢结构是不耐火的。对于钢结构，尤其是可能经历高温环境的钢结构，应做必要的防火处理。

钢结构防火的基本原理是采用绝热或吸热材料，阻隔火焰和热量，推迟钢结构的升温速度。

常用的防火方法以包覆法为主，方法如下。

8.6.1.1 在钢材表面涂覆防火材料

防火材料按受热时的变化分为膨胀型和非膨胀型（厚型）两种。

膨胀型防火涂料的涂层厚度一般为2～7mm，附着力较强，可同时起装饰作用。由于涂料内含膨胀组分，遇火后会膨胀增厚5～10倍，形成多孔结构，从而起到良好的隔热防火作用，构件的耐火极限可达0.5～1.5h。

非膨胀型防火涂料的涂层厚度一般为8～50mm，呈粒面状，强度较低，喷涂后需再用装饰面层保护，耐火极限可达0.5～3.0h。为了保证防火涂料牢固包裹钢构件，可在涂层内埋设钢丝网，并使钢丝网与构件表面的净距离保持在6mm左右。

防火涂料一般采用分层喷涂工艺制作涂层，局部修补时可采用手工涂抹或刮涂。

8.6.1.2 用不燃性板材、混凝土等包裹钢构件

常用的不燃板材有石膏板、岩棉板、珍珠岩板、矿棉板等，可通过黏结剂或钢钉、钢箍等固定在钢构件上。

8.6.2 钢材的防腐蚀

8.6.2.1 钢材的锈蚀

钢材的锈蚀是指钢的表面与周围介质发生化学作用而遭到侵蚀而破坏的过程。钢材锈蚀的现象普遍存在，特别是当周围环境有侵蚀性介质或湿度较大时，锈蚀情况就更为严重。锈蚀不仅使钢材有效截面面积减小，浪费钢材，会形成程度不等的锈坑、锈斑，造成应力集中，加速结构破坏，还会显著降低钢材的强度、塑性、韧性等力学性能。

根据钢材表面与周围介质的作用原理，锈蚀可分为化学锈蚀和电化学锈蚀。

（1）化学锈蚀　是指钢材表面直接与周围介质发生化学反应而产生的锈蚀。这种锈蚀多数是氧化作用，使钢材表面形成疏松的氧化物FeO。FeO钝化能力很弱，易破裂，有害介质进一步进入而发生反应造成锈蚀。在干燥环境下，化学锈蚀的速度缓慢。但在温度和湿度较高的环境下，化学锈蚀的速度大大加快。

（2）电化学锈蚀　是由于金属表面形成了原电池而产生的锈蚀。钢材含有铁、碳等多种

成分，由于这些成分的电极电位不同，形成许多微电池。在潮湿空气中，钢材表面吸附一层极薄的水膜。在阳极区，铁被氧化成 Fe^{2+} 进入水膜，因为水中溶有氧，故在阴极区氧被还原成 OH^-，两者结合成不溶于水的 $Fe(OH)_2$，并进一步氧化成疏松易剥落的红棕色的铁锈 $Fe(OH)_3$。

钢材在大气中的锈蚀，是化学锈蚀和电化学锈蚀共同作用所致，但以电化学锈蚀为主。

8.6.2.2 钢材的防锈

为了防止钢材生锈，确保钢材的良好性能和延长建筑物的使用寿命，工程中必须对钢材做防锈处理。措施如下。

(1) 保护层法 在钢材表面施加保护层，使钢材与周围介质隔离，从而防止钢材锈蚀。保护层可分为金属保护层和非金属保护层。

金属保护层是用耐腐蚀性较好的金属，以电镀或喷镀的方法覆盖在钢材表面，从而提高钢材的耐腐蚀能力。常用的金属保护层有镀锌、镀锡、镀铬、镀铜等。

非金属保护层是用无机或有机物质做保护层。常用的是在钢材表面涂刷各种防锈涂料。防锈涂料通常分底漆和面漆。底漆要牢固地附着在钢材表面，隔断其与外界空气接触，防止生锈；面漆保护底漆不受损伤或侵蚀。也可采用塑料保护层、沥青保护层、搪瓷保护层等。

(2) 制成耐候钢 在碳素钢和低合金钢中加入铬、铜、钛、镍等合金元素而制成的，如在合金钢中加入铬可制成不锈钢。耐候钢在大气作用下，能在表面形成致密的防腐保护层，从而起到耐腐蚀作用。

 复习思考题

钢材锈蚀的原因及防腐蚀措施有哪些？

小 结

钢的冶炼、分类、化学成分对钢性能的影响

钢的力学性能：拉伸性能、冲击韧性 ⎫
                                    ⎬ 性能特点、指标、影响因素
钢的工艺性能：冷弯性能、可焊性能 ⎭

钢材的冷加工与时效：原理及对钢材性能影响

建筑用钢：碳素结构钢、优质碳素钢 ⎫ 牌号表示方法
                                  ⎬
低合金高强度结构钢   ⎭ 技术要求及应用

钢筋混凝土用钢：热轧钢筋、冷轧带肋钢筋   种类、规格、
          热处理钢筋、预应力混凝土用钢丝和钢绞   表示方法
钢结构用钢：热轧型钢、冷弯薄壁型钢钢板、压型钢板、钢管 技术要求及应用

钢材的防火和防腐蚀

实 训 课 题

某建筑工地送来 HRB400ϕ16mm 的钢筋一组（两根长、两根短），问能否使用？

经过检测，两根长试样拉伸读取屈服点的荷载分别为 82.3kN 和 86.2kN，极限荷载分别为 110.0kN 和 116.5kN，拉断后的标距长度分别为 96.0mm 和 95.0mm；冷弯检测合格。

要求：1. 计算该组钢筋的屈服强度和抗拉强度以及伸长率；

2. 填写钢筋拉伸和冷弯的原始记录及报告单。

第9章 防水材料

知识点

了解石油沥青的分类、各项技术性能和测定方法。掌握防水卷材的各项性能及使用环境；沥青基防水涂料（玛蹄脂、水乳性涂料、冷底子油）的组成和配制方法。

教学目标

通过本章学习，能合理选择和使用防水材料，会检测和评定防水材料的质量。

建筑防水材料是用于防止建筑物渗透、渗漏和侵蚀的一大类材料，被广泛用于建筑物的屋面、地下室及水利、地铁、隧道、道路和桥梁等工程。分为刚性防水材料和柔性防水材料两大类。刚性防水材料，是以水泥混凝土或砂浆自防水为主，外掺各种防水剂、膨胀剂等共同组成的防水结构。而柔性防水材料，产量大，用量最多，防水性能可靠，应用于各种场所和各种外形的防水工程。本章主要介绍石油沥青、防水卷材、防水涂料、建筑密封材料等。

9.1 沥青

沥青是一种有机胶凝材料，是由高分子碳氢化合物及其非金属（如氧、硫、氮等）衍生物组成的极其复杂的混合物，在常温下呈黑色或黑褐色的固体、半固体和液体状态。不溶于水而几乎全溶于二硫化碳（一种金黄色恶臭的液体），具有良好的黏性、塑性、耐腐蚀性和防水性。

在建筑工程中，沥青主要作为防水、防潮、防腐蚀材料，用于屋面或地下防水工程、防腐蚀工程、铺筑道路等。

沥青按产源分为地沥青和焦油沥青两大类。地沥青又分为天然沥青（石油渗出地表经长期暴露和蒸发后的残留物）和石油沥青（加工石油所残余的渣油，经适当的工艺处理后得到的产品）；焦油沥青（煤、木材等干馏加工所得的焦油经再加工后的产品）分为煤沥青和页岩沥青等。建筑工程中主要应用石油沥青以及少量的煤沥青。

9.1.1 石油沥青

石油沥青是由石油原油经蒸馏提炼出各种轻质油（如汽油、煤油、柴油等）及润滑油以后的残余物，再经加工而得的产品。由于其化学组成极为复杂，对其进行化学成分分析十分困难，所以从工程使用的角度出发，将其化学成分和物理性质相近、具有某些共同特征的部分，划分为若干个组，称为组分。通常分为油分、树脂和地沥青质三个主要组分。石油沥青各组分及其主要特性见表 9-1。

表 9-1　石油沥青各组分及其主要特性

组分名称	颜色	状态	密度/(g/cm³)	含量/%	主要作用
油分	淡黄色至红褐色	液体	0.7～1.0	40～60	赋予沥青以流动性
树脂	黄色至黑褐色	半固体	1.0～1.1	15～30	赋予沥青以塑性和黏性
地沥青质	深褐色至黑色	固体	1.1～1.5	10～30	赋予沥青温度稳定性、黏性

石油沥青三大组分中，油分和树脂可以互相溶解，树脂能浸润地沥青质，并在地沥青质的颗粒表面形成树脂薄膜。所以石油沥青的结构是以地沥青质为核心，周围吸附部分树脂和油分的互溶物构成的胶团，无数胶团分散在油分中形成的胶体结构。此外，石油沥青中还含有一定量的固体石蜡，会降低沥青的黏结性、塑性、温度稳定性和耐热性。

9.1.1.1　石油沥青的技术性质

(1) 黏性　黏性（又称黏滞性）是指石油沥青在外力作用下抵抗变形的能力。液态石油沥青的黏性用黏度表示；半固体或固体沥青的黏性用针入度表示。黏度和针入度是沥青划分牌号的主要指标。

建筑工程中多用固态及半固态沥青，其针入度是以沥青在 25℃ 恒温水浴中，用规定质量的标准针 (100g)，在规定时间 (5s) 内插入沥青标准试样中的深度来表示，单位为度（1/10mm 为 1 度），表示为 P (25℃，100g，5s)。针入度测定示意图如图 9-1 所示。针入度反映了石油沥青抵抗剪切变形的能力。针入度值越大，沥青流动性越大，黏度越小。

(2) 塑性　塑性指石油沥青在外力作用下产生变形而不破坏，除去外力后，仍能保持变形后的形状的

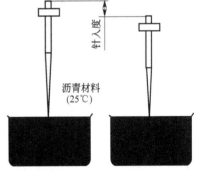

图 9-1　针入度测定示意图

性质。沥青的塑性对冲击振动荷载有一定吸收能力，并能减少摩擦时的噪声，故良好的塑性是沥青作为柔性防水材料的重要保证。石油沥青的塑性用延度表示。延度越大，塑性越好。延度测定是把沥青注入延度仪试模内（沥青延度仪试模见图 9-2），将沥青制成"8"字形标准试件，将试件浸入 25℃ 的恒温水浴中，以 5cm/min 的速度拉伸，用拉断时的伸长度来表示，单位为 cm。延伸度测定示意图如图 9-3 所示。

(3) 温度敏感性　温度敏感性是指石油沥青的黏滞性和塑性随温度升降而变化的性能。温度敏感性以软化点表示。沥青材料从固态转变到具有一定流动性的膏体时的临界温度称为沥青的软化点。软化点采用"环球法"测定。将盛有试样的黄铜环放置在环架中，并把整个环架放入盛有水或甘油的烧杯内，将烧杯移放至有石棉网的三脚架上或电炉上，然后将钢球 [直径为 9.53mm，质量为 (3.50±0.05)g 的钢质圆球] 放在试样上立即加热，使烧杯内水或甘油温度在 3min 后保持每分钟上升 (5±0.5)℃（在整个测定中如温度的上升速度超出

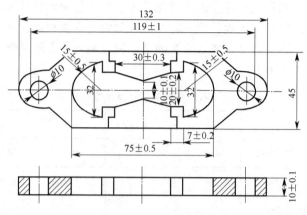

图 9-2 沥青延度仪试模（单位：mm）

此范围时，则实验应重做），试样受热软化，下坠至与下承板面接触时的温度（下坠距离为 25.4mm）即为试样的软化点。沥青软化点测定示意图如图 9-4。软化点越高，表明沥青的耐热性越好，即温度稳定性越好。

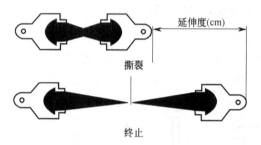

图 9-3 延伸度测定示意图

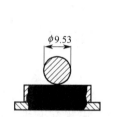

图 9-4 沥青软化点测定示意图（单位：mm）

沥青的脆点是反映温度敏感性的另一个指标，是指沥青从高弹态向玻璃态转变的临界温度，该指标主要反映沥青的低温变形能力。寒冷地区应用的沥青应考虑沥青的脆点。沥青的软化点越高，脆点越低，则沥青的温度敏感性越小，低温不易脆裂。

石油沥青中地沥青质含量较多时，其温度敏感性较小。工程中往往加入滑石粉、石灰石粉等矿物填料和橡胶、树脂等材料对沥青改性，以提高其耐寒性和耐热性。

（4）大气稳定性　大气稳定性是指石油沥青在热、阳光、氧气和潮湿等大气因素的长期综合作用下抵抗老化的性能。因此，随着使用时间的增长，石油沥青塑性将逐渐减小，黏性和硬脆性逐渐增大，直至最终出现脆裂现象。这个过程称为石油沥青的"老化"。大气稳定性即为沥青抵抗老化的性能。石油沥青的大气稳定性以沥青试样在 160℃下加热蒸发 5h 后质量蒸发损失百分率和蒸发后的针入度比表示。蒸发损失百分率越小，蒸发后针入度比值越大，则表示沥青的大气稳定性越好，即老化越慢。

以上四种性质是石油沥青的主要技术性质，前三项是划分石油沥青牌号的依据。

9.1.1.2 石油沥青技术标准

石油沥青按其用途分为建筑石油沥青、道路石油沥青、防水防潮石油沥青等。各品种石油沥青按技术性质划分牌号，以针入度值表示。

同一品种石油沥青，牌号越高，其针入度越大，黏性越小；延度越大，塑性越好；软化点越低，温度敏感性越大，耐热性越差。石油沥青的技术标准见表 9-2。

表 9-2　石油沥青的技术标准

质量指标		道路石油沥青 （NB/SH/T 0522—2010）					建筑石油沥青 （GB/T 494—2010）			防水防潮石油沥青 （SH/T 0002—1990）			
		200 号	180 号	140 号	100 号	60 号	10 号	30 号	40 号	3 号	4 号	5 号	6 号
针入度/(1/10mm)		200～300	150～200	110～150	80～110	50～80	10～25	26～35	36～50	25～45	20～40	20～40	30～50
延度/cm	≥	20	100	100	90	70	1.5	2.5	3.5	—			
软化点/℃	≥	30～48	35～48	38～51	42～55	45～58	95	75	50	85	90	100	95
溶解度/%	≥	99					99			98	98	95	92
蒸发损失/%	≤	1.3	1.3	1.3	1.2	1.0	1.0			1.0			
蒸发前后针入度比/%≥		报告					65			—			
闪点/℃	≥	180	200	230			260			250	270	270	270

9.1.1.3　石油沥青的选用

在选用沥青时，应根据工程性质、气候条件和工程部位来选用不同品种和牌号的沥青（也可两种牌号沥青掺配使用）。

建筑石油沥青主要用来制造各种防水卷材、防水涂料和沥青胶等防水材料，用于屋面及地下防水、沟槽防水、管道防腐等工程。对于屋面防水工程，为了防止夏季流淌，沥青的软化点应比当地屋面最高温度高 20～25℃。

道路石油沥青主要用于道路路面或车间地面等工程，一般拌制成沥青混合料（沥青混凝土或沥青砂浆）使用，还可作密封材料和黏结剂以及沥青涂料等。

普通石油沥青含石蜡量比较高，性能较差，在建筑工程中一般不单独使用，可与其他沥青掺和使用。防水防潮石油沥青适合做油毡的涂覆材料及建筑屋面和地下防水的黏结材料。

9.1.1.4　沥青的掺配

施工中，若采用一种牌号的沥青不能满足工程的耐热性（软化点）要求时，可以用同产源的两种或三种沥青进行掺配。掺配要注意石油沥青只与石油沥青掺配，煤沥青只与煤沥青掺配的原则。两种沥青掺配量可按下式估算：

$$较软沥青掺量（\%）=\frac{较硬沥青软化点-欲配沥青软化点}{较硬沥青软化点-较软沥青软化点}\times100\%$$

$$较硬沥青掺量（\%）=100\%-较软沥青掺量（\%）$$

如用三种沥青时，可先求出两种沥青的配比，然后再与第三种沥青进行配比计算。

根据计算的掺配比例和在其邻近的比例［±（5%～10%）］进行试配，测定掺配后沥青的软化点，然后绘制"掺配比-软化点"曲线，即可从曲线上确定所要求的掺配比例。

9.1.2　煤沥青

煤沥青是炼焦厂或煤气厂的烟煤经过多次提炼后所得残渣。与石油沥青相比，煤沥青温度敏感性大，夏天易软化流淌而冬天易脆裂；大气稳定性较差，易老化；塑性较差，对基层变形适应性差，故其防水性不及石油沥青。但煤沥青具有良好的防腐能力和粘接能力，可用于配制防腐涂料、胶黏剂、油膏等制品。煤沥青与石油沥青简易鉴别方法见表 9-3。

由于煤沥青在技术性能上存在较多的缺点，而且成分不稳定，并有毒性，对人体和环境不利。

表 9-3　煤沥青与石油沥青简易鉴别方法

鉴别方法	石油沥青	煤沥青
密度法	密度近似于 1.0g/cm³	大于 1.10 g/cm³
锤击法	声哑，有弹性感，韧性好	声脆，韧性差
燃烧法	烟无色，基本无刺激性臭味，无毒	烟呈黄色，有刺激性臭味，有毒
溶液比色法	用 30～50 倍汽油或煤油溶解后，将溶液滴于滤纸上，斑点呈棕色	溶解方法同左。斑点有两圈，内黑外棕

9.1.3　改性沥青

沥青是传统的防水材料，但其耐热性、低温柔性和黏结性等性能不良，且易脆硬老化，无法满足土木工程中应用沥青的要求（高温下具有足够的强度；低温下具有良好的柔韧性；良好的抗老化性能；与各种矿物材料具有良好的黏结性）。通过掺加一定数量的高分子聚合物或矿物填充料对其进行改性后，可得到改性沥青，主要以改性沥青为基本原料的沥青基防水材料在防水工程中应用广泛。

9.1.3.1　聚合物改性

用于石油沥青改性的聚合物很多，如橡胶、树脂、橡胶和树脂并用、再生胶等。常见品种有 SBS 橡胶、APP 树脂、聚乙烯、聚丙烯树脂、氯丁橡胶、丁苯橡胶等。

SBS 是以丁二烯、苯乙烯为单体，加溶剂、引发剂、活化剂，以阴离子聚合反应生成的共聚物。SBS 在常温下不需要硫化就可以具有很好的弹性，当温度升到 180℃ 时，它可以变软、熔化，易于加工，而且具有多次的可塑性。SBS 用于沥青改性（掺量一般为沥青重量的 12% 左右）制作的防水卷材称为弹性体防水卷材，这种卷材的最大特点是低温柔性好，是目前世界上应用最广的改性沥青材料之一。

APP 是聚丙烯的一种，根据甲基的不同排列，聚丙烯分无规聚丙烯、等规聚丙烯和间规聚丙烯三种。APP 即无规聚丙烯，为黄白色塑料，无明显熔点，加热到 150℃ 后才开始变软，在 250℃ 左右熔化，可以和石油沥青均匀混合（掺量为石油沥青重量的 25%～30%），对改性沥青软化点的提高很明显，耐老化性也很好。用 APP 改性沥青制作的防水卷材称为塑性体防水卷材，这种卷材的最大特点是耐高温性能好（130℃ 不流淌），热熔性较好。

9.1.3.2　矿物改性

为了提高沥青的黏结能力和耐热性，减小沥青的温度敏感性，经常加入一定数量的粉状或纤维状矿物填充料。如滑石粉、石灰粉、云母粉、硅藻土粉和石棉等。这种方法主要用于沥青胶的生产。

 复习思考题

1. 石油沥青的主要技术性质有哪些？
2. 简述石油沥青的组分及其对性质的影响。
3. 何谓沥青的老化？如何改善沥青基防水材料的抗老化性？
4. 沥青为何要改性？改性沥青有何特点？

9.2 防水卷材

防水卷材是一种可卷曲的片状防水材料，是防水材料中最主要的品种之一。根据其主要防水组成材料可分为沥青防水卷材、高聚物改性沥青防水卷材和合成高分子防水卷材三大类。高聚物改性沥青防水卷材和合成高分子防水卷材均应有良好的耐水性、温度稳定性和大气稳定性（抗老化性），并应具备必要的机械强度、延伸性、柔韧性和抗断裂的能力，因此沥青防水卷材逐渐被改性沥青卷材所代替。按卷材的结构不同又可分为有胎卷材和无胎卷材两类。所谓有胎卷材是用纸、玻璃布、棉麻织品、聚酯毡或玻璃丝毡、塑料薄膜或编织物等增强材料作胎料，将沥青、高分子材料等浸渍或涂覆在胎料上，制成的防水卷材。所谓无胎卷材，是将沥青、塑料或橡胶与填充料、添加剂等经配料、混炼压延（或挤出）、硫化、冷却等工艺而制成的防水卷材。

9.2.1 防水卷材的一般性能

（1）不透水性 防水卷材在一定压力水作用下，持续一段时间，卷材不透水的性能。如改性沥青防水卷材可达到水压力 0.2~0.3MPa 下持续 30min 时间不出现渗漏。

（2）拉力 防水卷材拉伸时所能承受的最大拉力。其能承受的拉力与卷材胎芯和防水材料抗拉强度有关。防水卷材在实际使用中经常会承受拉力，一种原因是基层与防水材料热膨胀系数不一致，环境温度发生变化时，两者变形不一致，从而使卷材产生拉力。另一种原因是基层潮湿，基层温度升高向外排湿时，卷材起鼓，导致卷材受拉。因此，对防水卷材有拉力要求。

（3）延伸率 指防水卷材最大拉力时的伸长率。延伸率越大，防水卷材塑性越好，使用中能缓解卷材承受的拉应力，使卷材不易开裂。

（4）耐热度 防水卷材防水成分一般是有机物，当其受高温作用时，内部往往会蓄积大量热量，使卷材温度迅速上升，而卷材防水部分的有机物本来软化温度就低，在高温作用下卷材易发生滑动，影响防水效果。因而，常常要求防水卷材应有一定的耐热度。

（5）低温柔性 防水卷材在低温时的塑性变形能力。防水卷材中的有机物在温度发生变化时，其状态也会发生变化，通常是温度越低，其愈硬且越易开裂。因此，要求防水卷材应有一定的低温柔韧性。

（6）耐久性 防水卷材抵抗自然物理化学作用的能力。有机物在受到阳光、高温、空气等作用，一种结果是有机分子降解粉化，另一种结果是有机分子聚合成更大的分子，使有机物变硬脆裂。因此，要求防水卷材应有足够的耐久性。防水卷材的耐久性一般用人工加速其老化的方法来评定。

（7）撕裂强度 反映防水卷材与基层之间、卷材与卷材之间的粘接能力。撕裂强度高，卷材与基层之间、卷材与卷材之间粘接牢固，不易松动，可保证防水效果。

9.2.2 沥青防水卷材

沥青防水卷材是用原纸、纤维织物、纤维毡等胎体浸涂沥青，表面撒布粉状、粒状或片状材料制成可卷曲的片状防水材料。油纸是用低软化点沥青浸渍原纸而成的无涂盖层的纸胎防水卷材。油毡是用高软化点沥青涂盖油纸的两面，并撒布隔离材料后而成的。

石油沥青油纸和油毡所用隔离材料为粉状时称为粉毡，为片状时称为片毡。按原纸 1m² 的质量（g），油毡分 200、350 和 500 三种标号，油纸分为 200 和 350 两种标号。200 号油毡适用于简易防水、临时性建筑防水、建筑防潮及包装。350 号和 500 号粉毡适用于屋面、地下、水利等工程的多层防水；片毡用于单层防水。油纸适用于建筑防潮和包装，也可用于多层防水层的下层。传统沥青防水材料价格低，但低温易脆裂，高温易流淌，抗拉强度低，延伸性差，易老化，易腐烂，耐用寿命短（仅 3～5 年），已逐渐被淘汰。

9.2.3 高聚物改性沥青防水卷材

沥青防水卷材由于温度稳定性差、延伸率小，很难适应基层开裂及伸缩变形的要求，而高聚物改性沥青防水卷材则克服了传统沥青防水卷材的不足，具有高温不流淌、低温不脆裂、拉伸强度较高、延伸率较大等优异性能。高聚物改性沥青防水卷材是以合成高分子聚合物改性沥青为涂盖层，纤维织物或纤维毡为胎体，粉状、粒状、片状或薄膜材料为覆面材料制成可卷曲的片状防水材料。高聚物改性沥青防水卷材的品种主要有：SBS（苯乙烯-丁二烯-苯乙烯）改性沥青防水卷材；APP 改性沥青防水卷材；PVC 改性焦油沥青防水卷材；再生胶改性沥青防水卷材。常用的该类防水卷材有 SBS 防水卷材和 APP 防水卷材等。

9.2.3.1 弹性体改性沥青防水卷材（简称 SBS 防水卷材）

SBS 防水卷材，属弹性体改性沥青防水卷材中有代表性的品种，系采用聚酯毡、玻纤毡、玻纤增强聚酯毡为胎基，浸涂 SBS 改性沥青，上表面撒布矿物粒料、细砂或覆盖聚乙烯膜，下表面撒布细砂或覆盖聚乙烯膜所制成可卷曲的片状防水材料。SBS 改性沥青防水卷材按胎基分为聚酯毡（PY）、玻纤毡（G）、玻纤增强聚酯毡（PYG）三类；按上表面撒布材料分为聚乙烯膜（PE）、细砂（S）与矿物粒（片）料（M）三种；按材料性能分为 I 型和 II 型。弹性体改性沥青防水卷材幅宽 1000mm，每卷公称面积分为 7.5m² 、10m² 和 15m² 。聚酯毡卷材厚度有 3mm、4mm 和 5mm 三种；玻纤毡卷材厚度有 3mm 和 4mm 两种；玻纤增强聚酯毡卷材厚度为 5mm。

弹性体改性沥青防水卷材具有纵横向拉力大、延伸率好、韧性强、耐低温、耐紫外线、耐温差变化大、自愈力黏合性好等优良性能，耐用年限可达 25 年以上。它价格低、施工方便，可热熔铺贴或冷作粘贴，具有较好的温度适应性和耐老化性能，技术经济效果较好。特别适用于我国北方寒冷地区及结构易变形的屋面、地下室防水工程、防潮、冷库、游泳池、地铁、隧道、饮水池、污水池等构筑物的防水防腐。其性能要求见表 9-4。

表 9-4 弹性体改性沥青防水卷材物理力学性能（GB 18242—2008）

序号	项目		指标				
			I		II		
			PY	G	PY	G	PYG
1	可溶物含量 /(g/m²)≥	3mm	2100				—
		4mm	2900				—
		5mm	3500				
		试验现象	—	胎基不燃	—	胎基不燃	
2	耐热性	℃	90		105		
		≤ mm	2				
		试验现象	无流淌、滴落				
3	低温柔性 / ℃		−20		−25		
			无裂缝				
4	不透水性 30min		0.3MPa	0.2MPa	0.3MPa		

序号	项目		指标				
			I		Ⅱ		
			PY	G	PY	G	PYG
5	拉力	最大峰拉力/(N/50mm) ≥	500	350	800	500	900
		次高峰拉力/(N/50mm) ≥	—	—	—	—	800
		试验现象	拉伸过程中,试件中部无沥青涂盖层开裂或与胎基分离现象				
6	延伸率	最大峰时延伸率/% ≥	30	—	40	—	
		第二峰时延伸率/% ≥	—	—	—	—	15
7	浸水后质量增加 / % ≤	PE、S	1.0				
		M	2.0				
8	热老化	拉力保持率/% ≥	90				
		延伸率保持率/% ≥	80				
		低温柔性/℃		−15		−20	
			无裂缝				
		尺寸变化率/% ≤	0.7	—	0.7	—	0.3
		质量损失/%	1.0				
9	渗油性	张数 ≤	2.0				
10	接缝剥离强度 / (N/mm) ≥		1.5				
11	钉杆撕裂强度①/N ≥		—				300
12	矿物粒料黏附性②/g ≤		2.0				
13	卷材下表面沥青涂盖层厚度③/mm ≥		1.0				
14	人工气候加速老化	外观 ≥	无滑动、流淌、滴落				
		拉力保持率/% ≥	80				
		低温柔性/℃		−15		−20	
			无裂缝				

①仅适用于单层机械固定施工方式卷材。②仅适用于矿物粒料表面的卷材。③仅适用于热熔施工的卷材。

9.2.3.2　塑性体改性沥青防水卷材（简称 APP 防水卷材）

APP 防水卷材是以聚酯毡、玻纤毡、玻纤增强聚酯毡为胎基,以无规聚丙烯（APP）或聚烯烃类聚合物（APAO、APO 等）做石油沥青改性剂,两面覆以隔离材料所制成的防水卷材。APP 卷材在胎基及隔离材料分类、力学性能分类、卷材厚度等方面的要求同 SBS 卷材,见表 9-5。

APP 改性沥青防水卷材的性能接近 SBS 改性沥青防水卷材。其最突出的特点是耐高温性能好,130℃高温下不流淌,特别适合高温地区或太阳辐射强烈地区使用。另外,APP 改性沥青防水卷材热熔性非常好,特别适合热熔法施工,也可用冷粘法施工。

9.2.3.3　铝箔塑胶油毡

铝箔塑胶油毡是以聚酯纤维无纺布为胎体,以高分子聚合物（合成橡胶及合成树脂）改性沥青类材料为浸渍涂盖层,以树脂薄膜为底面防粘隔离层,以银白色软质铝箔为表面反光保护层而加工制成的新型防水材料。

表 9-5 塑性体改性沥青防水卷材物理力学性能 (GB 18243—2008)

序号	项目		指标				
			I		II		
			PY	G	PY	G	PYG
1	可溶物含量 /(g/m²)≥	3mm	2100			—	
		4mm	2900			—	
		5mm	3500				
		试验现象	—	胎基不燃	—	胎基不燃	
2	耐热性	℃	110		130		
		≤ mm	2				
		试验现象	无流淌、滴落				
3	低温柔性 / ℃		—7		—15		
			无裂缝				
4	不透水性 30min		0.3MPa	0.2MPa	0.3MPa		
5	拉力	最大峰拉力/(N/50mm) ≥	500	350	800	500	900
		次高峰拉力/(N/50mm) ≥	—	—	—	—	800
		试验现象	拉伸过程中,试件中部无沥青涂盖层开裂或与胎基分离现象				
6	延伸率	最大峰时延伸率/% ≥	25	—	40	—	—
		第二峰时延伸率/% ≥	—	—	—	—	15
7	浸水后质量增加 / % ≤	PE、S	1.0				
		M	2.0				
8	热老化	拉力保持率/% ≥	90				
		延伸率保持率/% ≥	80				
		低温柔性/℃	—2		—10		
			无裂缝				
		尺寸变化率/% ≤	0.7		0.7		0.3
		质量损失/% ≤	1.0				
9	接缝剥离强度/(N/mm) ≥		1.0				
10	钉杆撕裂强度①/N ≥		—				300
11	矿物粒料黏附性②/g ≤		2.0				
12	卷材下表面沥青涂盖层厚度③/mm ≥		1.0				
13	人工气候加速老化	外观 ≥	无滑动、流淌、滴落				
		拉力保持率/% ≥	80				
		低温柔性/℃	—2		—10		
			无裂缝				

①仅适用于单层机械固定施工方式卷材。②仅适用于矿物粒料表面的卷材。③仅适用于热熔施工的卷材。

铝箔塑胶油毡对阳光的反射率高,具有一定的抗拉强度和延伸率,弹性好,低温柔性好,在—20~80℃温度范围内适应性较强,并且价格较低,适用于工业与民用建筑工程的屋面防水。

9.2.4 合成高分子防水卷材

以合成橡胶、合成树脂或者两者的共混体为基料，加入适量的化学助剂和填充料等，经过橡胶或塑料加工工艺加工制成的无胎加筋或不加筋的弹性或塑性的卷材（片材），统称为高分子防水卷材。合成高分子防水卷材主要分为橡胶系列（三元乙丙橡胶、丁基橡胶、聚氨酯等）防水卷材、塑料系列（聚乙烯、聚氯乙烯等）和橡胶塑料共混系列防水卷材三大类。其中又可分为加筋增强型与非加筋增强型两种。

9.2.4.1 三元乙丙橡胶防水卷材

三元乙丙橡胶简称 EPDM，是以乙烯、丙烯和双环戊二烯或乙叉降冰片烯等三种单体共聚合成的三元乙丙橡胶为主体，掺入适量的丁基橡胶、软化剂、补强剂、填充剂、促进剂和硫化剂等，经过配料、密炼、拉片、过滤、热炼、挤出或压延成型、硫化、检验、分卷、包装等工序加工制成可卷曲的高弹性防水材料。由于它具有耐老化、使用寿命长、拉伸强度高、延伸率大、对基层伸缩或开裂变形适应性强以及重量轻、可单层施工等特点，在国外发展很快。目前在国内属高档防水材料。

9.2.4.2 聚氯乙烯（PVC）防水卷材

聚氯乙烯防水卷材，是以聚氯乙烯树脂（PVC）为主要原料，掺入适量的改性剂、抗氧剂、紫外线吸收剂、着色剂、填充剂等，经捏合、塑化、挤出压延、整形、冷却、检验、分卷、包装等工序加工制成可卷曲的片状防水材料。这类卷材具有抗拉强度较高、延伸率较大、耐高低温性能较好等特点，而且热熔性能好。卷材接缝时，既可采用冷粘法，也可采用热风焊接法，使其形成接缝黏结牢固、封闭严密的整体防水层。

PVC 防水卷材根据基料的组分及其特征分为两种类型：S 型（以煤焦油与聚氯乙烯树脂混溶料为基料的柔性卷材）和 P 型（增塑聚氯乙烯为基料的塑性卷材）。聚氯乙烯防水卷材适用于屋面、地下室以及水坝、水渠等工程防水。

9.2.5 防水卷材的选用

《屋面工程技术规范》（GB 50345—2012）对上述三类防水卷材的适用防水等级、设防道数以及卷材铺设厚度作了详细规定，见表 9-6。

表 9-6　高聚物改性沥青防水卷材每道卷材防水层最小厚度选用表（GB 50345—2012）

防水等级	高聚物改性沥青防水卷材/mm			合成高分子防水卷材/mm
	聚酯胎、玻纤胎、聚乙烯胎	自粘聚酯胎	自粘无胎	
Ⅰ级	3.0	2.0	1.5	1.2
Ⅱ级	4.0	3.0	2.0	1.5

注：防水等级Ⅰ级：重要建筑和高层建筑，两道防水设防；Ⅱ级：一般建筑，一道防水设防。

9.2.6 卷材的贮存、保管

防水卷材的贮运和保管应符合以下要求。

1）卷材必须按不同品种标号、规格、等级分别堆放，不得混杂在一起，以避免误用而造成质量事故。

2）卷材有一定的吸水性，但施工时表面则要求干燥，否则施工后可能出现起鼓和黏结不良现象，应避免雨淋和受潮。

3）卷材应贮存在阴凉通风的室内，避免雨淋、日晒和受潮，严禁接近火源，沥青防水卷材的贮存环境温度不得高于 45℃，卷材宜直立堆放，其高度不宜超过两层，并不得倾斜或横压，短途运输平放不宜超过四层。

4）卷材在贮运和保管中应避免与化学介质及有机溶剂等有害物质接触，以防止卷材被某些化学介质及溶剂溶解或腐蚀。

 复习思考题

1. 防水卷材有哪些主要品种？各自的适用性如何？
2. 简述 SBS 改性沥青防水卷材、APP 改性沥青防水卷材的应用。

9.3 防水涂料和建筑密封材料

防水涂料是以沥青、高分子合成材料等为主体，在常温下呈无定形流态或半流态，经涂布能在结构物表面结成坚韧防水膜的物料的总称。建筑密封材料是指能够承受建筑物接缝位移以达到气密、水密目的而嵌入接缝中的材料。

9.3.1 防水涂料

防水涂料按成膜物质主要成分分为沥青基防水涂料（如冷底子油、水性沥青基防水涂料）、高聚物改性沥青基防水涂料（如氯丁橡胶改性沥青防水涂料、再生橡胶改性沥青基防水涂料）和合成高分子涂料（如聚氨酯防水涂料、聚合物水泥防水涂料、丙乙酸酯防水涂料）三类；按液态类型可分为溶剂型（将碎块沥青或热熔沥青溶于有机溶剂经强力搅拌而成）、水乳型（沥青和改性材料微粒经强力搅拌分散于水中或分散在有乳化剂的水中而形成的乳胶体）和反应型（组分之间能发生化学反应并能形成防水膜的涂料）三种。

9.3.1.1 沥青基防水涂料

（1）冷底子油 冷底子油是用汽油、煤油、柴油、工业苯等有机溶剂与沥青材料溶合制得的沥青涂料。它黏度小，具有良好的流动性，涂刷在混凝土、砂浆、木材等材料基面上，能很快渗入材料的毛细孔隙中，待溶剂挥发后，便与基材牢固结合，使基面具有一定的憎水性，为黏结同类防水材料创造了有利条件。因它多在常温下用作防水工程的打底材料，故名冷底子油。

冷底子油形成的涂膜较薄，一般不单独作防水材料使用，只做某些防水材料的配套材料。施工时在基层上先涂刷一道冷底子油，再刷沥青防水涂料或铺防水卷材。冷底子油随配随用，配制时应采用与沥青相同产源的溶剂。通常采用 30%～40% 的 30 号或 10 号石油沥青，与 60%～70% 的有机溶剂（多用汽油、柴油、煤油等）配制而成，见表 9-7。

（2）沥青胶 沥青胶（又称沥青玛蹄脂）是在熔化的沥青中加入粉状或纤维状的填充料（如滑石粉、石灰石粉、白云石粉、云母粉、木纤维等）经均匀混合而成。有冷用和热用两种，前者称为冷沥青胶或冷玛蹄脂，后者称热沥青胶或热玛蹄脂。施工时，一般采用热用。

表 9-7 冷底子油配合比

10 号或 30 号石油沥青	溶剂	
	轻柴油或煤油	汽油
40%	60%	—
30%	—	70%

注：方法 a 为将沥青加热熔化，使其脱水不再起泡为止。再将熔好的沥青倒入桶中冷却，待达到 110～140℃ 时，将沥青成细流状慢慢注入一定量的溶剂中，并不停地搅拌，直至沥青完全加完、溶解均匀为止。

方法 b 为与上述方法一样将熔化沥青倒入桶或壶中，待冷却至 110～140℃ 后，将溶剂按配合比要求分批注入沥青熔液中，边加边不停地搅拌，直至加完、溶解均匀为止。

配制热用沥青胶时，是将沥青加热脱水后与加热干燥的粉状或纤维状填充料热拌而成。热用时填料的作用是为了提高沥青的耐热性，增加韧性，降低低温脆性。冷用时，需加入稀释剂将其稀释，在常温下施工，涂刷成均匀的薄层。

（3）乳化沥青 乳化沥青是将沥青热熔后，经高速机械剪切后，沥青以细小的微粒状态分散于含有乳化剂的水溶液中，形成的水包油型的沥青乳液。这种分散体系的沥青为分散相，水为连续相，常温下具有良好的流动性。乳化沥青具有以下优点。

1）可以冷施工。乳化沥青用于筑路及其他用途时不需要加热，可以直接与骨料拌合，或直接洒布，或喷涂于骨料及其他物体表面，施工方便，节约能源，减少污染，改善劳动条件。同时减少了沥青的受热次数，缓解了沥青的热老化。

2）可以增强沥青与骨料的黏附性及拌和均匀性，节约 10%～20% 的沥青。

3）可延长施工季节，气温在 5～10℃ 时仍可施工。

4）可扩大沥青的用途。除了广泛地应用在道路工程外，还应用于建筑屋面及洞库防水、金属材料表面防腐、农业土壤改良及植物养生、铁路的整体道床、沙漠的固沙等方面。

乳化沥青应采用带盖的铁桶、塑料桶、编织袋包装；贮存温度不得低于 0℃，应避免暴晒。自出厂之日起，贮存期为 3 个月，运输时不得倾斜或横放。

9.3.1.2 高聚物改性沥青防水涂料

高聚物改性沥青防水涂料又称橡胶沥青类防水涂料，是以石油沥青为基料，用高分子聚合物进行改性，配制成的防水涂料。常用再生橡胶进行改性或用氯丁橡胶进行改性。该类涂料有水乳型和溶剂型两种，其质量应符合表 9-8 的要求。

表 9-8 高聚物改性沥青防水涂料物理性能（GB 50345—2012）

项目		质量要求	
		水乳型	溶剂型
固体含量/%		≥43	≥48
耐热性/(80℃,5h)		无流淌、起泡、滑动	
低温柔性/(℃,2h)		−15,无裂纹	−15,无裂纹
不透水性	压力/MPa	≥0.1	≥0.2
	保持时间/min	≥30	≥30
断裂伸长率/%		≥600	—
抗裂性/mm		—	基层裂缝 0.3mm,涂膜无裂纹

溶剂型再生橡胶沥青防水涂料，又名再生橡胶沥青防水涂料、JG-1 橡胶沥青防水涂料；溶剂型氯丁橡胶沥青防水涂料，又名氯丁橡胶沥青防水涂料。氯丁橡胶沥青防水涂料是氯丁

橡胶和石油沥青溶化于甲基（或二甲苯）而形成的一种混合胶体溶液，其主要成膜物质是氯丁橡胶和石油沥青。

水乳型再生橡胶沥青防水涂料主要成膜物质是再生橡胶和石油沥青；水乳型氯丁橡胶沥青防水涂料，又名氯丁胶乳沥青防水涂料。

溶剂型涂料能在各种复杂表面形成无接缝的防水膜，具有较好的韧性和耐久性，涂料成膜较快，同时具备良好的耐水性和抗腐蚀剂，能在常温或较低温度下冷施工。但一次成膜较薄，以汽油或苯为溶剂，在生产、贮运和使用过程中有燃爆危险，氯丁橡胶价格较贵，生产成本较高。水乳型涂料能在复杂表面形成无接缝的防水膜，具有一定的柔韧性和耐久性，无毒、无味、不燃，安全可靠，可在常温下冷施工，不污染环境，操作简单，维修方便，可在稍潮湿但无积水的表面施工。但需多次涂刷才能达到厚度要求，稳定性较差，气温低于5℃时不宜施工。

9.3.1.3 合成高分子涂料

合成高分子涂料是以合成橡胶或合成树脂为主要成膜物质，加入其他辅助材料配制而成。合成高分子涂料强度高、延伸大、柔韧性好，耐高、低温性能好，耐紫外线和酸、碱、盐老化能力强，使用寿命长。

合成高分子防水涂料按成膜机理和溶剂种类分为溶剂型、水乳型和反应型三种。

（1）聚氨酯防水涂料 聚氨酯（PU）防水涂料亦称聚氨酯涂膜防水材料，是以聚氨酯树脂为主要成膜物质的一类高分子反应型防水材料。这一类涂料通过组分间的化学反应直接由液态变为固态，固化时几乎不产生体积收缩，易形成厚膜。按组分分为单组分（S）、多组分（M）两种；按拉伸性能分为Ⅰ、Ⅱ和Ⅲ三类。多以双组分形式使用，见表9-9。我国目前有两种，一种是焦油系列双组分聚氨酯涂膜防水材料，一种是非焦油系列双组分聚氨酯涂膜防水材料。

表 9-9 聚氨酯防水涂料基本性能 (GB/T 19250—2013)

序号	项目			技术指标		
				Ⅰ	Ⅱ	Ⅲ
1	固体含量/%	≥	单组分	85.0		
			多组分	92.0		
2	表干时间/h		≤	12		
3	实干时间/h		≤	24		
4	流平性①			20min 时，无明显齿痕		
5	拉伸强度/MPa		≥	2.00	6.00	12.0
6	断裂伸长率/%		≥	500	450	250
7	撕裂强度/(N/mm)		≥	15	30	40
8	低温弯折性/℃		≤	−35℃，无裂纹		
9	不透水性			0.3MPa,120min,不透水		
10	加热伸缩率/%			−4.0～+1.0		
11	黏结强度/MPa		≥	1.0		
12	吸水率/%		≤	5.0		

序号	项目		技术指标		
			I	II	III
13	定伸时老化	加热老化	无裂纹及变形		
		人工气候老化②	无裂纹及变形		
14	热处理(80℃,168h)	拉伸强度保持率/%	80~150		
		断裂伸长率/% ≥	450	400	200
		低温弯折性	−30℃,无裂纹		
15	碱处理[0.1% NaOH＋饱和 Ca(OH)₂溶液,168h]	拉伸强度保持率/%	80~150		
		断裂伸长率/% ≥	450	400	200
		低温弯折性	−30℃,无裂纹		
16	酸处理[2% H₂SO₄溶液,168h]	拉伸强度保持率/%	80~150		
		断裂伸长率/% ≥	450	400	200
		低温弯折性	−30℃,无裂纹		
17	人工气候老化②(1000h)	拉伸强度保持率/%	80~150		
		断裂伸长率/% ≥	450	400	200
		低温弯折性	−30℃,无裂纹		
18	燃烧性能②		B_2-E(点火 15s,燃烧 20s,F_S≤150mm,无燃烧滴落物引燃滤纸)		

①仅用于地下工程潮湿基面时要求。②仅用于外露使用的产品。

聚氨酯防水涂料弹性好,延伸率大,耐臭氧,耐候性好,耐腐蚀性好,耐磨性好,不燃烧,施工操作简便。涂刷 3~4 层时耐用年限在 10 年以上。这种涂料主要用于高级建筑的卫生间、厨房、厕所、水池及地下室防水工程和有保护层的屋面防水工程。合成高分子防水涂料其性能优于高聚物改性沥青防水涂料,但价格较贵,可与其他防水材料复合使用,综合防水性能较好。

(2) 聚合物水泥防水涂料 聚合物水泥防水涂料,又称 Js 复合防水涂料,是建筑防水涂料中近年来发展起来的一大类别。是以丙烯酸酯、乙烯-乙酸乙烯酯等聚合物乳液和水泥为主要原料,加入填料及其他助剂配制而成,经水分挥发和水泥水化反应固化成膜的双组分水性防水涂料。其性质属有机与无机复合型防水材料。按力学性能分为 I 型、II 型和 III 型。I 型适用于活动量较大的基层,II 型和 III 型适用于活动量较小的基层。

根据《聚合物水泥防水涂料》(GB/T 23445—2009)的规定,聚合物水泥防水涂料主要技术性能应满足表 9-10 的要求。

聚合物水泥防水涂料对基面有更好的适应能力。它可以在潮湿基面施工,利用水泥与水的水化反应来消除基面含水率较高的不利影响,干燥速度快,异形部位操作简便,挥发分较低,施工过程较为安全。

9.3.2 建筑密封材料

建筑密封材料在防水工程中,对建筑物进行密封,保证了建筑物具有良好的气密性和水密性,起到防水、防尘和隔音的作用。因此,合理选用密封材料,正确进行密封防水设计与

表 9-10 聚合物水泥防水涂料物理力学性能（GB/T 23445—2009）

序号	试验项目			技术指标		
				Ⅰ 型	Ⅱ 型	Ⅲ 型
1	固体含量/%		≥	70	70	70
2	拉伸强度	无处理/MPa	≥	1.2	1.8	1.8
		热处理后保持率/%	≥	80	80	80
		碱处理后保持率/%	≥	60	70	70
		浸水处理后保持率/%	≥	60	70	70
		紫外线处理后保持率/%	≥	80		
3	断裂伸长率	无处理/%	≥	200	80	30
		加热处理/%	≥	150	65	20
		碱处理/%	≥	150	65	20
		浸水处理/%	≥	150	65	20
		紫外线处理/%	≥	150	—	—
4	低温柔性（φ10mm 棒）/℃			−10 无裂纹	—	—
5	黏结强度	无处理/MPa	≥	0.5	0.7	1.0
		潮湿基层/MPa	≥	0.5	0.7	1.0
		碱处理/MPa	≥	0.5	0.7	1.0
		浸水处理/MPa		0.5	0.7	1.0
6	不透水性（0.3MPa，30min）			不透水	不透水	不透水
7	抗渗性（砂浆背水面）/MPa ≥			—	0.6	0.8

施工，是保证防水工程质量的重要内容。密封材料分为不定型密封材料和定型密封材料两大类。前者指膏糊状材料，如腻子、塑性密封膏、弹性和弹塑性密封膏或嵌缝膏；后者是根据密封工程的要求制成带、条、垫形状的密封材料。密封材料主要用于防水工程嵌填各种变形缝、分挡缝、分格缝、墙板缝、门窗框、幕墙材料周边，密封细部构造及卷材搭接缝等部位。常见密封材料有：沥青防水嵌缝油膏、聚氨酯密封膏、聚氯乙烯接缝膏等。

9.3.2.1 沥青防水嵌缝油膏

建筑防水沥青嵌缝油膏（简称油膏）是以石油沥青为基料，加入改性材料及填充料混合制成的冷用膏状材料。适用于各种混凝土屋面板、墙板等建筑构件节点的防水密封。建筑防水沥青嵌缝油膏的性能见表 9-11。

沥青防水嵌缝油膏使用时注意贮存、操作远离明火；施工时如遇温度过低，膏体变稠而难以操作时，可以间接加热使用；使用时除配低涂料外，不得用汽油、煤油等稀释，以防止降低油膏黏度，亦不得戴粘有滑石粉和机油的湿手套操作。剩余材料应密封，在 5～25℃室温中存放。贮存期为 6～12 个月。

9.3.2.2 聚氨酯密封膏

聚氨酯密封膏是以聚氨基甲酸酯聚合物为主要成分的双组分反应固化型的建筑密封材料。按流变性分为两种类型：N 型（非下垂型）；L 型（自流平型）。聚氨酯密封膏弹性好，黏结力强，耐疲劳性和耐候性优良，耐水、耐油，是一种中高档密封材料。广泛用于大型工程及建筑渗漏的处理，如机场跑道、高速公路、体育场馆等。

表 9-11　建筑防水沥青嵌缝油膏的性能（JC/T 207—2011）

序号	项目		技术指标	
			702	801
1	密度/(g/cm³)		规定值±0.1	
2	施工度/mm		≥22.0	≥20.0
3	耐热性	温度/℃	70	80
		下垂值/mm	≤4.0	
4	低温柔性	温度/℃	−20	−10
		黏结状况	无裂纹和剥离现象	
5	拉伸黏结性/%		≥125	
6	浸水后拉伸黏结性/%		≥125	
7	渗出性	渗出幅度/mm	≤5	
		渗出张数/张	≤4	
8	挥发性		≤2.8	

注：规定值由厂方提供或供需双方商定。

 复习思考题

1. 简述合成高分子防水涂料的类型。
2. 简述建筑密封材料的应用。

小　　结

$$\text{沥青材料}\begin{cases}\text{石油沥青}\\\text{煤沥青}\\\text{改性沥青}\end{cases}\text{技术性能、应用等}$$

$$\text{防水卷材}\begin{cases}\text{沥青防水卷材}\\\text{高聚物改性沥青防水卷材}\\\text{合成高分子防水卷材}\end{cases}\begin{matrix}\text{技术性能、使用环境选用原则}\\\text{包装、标志、运输与贮存}\end{matrix}$$

$$\text{防水涂料}\begin{cases}\text{沥青基防水涂料}\\\text{高聚物改性沥青防水涂料}\\\text{合成高分子防水涂料}\end{cases}\text{技术性能}$$

建筑密封材料　技术性能

实 训 课 题

试检测 SBS 防水卷材的耐热性、低温柔性、不透水性、拉力及延伸率。
要求：1. 检测其耐热性、低温柔性、不透水性、拉力及延伸率；
　　　2. 填写 SBS 防水卷材检测的原始记录和结果报告单。

第10章 建筑塑料

知识点

了解建筑塑料的分类、组成及特点，了解常用建筑塑料制品的种类、特点和应用。

教学目标

通过本章学习，能了解建筑塑料及常用建筑塑料制品的种类、特点、应用。

建筑上常用的塑料制品绝大多数是以合成树脂为主要成分，加入各种填充料和添加剂，在一定的温度、压力条件下塑制而成的材料。一般习惯将用于建筑工程中的塑料及制品称为建筑塑料。

塑料在建筑工程中应用广泛，塑料可用作装饰装修材料制成塑料门窗、塑料装饰板、塑料地板等；可制成塑料管道、卫生设备以及绝热、隔音材料，如聚苯乙烯泡沫塑料等；也可制成涂料，如过氯乙烯溶液涂料、增强涂料等；还可作为防水材料，如塑料防潮膜、嵌缝材料和止水带等；还可制成黏合剂、绝缘材料用于建筑中。目前塑料已成为继混凝土、钢材、木材之后的第四种主要建筑材料，有着非常广阔的发展前景。

10.1 建筑塑料的分类、组成及特点

10.1.1 建筑塑料的分类

建筑常用的塑料按照受热时的变化特点，分为热塑性塑料和热固性塑料。热塑性塑料经加热成型、冷却硬化后，再经加热还具有可塑性；热固性塑料经初次加热成型并冷却固化后，再经加热也不会软化和产生塑性。常用的热塑性塑料有聚氯乙烯塑料（PVC）、聚乙烯塑料（PE）、聚丙烯塑料（PP）、聚苯乙烯塑料（PS）、改性聚苯乙烯塑料（HIPS）、有机玻璃（PMMA）等；常用的热固性塑料有酚醛树脂塑料（PF）、不饱和聚酯树脂塑料（UP）、环氧树脂塑料（EP）、有机硅树脂塑料（SI）、玻璃纤维增强塑料（GRP）等。

10.1.2 建筑塑料的组成

10.1.2.1 合成树脂

合成树脂为塑料的主要成分，在塑料中的含量约为 $40\%\sim100\%$。合成树脂在塑料中起

胶黏剂的作用，能将其他材料牢固地胶结在一起。塑料的主要性能和成本决定于所采用的合成树脂。

10.1.2.2 填充料

填充料又称填充剂，是塑料中不可缺少的原料，在塑料中的含量约为 20％～50％。填充料的主要作用是调节塑料的物理化学性能，同时节约树脂，降低塑料的成本。如加入玻璃纤维填充料可提高塑料的机械强度；加入石棉填充料可提高塑料的耐热性；加入云母填充料可增加塑料的电绝缘性等。常用的填充料有木粉、纸屑、废棉、废布、滑石粉、石墨粉、石灰石粉、云母、石棉和玻璃纤维等。

10.1.2.3 添加剂

添加剂是为了改善塑料的某些性能，以适应塑料使用或加工时的特殊要求而加入的辅助材料，常用的添加剂有增塑剂、固化剂、着色剂、稳定剂等。

（1）增塑剂　增塑剂的主要作用是为了提高塑料加工时的可塑性，使其在较低的温度和压力下成型，改善塑料的强度、韧性、柔软性等力学性能。对增塑剂的要求是不易挥发，与合成树脂的相溶性好，稳定性好，其性能的变化不得影响塑料的性质。常用的增塑剂有邻苯二甲酸二丁酯、邻苯二甲酸二辛酯、磷酸三甲酚酯、樟脑等。

（2）固化剂　固化剂是调节塑料固化速度，使树脂硬化的物质。通过选择固化剂的种类和掺量，可取得所需要的固化速度和效果。常用的固化剂有胺类、酸酐、过氧化物等。

（3）着色剂　加入着色剂的目的是将塑料染制成所需要的颜色。着色剂除满足色彩要求外，还应具有分散性好、附着力强、不与塑料成分发生化学反应，不褪色等特性。

（4）稳定剂　稳定剂的作用是使塑料长期保持工程性质，防止塑料的老化，延长塑料制品的使用寿命。常用的稳定剂有抗老化剂、热稳定剂等，如硬脂酸盐、铅化物及环氧树脂等。

此外，为使塑料获得某种性能还可加入其他添加剂，如阻燃剂、润滑剂、发泡剂、抗静电剂等。

10.1.3 建筑塑料的主要特点

建筑塑料与传统建筑材料相比，具有以下一些优良的特性。

（1）优良的加工性能　塑料可采用比较简单的方法制成各种形状的产品，如薄板、薄膜、管材、异形材料等，并可采用机械化的大规模生产。

（2）重量轻，比强度高　塑料的密度大约为 $0.8～2.2g/cm^3$ 之间，是钢材的 1/8～1/4，混凝土的 1/3～2/3，与木材相近。塑料的强度较高，比强度（强度与体积密度的比值）接近或超过钢材，约为混凝土的 5～15 倍，是一种优良的轻质高强材料。

（3）绝热性好，吸声、隔音性好　塑料制品的热导率小，其导热能力约为金属的 1/500～1/600，混凝土的 1/40，砖的 1/20，泡沫塑料的热导率与空气相当，是理想的绝热材料。塑料（特别是泡沫塑料）可减小振动，降低噪声，是良好的吸声材料。

（4）装饰性好　塑料制品不仅可以着色，而且色泽鲜艳持久，图案清晰。可通过照相制版印刷，模仿天然材料的纹理达到以假乱真的效果。还可通过电镀、热压、烫金制成各种图案和花型，使其表面具有立体感和金属的质感。

（5）耐水性和耐水蒸气性强　塑料属憎水性材料，一般吸水率和透气性很低，可用于防水、防潮工程。

（6）耐化学腐蚀性好，电绝缘性好　塑料制品对酸、碱、盐等有较好的耐腐蚀性，特别适合做化工厂的门窗、地面、墙壁等。塑料一般是电的不良导体，电绝缘性好，可与陶瓷、橡胶媲美。

建筑塑料作为建筑材料使用也存在一些缺点，有待进一步改进。塑料的主要缺点有：耐热性差，易燃烧，且燃烧时释放出对人体有害的气体；刚度小，易变形；在日光、大气、热等外界因素作用下，塑料容易产生老化，性能发生变化。

 复习思考题

1. 什么是塑料？塑料在建筑工程中主要用于哪些方面？
2. 建筑塑料有哪些主要优点和缺点？
3. 建筑塑料的组成材料有哪些？它们在塑料中各起什么作用？

10.2 常用建筑塑料的特性与用途

常用建筑塑料的特性与用途见表10-1。

表 10-1　常用建筑塑料的特性与用途

名称	特性	用途
聚氯乙烯（PVC）	耐化学腐蚀性和电绝缘性优良，力学性能较好，难燃，但耐热性差	有硬质、软质、轻质发泡制品,可制作管道、门窗、装饰板、壁纸、防水材料、保温材料等,是建筑工程中应用最广泛的一种塑料
聚乙烯（PE）	柔韧性好,耐化学腐蚀好,成型工艺好,但刚性差,易燃烧	主要用于防水材料、给排水管道、绝缘材料等
聚丙烯（PP）	耐化学腐蚀性好,力学性能和刚性超过聚乙烯,但收缩率大,低温脆性大	管道、容器、卫生洁具、耐腐蚀衬板等
聚苯乙烯（PS）	透明度高,机械强度高,电绝缘性好,但脆性大,耐冲击性和耐热性差	主要用来制作泡沫隔热材料,也可用来制造灯具平顶板等
改性聚苯乙烯（HIPS）	具有韧、硬、刚相均衡的力学性能,电绝缘性和耐化学腐蚀性好,尺寸稳定,但耐热性、耐候性较差	主要用于生产建筑五金和各种管材、模板、异形板等
有机玻璃（PMMA）	有较好的弹性、韧性、耐老化性,耐低温性好,透明度高,易燃	主要用作采光材料,可代替玻璃,但性能优于玻璃
酚醛树脂（PF）	绝缘性和力学性能良好,耐水性、耐酸性好,坚固耐用,尺寸稳定,不易变形	生产各种层压板、玻璃钢制品、涂料和胶黏剂
不饱和聚酯树脂（UP）	可在低温下固化成型,耐化学腐蚀性和电绝缘性好,但固化收缩率较大	主要用于生产玻璃钢、涂料和聚酯装饰板等
环氧树脂（EP）	粘接性和力学性能优良,电绝缘性好,固化收缩率低,可在室温下固化成型	主要用于生产玻璃钢、涂料和胶黏剂等产品
有机硅树脂（SI）	耐高温、低温,耐腐蚀,稳定性好,绝缘性好	用于高级绝缘材料或防水材料
玻璃纤维增强塑料（GRP）	强度特别高,质轻,成型工艺简单,除刚度不如钢材外,各种性能均很好	在建筑工程中应用广泛,可用作屋面材料、墙体材料、排水管、卫生器具等

10.3　建筑塑料的应用

建筑塑料的应用主要有塑料型材和塑料管材。

10.3.1　塑料型材

10.3.1.1　塑料地板

塑料地板包括用于地面装饰的各类塑料块材和铺地卷材。塑料地板不仅起着装饰、美化环境的作用，还赋予步行者以舒适的脚感，御寒保温，对减轻疲劳、调整心态有重要作用。塑料地板可用于绝大多数的公用建筑，如办公楼、商店、学校等地面。另外，以白炭黑作为导电材料的防静电 PVC 地板广泛用于邮电部门、实验室、计算机房、精密仪表控制车间等的地面铺设。

10.3.1.2　塑料门窗

由于塑料具有容易加工和拼装上的优点，对门窗结构形式的设计有更大的灵活性，常见的塑料门窗有推拉窗和平开窗两种。

塑料门按其结构形式主要有镶板门、框板门和折叠门三种。

塑料门窗有以下优点：隔热性能优异，它的保温隔热性能远优于木门窗。气密性、水密性好，减少了进入室内的尘土，改善了生活、工作环境。装饰性好，可根据需要设计出各种颜色和样式，门窗尺寸准确，一次成型，具有良好的装饰性。加工性能好。隔音性能优越。另外，生产塑料门窗时加入抗老化剂，可以加强其耐老化性能。

门窗作为建筑物表面维护结构的一部分，直接影响到建筑的节能情况，提高门窗的保温隔热性能是降低建筑长期能耗的重要途径之一。为满足不同地区和不同档次的要求，我国相继开发出聚氯乙烯塑料门窗、玻璃钢门窗以及铝合金门窗、断桥铝合金门窗、彩色钢板门窗、不锈钢门窗等。这些门窗的应用达到了较好的节能效果。

塑料门窗是我国重点发展的建筑材料之一。塑料门窗的保温性能受以下因素影响：一是型材的厚度；型材厚度越大，其保温性能越好；二是型材腔体；型材的腔体越多，阻止热流传递的能力越强，保温性能越好。

10.3.1.3　塑料壁纸

塑料墙纸是以一定材料为基材，表面进行涂塑后，再经过印花、压花或发泡处理等多种工艺而制成的一种装饰材料。它是目前国内外广泛使用的一种室内墙面装饰材料，也可用于天棚、梁柱以及车辆、船舶、飞机的表面装饰。塑料墙纸一般分为普通墙纸、发泡墙纸和特种墙纸三类。

10.3.1.4　玻璃钢建筑制品

常见的玻璃钢建筑制品是用玻璃纤维及其织物为增强材料，以热固性不饱和聚酯树脂（UP）或环氧树脂（EP）等为胶黏材料制成的一种复合材料。它的重量轻，强度接近钢材，因此人们常把它称为玻璃钢。常见的玻璃钢建筑制品有玻璃钢波形瓦、玻璃钢采光罩、玻璃钢卫生洁具、玻璃钢门窗等。

10.3.2　塑料管材

10.3.2.1　硬质聚氯乙烯（UPVC）塑料管

UPVC 管是使用最普遍的一种塑料管，约占全部塑料管的 80%。UPVC 管的特点是有较高的硬度和刚度，许用应力在 10MPa 以上，价格比其他塑料管低，故在各种管材的产量中居第一位。UPVC 管分有 Ⅰ型、Ⅱ型和Ⅲ型产品。Ⅰ型管是高强度聚氯乙烯管，这种管在加工过程中，树脂添加剂中增塑剂成分为最低，所以通常称为未增塑聚氯乙烯管，因此具有较好的物理和化学性能，其热变形温度为 70℃，最大的缺点是低温下较脆，冲击强度低。Ⅱ型管又称耐冲击聚氯乙烯管，它是在制作过程中，加入了 ABS、CPE 或丙烯酸树脂等改性剂，因此其抗冲击性能比Ⅰ型高，热变形温度比Ⅰ型低，为 60℃。Ⅲ型管为氯化聚氯乙烯管，具有较高的耐热和耐化学性能，热变形温度为 100℃，故称为高温聚氯乙烯管，使用温度可达 100℃，可作为沸水管道用材。硬聚氯乙烯管的使用范围很广，可用作给水、排水、灌溉、供气、排气等管道，住宅生活用管道，工矿业工艺管道以及电线、电缆套管等。

10.3.2.2 聚乙烯 (PE) 塑料管

聚乙烯管的特点是密度小，强度与质量比值高，脆化温度低（−80℃），优良的低温性能和韧性使其能抵抗车辆和机械振动、冰冻和解冻及操作压力突然变化的破坏。聚乙烯管性能稳定，在低温下亦能经受搬运和使用中的冲击；不受输送介质中液态烃的化学腐蚀；管壁光滑，介质流动阻力小。高密度聚乙烯（HDPE）管耐热性能和力学性能均高于中密度和低密度聚乙烯管，是一种难透气、透湿、最低渗透性的管材；中密度聚乙烯（MDPE）管既有高密度聚乙烯管的刚性和强度，又有低密度聚乙烯管良好的柔性和抗蠕变性，比高密度聚乙烯管有更高的热熔连接性能，管道安装十分便利，其综合性能高于高密度聚乙烯管；低密度聚乙烯（LDPE）管的特点是化学稳定性和高频绝缘性能十分优良，柔软性、伸长率、耐冲击和透明性比高、中密度聚乙烯管好，但管材许用应力仅为高密度聚乙烯管的一半。聚乙烯管材中，中密度和高密度管材最适宜作城市燃气和天然气管道，特别是中密度聚乙烯管材更受欢迎。低密度聚乙烯管宜作饮用水管、电缆导管、农业喷洒管道、泵站管道，特别是用于需要移动的管道。

10.3.2.3 聚丙烯 (PP) 塑料管和无规共聚聚丙烯 (PPR) 塑料管

（1）聚丙烯（PP）塑料管　聚丙烯（PP）塑料管与其他塑料管相比，具有较高的表面硬度和表面光洁度，流体阻力小，使用温度范围为 100℃ 以下，许用应力为 5MPa，弹性模量为 130MPa。聚丙烯管多用作化学废料排放管、化验室废水管、盐水处理管及盐水管道等。

（2）无规共聚聚丙烯（PPR）塑料管　PP 管的使用温度有一定的限制，为此可以在丙烯聚合时掺入少量的其他单体，如乙烯、1-丁烯等进行共聚。由丙烯和少量其他单体共聚的 PP 称为共聚 PP，共聚 PP 可以减少聚丙烯高分子链的规整性，从而减少 PP 的结晶度，达到提高 PP 韧性的目的。共聚聚丙烯又分为嵌段共聚聚丙烯和无规共聚聚丙烯（PPR）。PPR 具有优良的韧性和抗温度变形性能，能耐 95℃ 以上的沸水，低温脆化温度可降至 −15℃，是制作热水管的优良材料，现已在建筑工程广泛应用。

10.3.2.4 其他塑料管

（1）ABS 塑料管　ABS 塑料管使用温度为 90℃ 以下，许用压力在 7.6MPa 以上。由于 ABS 管具有比硬聚氯乙烯管、聚乙烯管更高的冲击韧性和热稳定性，因此可用作工作温度较高的管道。在国外，ABS 管常用作卫生洁具下水管、输气管、污水管、地下电气导管、高腐蚀工业管道等。

（2）聚丁烯（PB）塑料管　聚丁烯管柔性与中密度聚乙烯相似，强度特性介于聚乙烯和聚丙烯之间，聚丁烯具有独特的抗蠕变（冷变形）性能。因此需要较大负荷才能达到破坏，这为管材提供了额外安全系数，使之能反复绞缠而不折断。其许用应力为 8MPa，弹性模量为 50MPa，使用温度范围为 95℃ 以下，聚丁烯管在化学性质上不活泼，能抗细菌、藻类或霉菌，因此，可用作地下埋设管道。聚丁烯管主要用作给水管、热水管、楼板采暖供热管、冷水管及燃气管道。

（3）玻璃钢（GRP）管 玻璃纤维增强塑料俗称玻璃钢。玻璃钢管具有强度高、重量轻、耐腐蚀、不结垢、阻力小、耗能低、运输方便、拆装简便、检修容易等优点。玻璃钢管主要用作石油化工管道和大口径给排水管。

（4）复合塑料管 随着材料复合技术的迅速发展，以及各行各业对管材性能越来越高的要求，出现了塑料管材的复合化。复合的类型主要有如下几种：热固性树脂玻璃钢复合热塑性塑料管材，热固性树脂玻璃钢复合热固性塑料管材，不同品种热塑性塑料的双层或多层复合管材，以及与金属复合的管材等。

 复习思考题

建筑工程中常用的塑料有哪些？分别适用于什么地方？

小　　结

1. 建筑塑料由于具有许多优良的性能，在建筑工程中应用广泛，目前已成为继混凝土、钢材、木材之后的第四种主要建筑材料。

2. 建筑塑料的主要成分为合成树脂，另外还根据需要加入一些填充料和添加剂。

3. 塑料按照受热时变化不同，分为热塑性塑料和热固性塑料。热塑性塑料经加热成型、冷却硬化后，再经加热还具有可塑性；热固性塑料经初次加热成型并冷却固化后，再经加热也不会软化和产生塑性。

第11章 木材

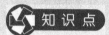

知识点

了解木材的分类、构造及综合应用、防腐与防火，掌握木材的主要性能及木制品。

教学目标

通过本章学习，能根据木材的用途和性能，正确选用、使用木制品。

作为常用的建筑及装饰材料，木材具有如下优良性能：重量轻、强度较高；弹性、韧性较高，耐冲击和振动；木质较软，易于加工，大部分木材都具有美丽的纹理，易于着色和油漆，是建筑装修和制作家具的理想材料；对热、声、电的绝缘性好；耐久性较高。但木材也存在如下缺点：内部构造不均匀，导致各向异性；含水量易随周围环境湿度变化而改变；易腐朽及虫蛀；易燃烧；天然疵病较多；尺寸受到限制等。但是经过一定的加工和处理，木材的这些缺点可以得到一定程度的弥补。

11.1 木材的分类与构造

11.1.1 木材的分类

木材按成树的树叶外观形状不同通常分为针叶树木和阔叶树木两大类。

针叶树木多为常绿树，树干通直高大，材质均匀轻软，纹理平顺，加工性较好，故又称软木。其强度较高，体积密度和干湿变形较小，耐腐蚀性较强，为建筑工程中的主要用材，广泛用于承重结构构件和门窗、地面用材及装饰用材等。常用树种有冷杉、云杉、红松、马尾松、落叶松等。

阔叶树木大多为落叶树，树干通直部分较短，材质一般重而硬，较难加工，故又称硬木。干湿变形大，易翘曲和干裂。建筑上常用作尺寸较小的构件，不宜作承重构件。有些树种纹理美观，适合用于室内装修、制作家具及胶合板等。常用树种有樟木、榆木、水曲柳、杨木、桦木、槐木等。

11.1.2 木材的构造

由于树种的差异和树木生长环境的不同，木材构造差别很大。木材的构造是决定木材性能的重要因素。了解木材的构造可从宏观和微观两个方面进行。

11.1.2.1 木材的宏观构造

木材的宏观构造系指用肉眼或借助低倍放大镜（通常为 10 倍）所能观察到的木材特征，亦称为木材的粗视特征。

根据木材的各向异性，可从树干的三个切面上来剖析其宏观构造，三个切面分别为横切面（垂直于树轴的切面）、径切面（通过树轴的纵切面）和弦切面（平行于树轴的纵切面），见图 11-1。由图可见，树干是由树皮、木质部和髓心三部分组成。

（1）树皮　树皮是指木材外表面的整个组织，起保护树木作用，建筑上用途不大。针叶树木树皮一般呈红褐色，阔叶树木多呈褐色。

（2）木质部　木质部是木材作为建筑材料使用的主要部分，研究木材的构造主要是指木质部的构造。在木质部中，接近树干中心颜色较深的部分，称为心材，仅起支持树

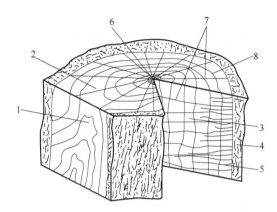

图 11-1　木材的宏观构造
1—弦切面；2—横切面；3—径切面；4—树皮；
5—木质部；6—髓心；7—髓线；8—年轮

干的力学作用。心材含水量较少，所以湿胀干缩较小，抗腐蚀性也较强。靠近横切面的外部，颜色较浅的部分称为边材。它含水量较多，易翘曲变形，抗腐蚀性较心材差。一般而言，心材比边材的利用价值大。

（3）髓心　在树干中心由第一轮年轮组成的初生木质部分称为髓心。其材质松软，强度低，易腐朽开裂。对材质要求高的用材不得带有髓心。髓心的结构系指髓心腔内物质和腔壁形状，如图 11-2 所示，分为分隔髓、实心髓、空心髓三种。

从髓心向外呈放射状分布的横向纤维，称为髓线。木材弦切面上髓线呈长短不一的纵线，在径切面上则形成宽度不一的射线斑纹。髓线的细胞壁很薄，质软，与周围细胞结合力弱，木材干燥时易沿髓线开裂。

从横切面上可看到木质部具有深浅相间的同心圆环，成为年轮。在同一年轮内，春天生长的木质，色较浅，质较松，称为春材（早材）；夏

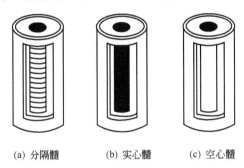

(a) 分隔髓　　(b) 实心髓　　(c) 空心髓
图 11-2　髓心结构

秋两季生长的木质，色较深，质较密，为夏材（晚材）。相同树种，年轮越密，材质越好；夏材部分越多，木材强度越高。髓线和年轮组成了木材美丽的天然纹理。

11.1.2.2 木材的微观构造

在显微镜下观察到的木材构造，称为微观构造。

借助显微镜观察到木材三个切面上的细胞排列，90%～95%都是纵向的空心管状细胞。在径切面上可看到横向排列的髓线（薄壁细胞），每一细胞分作细胞壁和细胞腔两部分。细胞壁由若干层细纤维组成，其纵向连接较横向连接牢固。细纤维间存在极小空隙，能吸附和渗透水分。细胞本身的组织构造在很大程度上决定木材的性质，如细胞壁越厚，细胞腔越小，组织越均匀，则木材越密实，承受外力的能力越强，细胞壁吸附水分的能力也越强，体积密度和强度越大，湿胀干缩率也越大。

复习思考题

针叶树材与阔叶树材有何异同？

11.2 木材的主要性能

木材的物理和力学性质主要包括密度、体积密度、含水率、变形、强度等，其中对木材性质影响最大的是含水率。

11.2.1 密度与体积密度

各种绝干木材的密度相差无几，平均约为 $1.55g/cm^3$。各种木材的体积密度，则因所含厚壁细胞的比率及含水率不同而有很大差异，通常以含水率为 15%（标准含水率）时的体积密度为准。木材的体积密度平均值为 $500kg/m^3$。

11.2.2 木材的含水率

木材中所含水分，可分为自由水、吸附水和化合水三种。自由水是指呈游离状态存在于细胞腔、细胞间隙中的水分；吸附水是指呈吸附状态存在于细胞壁的纤维丝间的水分；化合水是含量极少的构成细胞化学成分的水分。自由水与木材的表观密度、抗腐蚀性、燃烧性、干燥性、渗透性、保水性有关，而吸附水则是影响木材强度和胀缩的主要因素。

木材的含水量以含水率表示，即木材中所含水的质量占干燥木材质量的百分比。

11.2.2.1 纤维饱和点

木材含水率随所处环境的湿度不同而有很大变化。潮湿的木材在干燥大气中存放或人工干燥时，自由水先蒸发，然后吸附水才蒸发。木材细胞壁中吸附水达到饱和，但细胞腔和细胞间隙中尚无自由水时的含水率称为纤维饱和点。纤维饱和点随树种而异，通常为 25%～35%，平均值约为 30%。纤维饱和点是木材含水率是否影响其强度和湿胀干缩的临界值。

11.2.2.2 平衡含水率

木材长时间处于一定温度和湿度的空气中，其水分的蒸发和吸收趋于平衡，称为"湿度平衡"，此时木材含水率相对稳定，称为平衡含水率。木材平衡含水率与大气的温度和相对湿度有关。新伐木材含水率一般大于其纤维饱和点，通常在 35% 以上。风干木材含水率介于 15%～25% 之间，室内干燥的木材含水率一般为 8%～15%。

11.2.2.3 湿胀干缩

木材具有显著的湿胀干缩性能。当木材从潮湿状态干燥至纤维饱和点时，蒸发的均为自由水，不影响细胞形状，木材尺寸不变。继续干燥，当含水率降至纤维饱和点以下时，细胞壁中纤维素长链分子之间的距离缩小，细胞壁厚度减薄，则木材发生体积收缩。在纤维饱和点以内，木材的收缩与含水率的减小一般为线性关系。

反之，当干燥的木材吸湿后，由于吸附水增加，产生体积膨胀。达到纤维饱和点时，其体积膨胀率最大。此后，即使含水率继续增加，其体积也不再膨胀。木材的湿胀干缩大小因树种而异。一般而言，木材体积密度越大，胀缩就越大。

木材由于构造不均匀，致使各方向上胀缩也不一样，在同一木材中，这种变化沿弦向最大，径向次之，纵向（顺纤维方向）最小。含水率对木材膨胀变形的影响大致见图11-3。湿材干燥后，因其各向收缩不同，其截面形状和尺寸将会发生一定的改变。

为了避免木材在使用过程中含水率变化太大而引起变形或开裂，防止木构件接合松弛或凸起，最好在木材加工使用之前，将其风干至使用环境长年平均的平衡含水率。例如，预计某地木材使用环境的年平均温度为20℃，相对湿度为70%，那么其平衡含水率约为13%，则事先宜将木材气干至该含水率后方可加工使用。

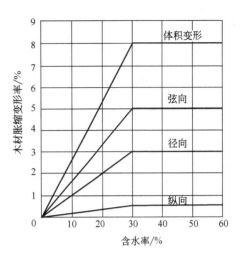

图11-3 含水率对木材膨胀变形的影响

11.2.3 木材的强度

在建筑工程中，通常利用木材的抗压、抗拉、抗剪、抗弯等强度。由于木材结构构造各向不同，致使各方向强度有很大差异，因此抗压、抗拉、抗弯强度，还有顺纹、横纹之分。作用力方向和木材纤维方向平行时，称为顺纹；作用力方向垂直于纤维方向时，称为横纹。在顺纹方向，木材的抗拉和抗压强度都比横纹方向高得多，而就横纹方向而言，弦向又不同于径向。因此工程上均充分利用它的顺纹抗拉、抗压和抗弯强度，而避免使其横向承受拉力或压力。

11.2.3.1 抗压强度

（1）顺纹抗压　顺纹抗压强度为作用力方向与木板纤维方向平行时的抗压强度，这种受压破坏是细胞壁丧失稳定性的结果，而并非纤维断裂。木材顺纹抗压强度受疵病影响较小，是木材各种力学性质中的基本指标。其强度仅次于顺纹抗拉和抗弯强度，该强度在土建工程中利用最广，常用于柱、桩、斜撑及桁架等承重构件。

（2）横纹抗压　木材的横纹受压，使木材受到强烈的压紧作用，产生大量变形。起初变形与外力成正比，当超过比例极限后，细胞壁丧失稳定，此时虽然压力增加较小，但变形增加较大，直至细胞腔和细胞间隙逐渐被压紧后，变形的增加又放慢，而受压能力继续上升。所以，木材的横纹抗压强度以使用中所限制的变形量来确定。一般取其比例极限作为横纹抗压强度极限指标。

横纹抗压强度又分弦向与径向两种。当作用力方向与年轮相切时，为弦向横纹抗压。作用力与年轮垂直时，则为径向横纹抗压。木材横纹抗压强度一般只有其顺纹抗压强度的10%～20%。

11.2.3.2 抗拉强度

（1）横纹抗拉　横纹拉力的破坏，主要为木材纤维细胞联结的破坏。横纹抗拉强度仅为顺纹的2%～5%，其值很小，因此使用时应尽量避免木材受横纹拉力作用。

（2）顺纹抗拉　顺纹抗拉强度指拉力方向与木材纤维方向一致时的抗拉强度。这种受拉破坏，往往木纤维并未被拉断，而纤维间先被撕裂或联结处受到破坏。顺纹抗拉强度在木材诸强度中最大，一般为顺纹抗压强度的2～3倍，其值为49～196MPa，波动较大。

木材顺纹抗拉强度虽高，但往往并不能得到充分利用。因为受拉杆件连接处应力复杂，木材可能在顺纹受拉的同时，还存在着横纹受压或横纹受剪，而它们的强度远低于顺纹抗拉，在顺纹抗拉强度尚未达到之前，其他应力已导致木材受到破坏。另外，木材抗拉强度受木材疵病如木节、斜纹影响极为显著，而木材多少都有一些缺陷，导致其实际顺纹抗拉强度反较顺纹抗压强度为低。

11.2.3.3 抗弯强度

木材弯曲时产生较复杂的应力，在梁的上部受到顺纹抗压，在下部则为顺纹抗拉，而在水平面中则有剪切力，两个端部又承受横纹挤压。木材受弯破坏时，通常在受弯区首先达到强度极限，形成微小的不明显的裂纹，但并不立即破坏，随外力增大裂纹逐渐扩展，产生大量塑性变形。随之当受拉区域内许多纤维达到强度极限时，因纤维本身及纤维间联结断裂而导致木材最后破坏。

木材具有良好的抗弯性能，抗弯强度为顺纹抗压强度的1.5～2倍。因此在建筑工程中应用很广，如用作木梁、桁架、脚手架、桥梁、地板等。木材中木节、斜纹对抗弯强度影响较大，特别是当它们分布于受拉区时。

11.2.3.4 抗剪强度

木材的剪切分顺纹剪切、横纹剪切与横纹切断三种。

（1）顺纹剪切　顺纹剪切系指剪切力方向平行于纤维方向。在剪切力作用下，沿纤维方向木材的两部分彼此分开。此时因纤维间产生纵向位移和受横纹拉力作用，剪切面中纤维的联结遭到破坏，而绝大部分纤维本身并不破坏。所以木材顺纹抗剪强度很小，通常只有顺纹抗压强度的16%（针叶树材）至19%（阔叶树材）。

（2）横纹剪切　横纹剪切系指剪切力方向垂直于纤维方向，而剪切面则和纤维方向平行。这种受剪作用完全是破坏剪切面中纤维横向连接，故木材横纹抗剪强度比顺纹抗剪强度低。实际工程中一般不出现横纹剪切破坏。

（3）横纹切断　横纹切断系指剪切力方向和剪切面均垂直于木材纤维方向。该破坏导致木材纤维横向切断，因此木材横纹切断强度较大，一般为顺纹抗剪强度的4～5倍。

木材无缺陷时各强度数值大小关系见表11-1。

表 11-1　木材无缺陷时各强度值大小关系

抗压强度		抗弯	抗剪强度		抗拉强度	
顺纹	横纹		顺纹	横纹	顺纹	横纹
1	1/10～1/3	1.5～2	1/7～1/3	1/2～1	2～3	1/20～1/3

11.2.3.5 影响木材强度的因素

（1）含水率的影响　木材的强度随含水率变化而异。木材含水率在纤维饱和点以下时，其强度随含水率的增加而降低；在纤维饱和点以上时，含水率的增减对木材强度没有影响。实验证明，木材含水率的变化对其各种强度的影响程度是不同的，对顺纹抗压强度影响较大，其次是抗弯强度和顺纹抗剪强度，而对顺纹受拉几乎没有影响。

（2）温度的影响　环境温度升高时，木材强度逐渐降低。木材含水率越大，其强度受温度的影响也越大。当温度由25℃升至50℃时，针叶树木抗拉强度降低10%～15%，抗压强度降低20%～24%。当木材长期处于100℃以上时，会引起水分和所含挥发物蒸发，而使木材呈暗褐色，强度下降，变形增大。所以如果环境温度可能长期在50℃以上的部位不宜采用木质结构。

（3）负荷时间的影响　木材对长期荷载的抵抗能力与对暂时荷载的抵抗能力不同。木材在外力长期作用下，只有当其应力远低于强度极限的某一定范围以下时，才可避免木材因长期负荷而破坏。木材在长期荷载下不致引起破坏的最大强度，称为持久强度。持久强度比极限强度小得多，一般为极限强度的 50％～60％。所以，在设计木结构时，应以持久强度作为极限值。

（4）疵病的影响　木材在生长、采伐、保存过程中，所产生的内部和外部的缺陷，统称为疵病。疵病使木材的性能有不同程度的降低，甚至导致木材完全不能使用。木材的疵病主要有木节、斜纹、裂纹和腐朽、虫害等。由于受外力或温度、湿度变化的影响，致使木材纤维之间发生脱离的现象，称为裂纹。按开裂部位和开裂方向不同，分为径裂、轮裂、干裂三种。

此外变色、腐朽、虫害、伤疤等疵病，都会影响木材构造的连续性或破坏其组织，严重影响其力学性质，有时甚至能使木材失去使用价值。

 复习思考题

1. 木材的主要技术性质有哪些？
2. 什么是木材的纤维饱和点和平衡含水率？
3. 简述影响木材强度的因素。

11.3　木材制品及综合应用

木材的装饰性在于其特有的质感、光泽、色彩、纹理。木材天然生长具有的自然纹理使木材的装饰效果典雅、亲切、温和、自然，很好地促进了人与空间的融合和情感交流，从而创造出良好的室内氛围。在建筑工程中使用的木材常有原木、板材和枋材三种形式。原木是指去皮去梢后按一定规格锯成一定长度的木料；板材是指宽度为厚度的 3 倍或 3 倍以上的木料；枋材是指宽度不足厚度 3 倍的木料。

除了直接使用木材外，还对木材进行综合利用，制成各种人造板材。这样既提高木材使用率，又改善天然木材的不足。各类人造板及其制品是室内装饰装修的最主要材料之一。人造板制品确实给家居装饰带来了很大的便利，但同时人造板有个致命的缺点，就是散发的甲醛量易超标。甲醛是无色、有强烈刺激气味的气体。各种人造板、复合木地板等及有关配套材料释放到空气中的甲醛超过一定标准时对人体造成的危害，已引起人们的重视。新装修的房间必须经过室内环境检测确定甲醛达标后方可使用。

11.3.1　木地板

木地板分为条板面层和拼花面层两种，条板面层使用相对比较普遍。

11.3.1.1　条木地板

条木地板具有木质感强、弹性好、脚感舒适、美观大方等特点，所用材料有实木地板和复合木地板。条板的宽度一般不大于 120mm，板厚 20～30mm。条木地板适用于体育馆、舞台、住宅的地面装饰等。尤其是经过良好的表面涂饰处理之后，既显示出优美自然的纹理，又保持亮丽的木材本色，给人以清新雅致、自然淳朴的美好感受。

11.3.1.2　拼花木地板

拼花木地板是用阔叶树种的硬木材，经干燥处理并加工成条状小板条，用于室内地面装饰的一种较高级的拼地材料。铺设时，通过条板不同方向的组合，可拼装出多种美观大方的图案花纹。拼花木地板坚硬而富有弹性、耐磨、质感好、光泽好、纹理美观而又不易变形。拼花木地板适用于高级楼宇、宾馆、别墅、会议室、展览室、体育馆等地面装饰。

11.3.2 人造板材

11.3.2.1 胶合板

胶合板是将原木软化处理后旋切成单板，干燥涂胶后按木材纹理纵横交错重叠起来，经热压而成的人造板材。胶合板有 3 层、5 层、7 层、9 层和 11 层，常用的为 3 层和 5 层，俗称三合板、五合板。通常胶合板面层选用光滑平整且纹理美观的单板，或用装饰板等材料制成贴面胶合板，以提高胶合板的装饰性能。

胶合板的最大特点是改变了木材的各向异性，材质均匀、吸湿变形小、幅面大、不翘曲，尤其是板面具有美观的木纹，是建筑装饰工程及制造家具用量最大的人造板材之一。

11.3.2.2 纤维板

纤维板是以植物纤维为主要原料制成的一种人造板材。纤维板的原料非常丰富，如木材采伐加工剩余物（树皮、刨花、树枝等）、稻草、麦秸、玉米秆、竹材等。

按纤维板的体积密度可分为硬质纤维板（体积密度＞800kg/m³）、软质纤维板（＜500kg/m³）和中密度纤维板（500～800kg/m³）。硬质纤维板的强度高、耐磨、不易变形，可用于墙壁、地面、家具等；中密度纤维板表面光滑、材质细密、性能稳定、边缘牢固，且板材表面的再装饰性能好，主要用于隔断、隔墙、地面、高档家具等；软质纤维板的结构松软，故强度低，但吸音性和保温性好，主要用于吊顶等。

11.3.2.3 刨花板

刨花板是将木材加工中的碎料（如刨花、碎木片、锯屑等）或木材削片粉碎后与胶黏剂混合，经过热压制成的一种人造板材。刨花板属于中低档次装饰材料，强度较低，一般主要用作绝热、吸声材料，也可用于顶棚、隔墙等。

11.3.2.4 涂饰人造板

涂饰人造板是在人造板表面用涂料涂饰制成的装饰板材。常用的基材为胶合板、刨花板、纤维板等。主要产品有直接印刷人造板、透明涂饰人造板和不透明涂饰人造板。涂饰人造板的生产工艺简单，板面美观、平滑、触感好、立体感较强，主要用于中、低档家具及墙面、墙裙、顶棚等的装饰。

11.3.2.5 细木工板

细木工板又称大芯板，是由木条或木块组成板芯，两面粘贴单板或胶合板的一种人造板材。细木工板重量轻、板幅宽、耐久、吸声、隔热、易加工、胀缩小，有一定的强度和硬度，是木装修做基底的主要材料之一，主要用于建筑装饰和家具制造等行业。细木工板按照板芯结构分为实心细木工板和空心细木工板。实心细木工板用于面积大、承载力相对较大的装饰装修；空心细木工板用于面积大而承载力小的装饰装修。按照胶黏剂的性能分为室外用细木工板和室内用细木工板。按照面板的材质和加工工艺质量不同，分为优等品、一等品和合格品三个等级。

11.3.3 木质线材

木质线条类材料是选用硬质、组织细腻、木质好的木材，经干燥处理后，用机械加工或手工加工而成。木质装饰线条在室内装饰中起到固定、连接、加强装饰效果的作用。

木线条的品种规格繁多，从材质上分，有硬质杂木线、水曲柳木线、核桃木线等；从功能上分，有压边线、墙腰线、天花角线、弯线、柱角线等；从款式上分，有外凸式、内凹式、凸凹结合式、嵌槽式等。

木线条在各种材质中具有其独特的优点，它耐磨、耐腐蚀、不劈裂、切面光滑、加工性质好、油漆色性好、黏结性好。同时，木线条可油漆成各种色彩或木纹本色，又可进行对接、拼接，还可弯曲成各种弧线。木线条主要用作建筑物室内墙面的墙腰饰线，墙面洞口装饰线，护壁板和勒脚的压条装饰线。采用木线条装饰，可增添室内古朴、高雅、亲切的美感。

 复习思考题

简述木材制品的品种及应用。

11.4　木材的防腐与防火

木材具有许多优点，但也存在两大缺点：一是易腐；二是易燃。因此在建筑过程中使用木材时，必须考虑木材的防腐和防火问题。

11.4.1　木材的防腐

木材受到真菌侵害后，会使木材改变颜色，结构渐渐变得松软、脆弱，强度降低，这种现象称为木材腐朽。

引起木材变质腐朽的真菌常见的有霉菌、变色菌、腐朽菌三种。霉菌只是寄生在木材表面，通常叫发霉，对材质无破坏作用，经刨光即可去除。变色菌是以细胞腔内含物，如淀粉、糖类为养料，使边材变成蓝、红、绿、黄、褐或灰等颜色，除影响外观外，不破坏木材的细胞壁，对木材的破坏作用很小。腐朽菌在适宜条件下便可在木材表面、端部、裂缝或树木伤口生长菌丝体，分泌水解酶、氧化还原酶、发酵酶等，可以分解纤维素、木质素等作为其养料，使细胞壁遭受完全破坏。受侵木材先变色或着色，最后软腐或粉化。

真菌在木材中生存和繁殖必须具备三个条件，即水分、适宜的温度和空气中的氧。因此要从木材产生腐朽的原因入手，考虑木材的防腐。木材防腐通常采取两种形式：一种是创造条件，使木材不适于真菌寄生和繁殖；另一种是把木材变成含毒的物质，使其不能作为真菌的养料。

第 1 种方式主要是将木材干燥（风干或烘干）至含水率在 20% 以下，并对木结构构件采取通风、防潮、表面涂刷油漆等措施，以保证木材处于气干状态，或将木材全部浸入水中保存。干燥法分自然干燥与人工干燥两种。自然干燥，主要是堆垛，利用太阳辐射热和空气对流作用，达到含水量平衡，约需 1～2 年以上。人工干燥，主要是窑干法，在窑内以热空气、炉气或过热蒸汽穿过堆叠的木材表面进行热交换，使木材内水分逐渐扩散，注意不能激烈地改变干燥介质温、湿度以求加速干燥。如超过了木材内部水分扩散速度，则会导致木材开裂、变形。

第 2 种方式主要是将防腐剂注入木材内，使木材成为真菌的有毒物质。木材防腐剂种类很多，一般分水溶性防腐剂、油质防腐剂和膏状防腐剂三类。

木材还会遭受昆虫的蛀蚀。常见的蛀虫有白蚁、天牛等。木材虫蛀的防护方法，主要是采用化学药剂处理。木材防腐剂也能防止昆虫的危害。

11.4.2 木材的防火

木材属易燃材料，达到某一温度时木材会着火而燃烧。由于木材作为一种理想的装饰材料被广泛用于各种建筑中，因此，木材的防火问题就显得尤为重要。

所谓木材的防火，是用某些阻燃剂或防火涂料对木材进行处理，使之成为难燃材料，以达到遇小火能自熄、遇大火能延缓或阻滞燃烧而赢得灭火的时间。

常用的阻燃剂有：磷-氮系阻燃剂；硼系阻燃剂；卤系阻燃剂；含铝、镁等金属氧化物或氢氧化物阻燃剂等。

阻燃剂的作用机理：一是设法抑制木材在高温下的热分解，如磷化合物可以降低木材的稳定性，使其在较低温度即发生分解，从而减少可燃气体的生成；二是阻滞热传递，如含水的硼化物、含水的氧化铝，遇热则吸收热量放出水蒸气，从而减少了热传递。

采用阻热剂进行木材防火是通过浸注法而实现的，即将阻燃剂溶液浸注到木材内部达到阻燃效果。浸注分为常压和加压，加压浸注使阻燃剂浸入量及深度大于常压浸注。因此在对木材的防火要求较高的情况下，应采用加压浸注。浸注前，应尽量使木材达到充分干燥，并初步加工成型。否则防火处理后再进行锯、刨等加工，会使木料中浸有的阻燃剂部分失去。

通过防火涂料对木材进行表面涂覆后进行防火也是一个重要的措施。其最大特点是防火、防腐兼有装饰作用。

 复习思考题

1. 木材防腐的措施有哪些？
2. 木材防火的措施有哪些？

小　结

1. 根据木材的各向异性，可从树干的三个切面上来剖析其宏观构造，分别为横切面、径切面和弦切面。树干由树皮、木质部和髓心三部分组成。

2. 木材细胞壁中吸附水达到饱和，但细胞腔和细胞间隙中尚无自由水时的含水率称为纤维饱和点，平均值约为30%。纤维饱和点是木材含水率是否影响其强度和湿胀干缩的临界值。

3. 由于木材结构构造各向不同，因此抗压、抗拉、抗弯强度还有顺纹、横纹之分。影响木材强度的主要因素有：含水率、温度、负荷时间、疵病等。

4. 木材防腐通常采取两种形式：一种是创造条件，使木材不适于真菌寄生和繁殖；另一种是把木材变成含毒的物质，使其不能作为真菌的养料。

5. 木材的防火措施有：一是将阻燃剂浸注于木材中，二是在木材表面涂覆防火涂料。

6. 木材在建筑装饰工程中广泛应用，木质装饰材料主要有各类人造板材、木地板、木质线材等。

第12章 绝热材料和吸声、隔声材料

12.1 绝热材料

在建筑中，习惯将用于控制室内热量外流的材料称为保温材料；把防止室外热量进入室内的材料称为隔热材料。保温、隔热材料统称为绝热材料。

12.1.1 绝热材料的作用及基本要求

在建筑中合理地使用绝热材料，可以减少能量损失，节约能源，提高建筑物使用效能。据统计，具有良好的绝热功能的建筑，其能源可节省 $25\% \sim 50\%$。随着建筑技术和材料科学的发展，以及节约能源的需要，绝热材料已日益为人们所重视。

对绝热材料的基本要求是热导率小于 $0.175W/(m \cdot K)$，表观密度小于 $600kg/m^3$，有足够的抗压强度（一般不低于 $0.3MPa$），此外，还应根据工程特点，考虑材料的吸湿性、温度稳定性、耐腐蚀性等性能及技术经济指标。

12.1.2 常用绝热材料

绝热材料按其化学成分分为无机和有机两大类，按外形分为纤维状、松散粒状和多孔状三种。无机绝热材料主要是由天然的或人造的无机矿物质原料制成，多为纤维或松散颗粒制成的毡、板、卷材或管壳等制品，或通过发泡工艺制成的多孔散粒料及制品。有机绝热材料则是以天然或人工合成的有机材料为主要组分制成，常用品种有泡沫塑料、钙塑泡沫板、木丝板、纤维板和软木制品等。一般来说，无机绝热材料的表观密度大，耐高温、耐久（不老化）、性能稳定；有机绝热材料质轻、绝热性能好，但耐热性差。常用绝热材料的性质及应用见表12-1。

表 12-1　常用绝热材料的性质及应用

成分	形状	名　称	原料与生产	特性及应用
无机材料	纤维材料	岩矿棉及其制品	由熔融的岩石或矿渣等经喷吹加工而成	矿渣棉最高使用温度 600～650℃,岩棉最高使用温度 900～1000℃,岩矿棉材料保温节能效果显著,同时具有吸声、隔振、防火、轻质、使用温度高等优点,广泛用于建筑保温、隔热、吸声材料
	纤维材料	玻璃棉及其制品	玻璃熔融物经拉制、吹制或甩制而成	一般有碱纤维最高使用温度为 350℃,无碱纤维为 600℃。具有轻质、热导率低、吸声性能好、过滤效率高、不燃烧、耐腐蚀等性能,是一种优良的绝热、吸声、过滤材料,在各种建筑物中用作保温、绝热、隔冷、吸声材料
		石棉及其制品	一类纤维状无机结晶材料	具有绝热、耐火、耐热、耐酸碱、隔声等特点,通常将其加工成石棉粉、石棉板、石棉毡等制品使用,可用于绝热及防火覆盖,但应注意石棉有致癌性
	粒状材料	膨胀珍珠岩及其制品	将珍珠岩原矿破碎、筛分后煅烧而成	最高使用温度可达 800℃,具有轻质、绝热、吸声、无毒、无味、抗菌、耐腐蚀、不燃、熔点高于 1050℃等特点,在建筑中常用作围护结构的填充材料
		膨胀蛭石及其制品	由天然蛭石在 900～1000℃焙烧而成	堆积密度小、热导率低、允许使用温度高(1000～1100℃),不蛀、不腐。常以松散颗粒状填充于墙壁、楼板、屋面等的中间层,起绝热、隔声的作用。但其吸水性较大,使用中应注意防潮,以保证绝热性能
	多孔材料	微孔硅酸钙	由硅藻土、石灰、纤维增强材料等拌和、凝胶化、成型、压蒸、烘干而成	表观密度小、强度高、热导率低、使用温度高、质量稳定,并具耐水性好、防火性强、无腐蚀、经久耐用、制品可锯可刨、安装方便等优点,广泛用作房屋建筑的内墙、外墙、平顶的防火覆盖材料,各类舰船的舱室墙壁以及走道的防火隔热材料
		泡沫玻璃	由玻璃粉、发泡剂等经混合、装模、烧成、退火、切割加工而成	具有轻质、高强、隔热、吸声、不燃、耐虫蛀和细菌等特性,并能抗大多数的有机酸、无机酸及碱。可作建筑物的屋面、围护结构和地面的隔热材料,用于建筑物的墙体、屋面、地面以及其他建筑构件的绝热,建筑物墙壁、顶棚的吸声装饰
		加气混凝土	由水泥、石灰、粉煤灰和发泡剂配制而成	表观密度小、热导率比烧结普通砖小许多,因而 24cm 厚的加气混凝土墙体,其保温绝热效果优于 37cm 厚的砖墙。同时具有良好的耐火、吸声等性能,随着表观密度减小,绝热效果增加,但强度下降
有机材料	泡沫塑料	聚苯乙烯	以各种合成树脂为基料,加入一定量的发泡剂、催化剂、稳定剂等辅助材料,经发泡制得	孔隙率可达 98%,毛体积密度约为 10～20kg/m³,热导率约为 0.038～0.047W/(m·K),最高使用温度为 70℃
		硬质聚氨酯		毛体积密度为 30～50kg/m³,热导率为 0.035～0.042W/(m·K),最高使用温度为 120℃
		硬质聚氯乙烯		毛体积密度为 12～72kg/m³,热导率为 0.031～0.045W/(m·K),最高使用温度为 70℃
	多孔板	软木板	栓皮栎、黄菠萝树皮切碎脱脂加压而成	具有轻质、热导率低、抗渗和防腐性能高等特点,最高使用温度为 120℃,常用于冷库隔热
		木丝板	木材下脚料加入胶凝材料冷压而成	具有轻质、吸声、保温、隔热特点,多用于天花板、隔墙板或护墙板
		蜂窝板	用牛皮纸、玻璃布、铝布加工而成	具有比强度大、热导率低和抗震性能好等特点,可制成轻质高强结构用板材,也可制成绝热性能良好的非结构用板材和隔声材料

 复习思考题

1. 什么是绝热材料?工程上对绝热材料有哪些基本要求?
2. 简述常用绝热材料的品种及应用。

12.2　吸声、隔声材料

12.2.1　吸声系数

评定材料吸声性能好坏的主要指标是吸声系数，即声波遇到材料表面时，被材料吸收的声能（E）与入射声能（E_0）之比。吸声系数用 α 表示，即：

$$\alpha = \frac{E}{E_0}$$

吸声系数与声波的频率和入射方向有关，因此吸声系数用声音从各方向入射的吸收平均值表示，并应指出是对哪一频率的吸收。通常取 125Hz、250Hz、500Hz、1000Hz、2000Hz、4000Hz 6 个频率的平均吸声系数作为吸声性能的指标，凡 6 个频率的平均吸声系数 α 大于 0.2 的材料称为吸声材料。

12.2.2　常用吸声材料及吸声结构

（1）多孔吸声材料　多孔吸声材料具有大量内外连通的微小间隙和连续气泡，因而具有一定的通气性，当声波入射到材料表面时，声波很快地顺着微孔进入材料内部，引起空隙间的空气振动，由于摩擦、空气黏滞阻力和空隙间空气与纤维之间的热传导作用，使相当一部分声能转化为热能而被吸收掉。所以多孔材料吸声的先决条件是声波能很容易地进入微孔内，因此不仅材料内部，而且在材料表面上也应当多孔，如果多孔材料的微孔被灰尘污垢或抹灰油漆等封闭时，会对材料的吸声性能产生不利影响。它与保温隔热材料要求有封闭的微孔是不一样的。常用多孔吸声材料见表 12-2。

表 12-2　常用多孔吸声材料

主要种类		常用材料举例	使用情况
纤维材料	有机纤维材料	动物纤维:毛毡	价格贵,不常用
		植物纤维:麻绒、海草	原料来源广、防火、防潮性能差
	无机纤维材料	玻璃纤维:中粗棉、超细棉、玻璃棉毡	吸声性能好,防腐防潮、不自燃,应用广泛
		岩矿棉:散棉、矿棉毡	吸声性能好,松散材料易自重下沉,施工扎手
	纤维材料制品	矿棉吸声板、岩棉吸声板、玻璃棉吸声板、植物纤维软木板	装配式施工,多用于室内吸声装饰工程
颗粒材料	板材	膨胀珍珠岩吸声装饰板	轻质、不燃、保温、隔热、强度低
	砌块	矿渣吸声砖、膨胀珍珠岩吸声砖	多用于砌筑截面较大的消声器
泡沫材料	泡沫塑料	聚氨酯泡沫塑料、脲醛泡沫塑料	吸声性能稳定,吸声系数使用前需实测
	其他	泡沫玻璃	强度高、防水、不燃、耐腐蚀、价格贵,应用少
		加气混凝土	微孔不贯通,应用较少
		吸声剂	多用于不易施工的墙面粉刷

（2）薄板（或薄膜）振动吸声结构　将薄木板、硬纸板、石膏板、悬吊式抹灰顶、木地板等固定在框架上，背后留有一定的空气层，就成为薄板振动吸声结构，当声波撞击板面时

便发生振动，板的挠曲振动将吸收部分入射声能，并把这种声能转变为热能。它是一种很有效的低频吸声结构。将皮革、人造革、塑料薄膜等具有不透气、柔软、有弹性的薄膜固定在框架上，也能与其背后的空气层构成薄膜共振吸声结构。

（3）共振吸声结构　共振吸声结构是一个内部为硬表面的较大封闭空腔，连接一个颈状的狭窄通道（或开口），以便声波通过通道进入空腔内。当声源振动时，空腔内的空气会按一定的共振频率振动，此时开口颈部的空气分子在声波作用下像活塞一样往复运动，因摩擦而消耗声能，起到吸声作用。

（4）穿孔板组合吸声结构　穿孔板组合吸声结构是由穿孔的各种薄板周边固定在龙骨上，并在背后设置空气层构成的吸声结构。穿孔板可用穿孔的硬质纤维板、石膏板、石棉水泥板、胶合板、铝合金板及薄钢板等。

（5）空间吸声结构　空间吸声体是一种悬挂于室内的吸声构造。悬挂于室内需作或适宜做吸声处理的部位，即形成空间吸声结构。空间吸声体可以认为是多孔吸声材料和共振吸声结构的组合，因此有很宽的吸收频率。空间吸声体可预制，便于安装和维修，设计成各种形式，既可获得良好的吸声效果，还可获得预期的装饰效果。

（6）帘幕吸声结构　帘幕吸声结构是用具有通气性能的纺织品，安装在距墙面或窗面一定距离处，背后设置空气层的吸声结构。这种吸声结构对中、高频率的声波都有一定的吸声效果。常用吸声结构的构造图例及材料构成见表 12-3。

表 12-3　常用吸声结构的构造图例及材料构成

类别	多孔吸声材料	薄板振动吸声结构	共振吸声结构	穿孔板组合吸声结构	特殊吸声结构
构造图例					
举例	玻璃棉、矿棉、木丝板、半穿孔纤维板	胶合板、硬质纤维板、石棉水泥板、石膏板	共振吸声器	穿孔胶合板、穿孔铝板、微穿孔板	空间吸声体、帘幕体

12.2.3　隔声材料

建筑上将主要起隔绝声音作用的材料称为隔声材料。隔声分为隔绝空气声（通过空气传播的声音）和隔绝固体声（通过固体传播的声音）两种。

空气声的隔绝主要由质量定律所支配。即隔声能力的大小，主要取决于隔声材料单位面积质量的大小。质量越大，材料越不易受激振动，因此对空气声的反射越大，透射越小，隔声性能越好。同时质量大还有利于防止发生共振现象和出现低频共振效应。为了有效隔绝空气声，应尽可能选用密实、沉重的材料，如砖、混凝土、钢板等。当必须使用轻质材料时，则应辅以填充吸声材料或采用夹层结构，这样处理后的隔声量比相同质量的单层墙体的隔声量可以提高很多。

隔绝固体声的方法与隔绝空气声的方法截然不同。对固体声的隔绝，最有效的方法是采用柔性材料隔断声音传播的路径。一般来说，可采用加设弹性面层、弹性垫层等方法来隔绝声音，当撞击作用发生时，这些材料发生变形，使机械能转换为热能，而使固体传播的声能大大降低。常用的弹性衬垫材料有橡胶、软木、毛毡、地毯等。

必须指出：吸声性能好的材料，不能简单地就把它们作为隔声材料来使用。

 复习思考题

1. 什么是吸声材料？吸声系数有何物理意义？
2. 多孔绝热材料与多孔吸声材料在孔隙结构上有什么区别？
3. 简述常用多孔吸声材料的品种及应用。

小　　结

绝热材料 { 绝热材料的作用及基本要求
常用绝热材料：原料及生产、性质、应用 }

吸声隔声材料 { 吸声系数：基本概念
常用吸声材料与吸声结构：基本要求和结构
隔声材料：基本概念 }

第13章 建筑装饰材料

知识点

了解建筑工程中常用装饰材料（建筑陶瓷、天然石材和人造石材、建筑玻璃、建筑装饰涂料等）的主要类型和作用，掌握常用装饰材料的主要技术性能及选用原则。

教学目标

通过本章学习，能结合工程实例理解不同类型装饰材料的性能特点和使用要求，会根据环境条件及建筑工程的具体要求，合理选用装饰材料。

13.1 建筑装饰陶瓷

建筑装饰陶瓷是指用于建筑装饰工程的陶瓷制品，包括各类内墙釉面砖、墙地砖、陶瓷锦砖、琉璃制品、陶瓷壁画和室内卫生洁具等。其中应用最为广泛的是釉面砖和墙地砖。

陶瓷制品按其坯体材质不同，分为陶质、炻质和瓷质三大类。陶质制品的烧结程度较低，密实程度相对低，故吸水率高（大于10%），断面粗糙无光、不透明，敲之声音暗哑，可施釉或不施釉。瓷质制品烧结程度高，坯体致密，基本不吸水（吸水率小于1%），有一定的半透明性，敲击时声音清脆，一般都施釉。炻则介于陶和瓷之间，也称半瓷或石胎瓷。陶、瓷和炻通常又按其细密性、均匀性各分为精、粗两类。

13.1.1 釉面砖

釉面砖过去称作"瓷砖"，由于其正面挂釉，才正名为"釉面砖"，一般为正方形或长方形。颜色有白、黑、绿、黄等，以白色为最多。

釉面砖是以难熔黏土为主要原料，再加入一定量非可塑性掺料和助熔剂，共同研磨成浆，经榨泥、烘干成为含有一定水分的坯料后，通过模具压制成薄片坯体，再经烘干、素烧、施釉等工序制成。釉面砖属陶瓷砖的一种。

根据《陶瓷砖》（GB/T 4100—2015）规定，陶瓷砖按成型方法分为挤压砖（A）和干压砖（B），挤压砖按尺寸偏差又分为精细和普通两个等级。陶瓷砖主要物理性能包括：吸水率 E 分为低吸水率（Ⅰ类）[$E \leqslant 0.5\%$（瓷质砖），$0.5\% < E \leqslant 3\%$（炻瓷砖）]、中吸水

率（Ⅱ类）[3%＜E≤6%（细炻砖），6%＜E≤10%（炻质砖）]和高吸水率（Ⅲ类）[E＞10%（陶质砖）]；每一类吸水率根据陶瓷砖厚度又分两类（当厚度≥7.5mm时，当厚度＜7.5mm时）来要求破坏强度（N）和断裂模数（MPa）；抗热震性经试验，釉面无裂纹。

釉面砖热稳定性好，且防火、防潮、耐酸碱，表面光滑，易清洗。主要用做厨房、浴室、卫生间、实验室、精密仪器车间及医院等室内墙面，也可作为台面的饰面材料，其装饰效果既清洁卫生，又美观耐用。釉面砖铺贴前必须浸水 2h 以上，然后取出晾干至表面无明水，才可进行粘贴施工。

釉面砖通常不宜用于室外，因釉面砖为多孔精陶坯体，吸水率较大，吸水后将产生湿胀，而其表面釉层的湿胀性很小，若用于室外，经常受到大气温、湿度变化的影响以及日晒雨淋，当坯体产生的湿胀应力超过了釉层本身的抗拉强度时，就会导致釉层发生裂纹或剥落，严重影响建筑物的饰面效果。

13. 1. 2　墙地砖

墙地砖包括建筑物外墙装饰贴面用砖和室内外地面装饰铺贴用砖，由于目前陶瓷生产原料和工艺的不断改进，这类砖趋于墙地两用，故统称为墙地砖。

陶瓷墙地砖主要有彩色釉面陶瓷墙地砖、无釉陶瓷墙地砖以及劈离砖、麻面砖、渗花砖、陶瓷锦砖等新型墙地砖。常用墙地砖制品的性能及应用见表 13-1。

表 13-1　常用墙地砖制品的性能及应用

种　　类		性能及应用
墙地砖	彩釉砖	彩釉砖表面可制成平面、压花浮雕面、纹点面以及各种不同的釉饰，色彩图案丰富，极具装饰性。其结构致密、坚固耐磨、易清洗、防水、耐腐蚀，可用于各类建筑的外墙面及地面装饰
	无釉砖	无釉砖属表面不施釉的耐磨地面砖，一般以单色、色斑点为主，表面可制成平面、浮雕面、防滑面等。具有坚固、抗冻、耐磨、易清洗、耐腐蚀等特点，适用于建筑物地面、道路、庭院等处铺贴
	劈离砖	劈离砖是一种炻质墙地通用饰面砖，因其成型时两块砖背对背同时挤出，烧成后"劈离"成单块而得名。其坯体致实，强度高，吸水率小，表面硬度大，耐磨防滑，适用于各类建筑物的外墙装饰或室内地面铺贴，加厚砖特别适用于公园、广场、停车场、人行道等露天地面的铺贴
	麻面砖	麻面砖采用仿天然花岗石的色彩配料，压制成表面凹凸不平的麻面坯体经焙烧而成，具有天然花岗石的质感和色调。薄型砖适用于外墙墙面，厚型砖适用于广场、码头、停车场、人行道等铺贴
	渗花砖	渗花砖不同于在坯体表面施釉的墙地砖，它采用焙烧时可渗入到坯体表面下 1~3mm 的着色原料，使砖面呈现各种色彩或图案，后经磨光或抛光而成。渗入坯体的色彩图案具有良好的耐磨性，适用于商业建筑、写字楼、饭店、车站等人流密集场所的室内外地面及墙面装饰
	陶瓷锦砖（马赛克）	陶瓷锦砖是具有多种色彩和不同形状的小块砖，按不同图案贴在牛皮纸上，也称纸皮砖。它质地坚实、吸水率极小、耐酸碱、不渗水、易清洗，主要用于洁净车间、门厅、餐厅、厕所、盥洗室、浴室等处地面的铺贴

复习思考题

1. 常用装饰陶瓷有哪些品种？各适用于何处？
2. 釉面内墙砖为什么不能用于室外？

13. 2　建筑装饰石材

建筑装饰石材主要包括天然装饰石材和人工装饰石材。天然装饰石材主要为天然大理石和天然花岗石，人造装饰石材主要包括聚酯型、水泥型、复合型、烧结型的各种人造石材。

13.2.1　天然大理石

天然大理石是由方解石或白云石在高温、高压等地质条件作用下重新结晶变质而成的变质岩，其主要成分为碳酸钙及碳酸镁。"大理石"是由于我国的此类石材最初大量产于云南大理而得名。通常质地纯正的大理石为白色，俗名为汉白玉，是大理石中的优良品种。当在变质过程中混有有色杂质时，就会出现各种色彩或斑纹，经过加工可以得到精美的艺术品。天然大理石品种繁多，依其色彩而命名，如：艾叶青、雪化、碧玉、黄花玉、彩云、海涛、残雪、红花玉、墨玉、桃红、秋枫等。

依据《天然大理石建筑板材》（GB/T 19766—2005），天然大理石板材按形状分为普型板（PX）和圆弧板（HM）。普型板是指正方形或长方形的板材，圆弧板是指装饰面轮廓线的曲率半径处处相同的饰面板材。

普型板按规格尺寸偏差、平面度公差、角度公差及外观质量将板材分为优等品（A）、一等品（B）、合格品（C）三个等级。圆弧板按规格尺寸偏差、直线度公差、线轮廓度公差及外观质量将板材分为优等品（A）、一等品（B）、合格品（C）三个等级。

大理石建筑板材按照荒料产地地名、花纹色调特征描述、大理石：编号（按 GB/T 17670 的规定）、类别、规格尺寸（长度×宽度×厚度，单位 mm）、等级、标准号的顺序进行标记。如用房山汉白玉大理石荒料加工的 600mm×600mm×20mm、普型、优等品板材标记为房山汉白玉大理石：M1101 PX 600×600×20 A GB/T 19766—2005。

天然大理石板材为高级饰面材料，主要用于建筑装饰等级要求高的建筑物。大理石适用于纪念性建筑、大型公共建筑，如宾馆、展览馆、商场、机场、车站等建筑物的室内墙面、柱面、地面、楼梯踏步等的饰面材料，也可用作楼梯栏杆、服务台、门脸、墙裙、窗台板、踢脚板等。大理石花色品种多，磨光后可呈现出色彩斑斓、千姿百态的自然图案，可用于制作大理石壁画、工艺品等。

大理石的抗风化能力普遍较差。由于大理石的主要组成成分 $CaCO_3$ 为碱性物质，容易被酸性物质所腐蚀，特别是大理石中有的有色物质很容易在大气中溶出或风化，失去表面的原有装饰效果。因此，多数大理石不宜用于室外装饰（汉白玉除外）。

13.2.2　天然花岗石

天然花岗石是指作为石材开采而用作装饰材料的各类岩浆岩及其变质岩，通常包括深成岩中的花岗岩、闪长岩、正长岩、辉长岩；喷出岩中的安山岩、辉绿岩、玄武岩；变质岩中的片麻岩等。由于花岗石的矿物组成主要为长石、石英以及黑云母等硅酸盐矿物，石英的莫氏硬度为 7，因此与大理石相比，板材的切割加工相对比较困难。同样由于矿物的主要化学成分为 SiO_2，板材的耐磨和耐腐蚀性能优良。

依据《天然花岗石建筑板材》（GB/T 18601—2009），天然花岗石板材按形状分普型板（PX）、圆弧板（HM）和异型板（YX）三类。圆弧板是指装饰面轮廓线的曲率半径处处相同的饰面板材，异型板则指普型板和圆弧板以外的其他形状的板材。按表面加工程度分类，可分为亚光板（YG）、镜面板（JM）和粗面板（CM）。亚光板是指饰面平整细腻，能使光线产生漫反射现象的板材，粗面板则是指饰面粗糙规则有序、端面锯切整齐的板材。

普型板按规格尺寸偏差、平面度公差、角度公差及外观质量等将板材分为优等品（A）、一等品（B）、合格品（C）三个等级。圆弧板按规格尺寸偏差、直线度公差、线轮廓度公差及外观质量等将板材分为优等品（A）、一等品（B）、合格品（C）三个等级。

花岗石建筑板材按荒料产地地名、花纹色调特征描述、花岗石顺序命名。编号采用GB/T 17670 的规定，标记顺序为：编号、类别、规格尺寸、等级、标准号。如用山东济南黑色花岗石荒料加工的 600mm×600mm×20mm、普型、镜面、优等品板材标记为：济南青花岗石 G3701 PX JM 600×600×20 A GB/T 18601—2009。

花岗石因其坚硬，开采加工较困难，故造价较高，属于高级装饰材料。花岗石因不易风化，外观色泽耐久，适用于纪念碑、墓碑、影剧院、纪念馆等建筑的外墙饰面；因耐酸腐蚀能力强，坚硬耐磨，粗面和细面板常用于室外地面、台阶、基座、墙面、柱面、基础、勒角等处的装饰，镜面板多用于室内外墙面、地面、柱面、踏步等处的装饰。

13.2.3　人造石材

人造石材是以有机或无机胶凝材料为胶黏剂，以天然石材碎料、石英砂、石粉等为骨料，经成型、固化和表面处理而成的一种人造石材。它具有重量轻、强度大、厚度薄、色彩鲜艳、花色繁多、装饰性好、耐腐蚀、耐污染、便于施工、价格便宜等一系列优点，故在建筑装饰工程中应用越来越广泛。按照生产材料和制造工艺的不同，可把人造石材分为水泥型人造石材、聚酯型人造石材、复合型人造石材和烧结型人造石材四类。

13.2.3.1　聚酯型人造石材

聚酯型人造石材多是以不饱和聚酯为胶凝材料，配以石英砂、大理石碎粒或粉等无机填料，经搅拌混合、浇筑成型，在固化剂、催化剂作用下发生固化，再经脱模、烘干、抛光等工序制成。不饱和聚酯人造石材易于成型，且可在常温下快速固化，产品光泽好，基色浅，可调制成各种鲜艳的颜色。目前，我国生产的人造石材多为此种类型。

13.2.3.2　水泥型人造石材

水泥型人造石材是以各种水泥为胶凝材料，天然砂为细骨料，碎大理石、碎花岗岩、工业碎渣等为粗骨料，经配料、搅拌、成型、加压蒸养、磨光、抛光而制成。这类人造石材的耐腐蚀性能较差，且表面容易出现龟裂和泛霜，不宜用于卫生洁具，也不宜用于外墙装饰。

13.2.3.3　复合型人造石材

复合型人造石材所采用的胶凝材料中，既有有机聚合物树脂，又有无机水泥，其综合具备了上述两类人造石材的特点。其制作工艺可采用浸渍法，即将无机胶凝材料（如各类水泥或石膏）成型的坯体浸渍在有机单体中（如苯乙烯、甲基丙烯酸甲酯、醋酸乙烯、丙烯腈等），使其在一定条件下聚合而成。对于板材，基层一般用性能稳定的水泥砂浆，面层用树脂和大理石碎粒或粉调制的浆体制成。

13.2.3.4　烧结型人造石材

烧结型人造石材的制作与陶瓷等烧土制品的生产工艺类似，是将斜长石、石英、辉石、方解石粉等粉料与赤铁矿粉以及部分高岭土按比例混合（一般配比为黏土 40%、石粉60%），制备坯料，用半干压法成型，经窑炉 1000℃左右的高温焙烧而成。因采用高温焙烧，生产能耗大，造价较高，故实际应用较少。

复习思考题

大理石板材为何常用于室内？

13.3 建筑装饰玻璃

在建筑装饰工程中，玻璃是应用最为广泛的一类装饰材料。玻璃从最初单一的采光功能到现代的装饰功能，尤其是采用大面积的窗户、玻璃幕墙以及全玻璃建筑，已逐渐发展成为现代建筑的主流。常用的建筑装饰玻璃有钢化玻璃、夹丝、夹层、压花、彩色玻璃、毛玻璃、釉面玻璃、中空玻璃、吸热玻璃以及热反射玻璃等。

13.3.1 装饰玻璃

13.3.1.1 彩色平板玻璃

彩色平板玻璃又称有色玻璃，分为透明和不透明两种。透明的彩色玻璃是在玻璃原料中加入一定量的着色金属氧化物，按一般的平板玻璃生产工艺进行加工而成；不透明彩色玻璃是经过退火处理的一种饰面玻璃，可以切割，但经过钢化处理的不能再进行切割加工。

彩色平板玻璃的颜色有茶色、海洋蓝色、宝石蓝色和翡翠绿等，可拼成各种图案，并有耐腐蚀、抗冲刷和易清洗等特点，主要用于建筑物的内外墙、门窗装饰及对光线有特殊要求的部位。

13.3.1.2 釉面玻璃

釉面玻璃是指在按一定尺寸切裁好的玻璃表面上涂覆一层彩色易熔性色釉，在熔炉中加热至釉料熔融，使釉层与玻璃牢固地结合在一起，再经退火或钢化等热处理制成的装饰玻璃。所采用的玻璃基体可以是普通平板玻璃，也可以是磨光玻璃或玻璃砖等。其特点是图案精美，不褪色、不掉色，易于清洗，可按用户的要求或艺术设计图案制作。

釉面玻璃具有良好的化学稳定性和装饰性，广泛用于室内饰面层、一般建筑物门厅和楼梯间的饰面层及建筑物外饰面层。

13.3.1.3 压花玻璃

压花玻璃又称滚花玻璃，是将熔融的玻璃液在急冷中通过带图案花纹的辊轴滚压而成的制品，可一面压花，也可两面压花。压花玻璃分为一般压花玻璃、真空镀膜压花玻璃和彩色膜压花玻璃等，一般规格为 800mm×700mm×3mm。

压花玻璃具有透光不透视的特点，其表面有各种图案花纹且凹凸不平，当光线通过时产生漫反射，因此从玻璃的一面看另一面时，物像模糊不清。压花玻璃由于其表面有各种花纹，具有一定的艺术效果，多用于办公室、会议室、浴室以及公共场所分离室的门窗和隔断等。

13.3.1.4 冰花玻璃

冰花玻璃又称为建筑艺术漫散射玻璃，属二次加工的装饰玻璃。冰花图案类似于化石图案，配有该图案的玻璃板构成了非常迷人的装饰玻璃，可广泛应用于内装饰。带冰花型花纹的玻璃可以用于光散射玻璃门窗和隔墙，其优点是不透明，但透光性良好。

冰花玻璃在建筑装饰玻璃家族中以其光漫散射和新颖奇特的花纹永不重复而深受建筑设计、装饰大师们的青睐。其艺术装饰效果优于压花玻璃，可用于光漫散射的建筑物门、窗和大隔断墙、屏风、浴室隔断、吊顶、壁挂等的装饰。

13.3.1.5 镜面玻璃

镜面玻璃是以一级平板玻璃、磨光玻璃、浮法玻璃等无色透明玻璃或着色玻璃为基体，在其表面通过化学（银镜反应）或物理（真空铝）等方法形成反射率极强的镜面反射玻璃。为提高装饰效果，在镀镜之前可对基体进行彩绘、磨刻、喷砂、化学蚀刻等加工，形成具有各种花纹图案或精美字画的镜面玻璃。

常用的镜面玻璃有明镜、墨镜（也称黑镜）、彩绘镜和雕刻镜等多种。在装饰工程中常利用镜子的反射和折射来增加空间感和距离感，或改变光照效果。

13.3.1.6 磨（喷）砂玻璃

磨（喷）砂玻璃又称为毛玻璃，是经研磨、喷砂加工，使表面成为均匀粗糙的平板玻璃。用硅砂、金刚砂或刚玉砂等作研磨材料，加水研磨制成的称为磨砂玻璃；用压缩空气将细砂喷射到玻璃表面而成的，称为喷砂玻璃。

这类玻璃易产生漫射，透光不透视，作为门窗玻璃可使室内光线柔和，没有刺目之感。一般用于浴室、办公室等需要隐秘和不受干扰的房间，也可用于室内隔断和作为灯箱透光片使用。磨砂玻璃还可用作黑板的板面。

13.3.1.7 玻璃锦砖

玻璃锦砖又称玻璃马赛克，是一种小规格的方形彩色饰面玻璃，一般尺寸为：20×20、30×30、40×40（单位 mm），厚 4～6mm，背面有槽纹，有利于与基面黏结。

玻璃锦砖是以玻璃为基料并含有未熔融微小晶体（主要是石英）的乳浊制品，因而色泽柔和、颜色绚丽，可呈现辉煌豪华气派。此外，玻璃锦砖还具有化学稳定性、热稳定性好，抗污性强，不吸水、不积尘，能雨水自洗，经久常新，易于施工，价格便宜等优点，是一种很好的饰面材料，较多应用于建筑物的外墙贴面。

13.3.2 安全玻璃

13.3.2.1 钢化玻璃

钢化玻璃又称为强化玻璃，它是经物理（淬火）钢化或化学（离子交换）钢化处理后的玻璃制品。钢化玻璃的抗冲击强度是普通玻璃的 3～5 倍，抗弯强度是普通玻璃的 2～5 倍，在受到外力作用时能产生较大的变形而不破坏。即使遭受破坏，玻璃破碎成无尖锐棱角的小碎块，不易造成人体伤害，安全性较好。所以适用于高层建筑物的门窗、幕墙、隔墙、桌面玻璃及汽车的挡风玻璃、电视屏幕等。钢化玻璃还有较好的耐热性，能经受的温度突变范围为 220～300℃，普通平板玻璃仅为 70～100℃。故可用于制造炉门上的观察窗、辐射式气体加热器、干燥器和弧光灯等。

13.3.2.2 夹丝玻璃

夹丝玻璃是用压延法生产的内部夹有金属丝或网的平板玻璃，夹丝玻璃的表面可以是压花的或磨光的，颜色可以是无色透明的或彩色的。产品按厚度分为 6mm、7mm、10mm 三种；按等级分为优等品、一等品和合格品。产品尺寸一般不小于 600mm×400mm，不大于 2000mm×1200mm。

夹丝玻璃改变了普通玻璃易破碎的性质，遭受破坏时，由于金属丝网的作用，整体性能保持完好。同时，耐冲击性、耐热性、抗震性也得到大幅提高，具有一定的安全、防火、防震性能。因此可用于天窗、屋顶、室内隔断以及其他容易由碎片伤人的场合，也可用作门窗玻璃，具有一定的防盗和防火效果。

13.3.2.3 夹层玻璃

夹层玻璃是在两片或多片玻璃原片之间夹入高韧性胶黏透明材料而制成的一种复合玻璃制品。用多层普通玻璃或钢化玻璃复合起来，可制成防弹玻璃。通过采用不同的原片玻璃，夹层玻璃还可具有耐久、耐热、耐湿、耐寒等性能。夹层玻璃具有很高的抗冲击和抗贯穿性能，广泛地应用在运输车辆、高层建筑、建筑防护、展馆、展台的安全防护等方面。

13.3.3 节能装饰玻璃

13.3.3.1 吸热玻璃

吸热玻璃是在普通玻璃中加入有着色作用的氧化物，或在玻璃表面喷涂有色氧化物薄膜而制得的可以显著吸收太阳光中热作用较强的红外线、近红外线，又保持良好透明度的玻璃制品。吸热玻璃能吸收 20%～60% 的太阳辐射热，透光率为 70%～75%，除了能吸收红外线，还能减少紫外线的入射，可降低紫外线对人体和室内装饰及家具的损害。

吸热玻璃在建筑工程中的门窗、外墙及车、船挡风玻璃等方面得到广泛应用，起到采光、隔热、防眩作用。另外，它还可以按不同用途进行加工，制成磨光、夹层、镜面及中空玻璃，在外部围护结构中用它配制彩色玻璃窗，在室内装饰中用它镶嵌玻璃隔断、装饰家具以增加美感。

13.3.3.2 热反射玻璃

热反射玻璃又称镀膜玻璃，是由无色透明的平板玻璃镀覆金属膜或金属氧化物膜而制得。热反射玻璃具有良好的隔热性能，对太阳辐射的热反射率最高可达 60%，而普通玻璃仅 7%～8%。主要用于有绝热要求的建筑物的门窗、汽车和轮船的玻璃窗、玻璃幕墙以及各种艺术装饰，也常用于制成中空玻璃或夹层玻璃以提高绝热性能。

13.3.3.3 中空玻璃

中空玻璃是由两片或多片玻璃以有效支撑均匀隔开并周边粘接密封，使玻璃层间形成有干燥气体空间，从而达到保温隔热效果的节能玻璃制品。制作中空玻璃的原片可以是普通玻璃、钢化玻璃、夹丝玻璃、热反射玻璃等。中空玻璃的性能特点是隔热、隔声、节能、抗风压，并能有效防止结露，主要用于大型公共建筑的门窗及对温度控制、防噪声、防结露、节能环保有较高要求的建筑。

 复习思考题

常用的安全玻璃有哪些品种？

13.4 建筑装饰涂料

建筑装饰涂料是指能涂覆于建筑物表面，并能形成联结性涂膜，从而对建筑物起到保护、装饰或使其具有某些特殊功能（如防霉、防火、防水、保温隔热等）的材料。它通常由主要成膜物质、次要成膜物质和辅助成膜物质三个组成部分配制而成。建筑装饰涂料种类繁多，按其在建筑物中使用部位的不同，主要可分为内墙涂料、外墙涂料和地面涂料。其中最常用的是内墙涂料和外墙涂料。

13.4.1 内墙装饰涂料

内墙装饰涂料的主要功能是装饰及保护室内墙面和顶棚，因此要求涂料应色彩丰富、协调，色调柔和，涂膜细腻，具有一定的耐水性、耐刷洗性和良好的透气性，同时要求涂料耐碱性好，涂刷施工方便，可重涂性好。

目前常用的内墙装饰涂料主要包括水溶性涂料、合成树脂乳胶漆和溶剂型涂料三类。水溶性内墙涂料已被列为停止或逐步淘汰类产品，产量和使用已逐渐减少。溶剂型内墙涂料漆膜透气性较差，用作内墙装饰容易结露，多用于厅堂、走廊等部位的内装饰，较少用于住宅内墙。常用内墙涂料的性能特点及应用见表 13-2。

表 13-2　常用内墙涂料的性能特点及应用

品　种	名　称	性能特点及应用
水溶性涂料	聚乙烯醇内墙涂料	价格便宜,不耐水、不耐碱,涂层受潮后容易剥落,属低档内墙涂料。多为低档或临时住房室内装饰选用
合成树脂乳胶漆	醋酸乙烯乳胶漆	由聚醋酸乙烯乳液为主要成膜物质的一种乳液涂料。无毒、无味,涂膜细腻、平滑、透气性好,附着力强,色彩多样,施工方便,装饰效果良好,但耐水、耐碱、耐候性较其他共聚乳液差,是一种中档内墙涂料
	丙烯酸乳胶漆	是目前建筑装饰中使用最多的一类内墙装饰涂料。其涂膜光泽柔和,保光保色性优异,遮盖力强,附着力高,易于清洗,施工方便,是一种高档内墙涂料。由于其价格昂贵,常以丙烯酸系单体为主,与醋酸乙烯、苯乙烯等单体进行乳液共聚,制成性能较好而价格适中的中高档内墙涂料
	乙-丙乳胶漆	由聚乙烯与丙烯酸酯共聚乳液为主要成膜物质,其耐碱性、耐水性、耐久性均优于聚醋酸乙烯乳胶漆,同时外观细腻、保色性好。多用于住宅、学校、商业、影剧院、旅馆等的中高档装修
	苯-丙乳胶漆	其主要成膜物质是苯乙烯、丙烯酸酯、甲基丙烯酸酯等三元共聚乳液,具有良好的耐候性、耐水性、抗粉化性。其色泽鲜艳、质感好,由于聚合物粒度细,可制成有光型乳胶漆,属于中高档内墙涂料。与水泥基层附着力好,耐洗刷性好,可以用于潮气较大的部位
	乙烯-乙酸乙烯乳胶漆	在乙酸乙烯共聚物中引入乙烯基团形成的乙烯-乙酸乙烯(VAE)乳液中,加入填料、助剂、水等调配而成。其成膜性好,耐水性、耐候性较好,价格低,属中低档建筑装饰内墙涂料
溶剂型涂料	多彩内墙涂料	将带色的溶剂型树脂涂料慢慢掺入到甲基纤维素和水组成的溶液中,搅拌形成不同颜色油滴的混合悬浊液。是一种较常用的墙面、顶棚装饰材料,涂层色泽优雅,富有立体感、装饰效果好;涂膜质地较厚,弹性、整体性、耐久性好,耐油、耐腐、耐洗刷

13.4.2 外墙装饰涂料

外墙装饰涂料的主要功能是装饰和保护建筑物的外墙面，使建筑物外观整洁靓丽，与周围环境更加协调，从而达到美化城市的目的。同时还保护建筑物的外墙免受大气环境的侵蚀，延长其使用寿命。外墙涂料要求装饰性好，具有良好的耐候性、耐水性和抗老化性，耐沾污、易清洗。

建筑外墙涂料的品种很多。目前，建筑装饰工程上常用的外墙涂料有乳液型涂料、溶剂型涂料和无机硅酸盐涂料三类。乳液型外墙涂料涂刷后无污染，施工方便，但光泽较差，容易沾污。溶剂型外墙涂料涂膜致密，具有较高的光泽、硬度、耐水性、耐酸性及良好的耐沾污性，但施工时有大量的有机溶剂挥发，容易对环境造成污染，且价格一般比乳液型涂料高。无机硅酸盐外墙涂料无环境公害，但流平性差，涂层无光泽，不透明，吸水性大，抗渗性差，涂膜过硬，抗裂性差。常用外墙涂料的性能特点及应用见表13-3。

表 13-3　常用外墙涂料的性能特点及应用

品　种	名　称	性能特点及应用
乳液型外墙涂料	丙烯酸酯乳胶漆	以丙烯酸酯乳液为主要成膜物质的一种乳液型外墙涂料，较其他乳液涂料的涂膜光泽柔和，耐候性与保光性、保色性优异，涂膜耐久性可达10年以上
	水乳型聚氨酯外墙涂料	目前世界上开发较多、增长最快的涂料品种之一，其不仅具有优异的耐候性，同时具有水性涂料无污染的优点，是一种优良的环境友好型外墙涂料
	交联型高弹性乳胶漆	由高弹性聚丙烯酸系合成树脂乳液、颜料、填料和多种助剂组成，具有良好的耐候性、耐沾污性、耐水性、耐碱性及耐洗刷性，同时漆膜具有高弹性，能遮盖细微裂缝，主要用于旧房外墙渗漏维修，混凝土建筑表面的保护及房屋建筑外墙面的保护与装饰
	彩砂外墙涂料	以丙烯酸酯乳液或其他合成树脂乳液为主要成膜物质，以彩砂为骨料制成的一种砂壁状外墙涂料。其特点是无毒、无溶剂污染，快干、不燃、耐强光、不褪色。利用不同的骨料组成和颜色搭配，可使涂料色彩形成不同层次，取得类似天然石材的质感和装饰效果
溶剂型外墙涂料	过氯乙烯外墙涂料	以过氯乙烯树脂为主，掺用少量其他改性树脂共同组成主要成膜物质的一种溶剂型涂料。它是将合成树脂用作外墙装饰最早的外墙涂料之一。该涂料色彩丰富，涂膜平滑、干燥快，且具有良好的耐候性和耐水性。完全固化前对基面的黏结能力较差，基层含水率不宜大于8%
	氯化橡胶外墙涂料	由氯化橡胶、溶剂、增塑剂、颜料、填料和助剂等配制而成，对水泥混凝土和钢铁表面具有较好的附着力；耐水、耐碱、耐酸和耐候性好；涂料重涂性好，是一种较为理想的溶剂型涂料
	溶剂型丙烯酸酯外墙涂料	以热塑性丙烯酸酯合成树脂为主要成膜物质，是目前我国高层建筑外墙装饰应用较多的涂料品种之一。具有良好的耐候性，不易变色、粉化或脱落；耐碱性好，且对墙面有较好的渗透作用，黏结牢固；施工不受温度限制，施工方便，可刷、可滚、可喷，可根据工程需要配制成各种颜色；价格较丙烯酸酯乳胶漆便宜
	丙烯酸酯有机硅外墙涂料	具有优良的耐候性、耐沾污性和耐化学腐蚀性，综合性能超过丙烯酸聚氨酯外墙涂料，可广泛用于混凝土、钢结构、铝板、塑料等基面的装饰
无机外墙涂料	硅溶胶涂料	在硅溶胶中加入有机合成树脂乳液及辅助成膜物质材料制成。既保持无机涂料的硬度和快干性，又具有一定的柔性和较好的耐洗刷性
其他外墙涂料	复层涂料	以水泥硅溶胶和合成树脂乳液等基料和集料为主要原料制成。一般由底涂层、主涂层和面涂层组成。可用于水泥砂浆抹面、混凝土预制板、石膏板、木结构等基面，一般作为内外墙、顶棚的中、高档装饰使用

13.4.3　地坪涂料

地坪涂料的主要功能是装饰和保护室内水泥砂浆基层地面，因而要求其具有优良的耐碱性，且与水泥砂浆有良好的粘结性能，同时还应有良好的耐水性、耐磨性和抗冲击性能，施工方便，易于重涂。常用地坪涂料的性能特点及应用见表 13-4。

表 13-4　常用地坪涂料的性能特点及应用

品　　种	名　　称	性能特点及应用
溶剂型地坪涂料	过氯乙烯地面涂料	将合成树脂用作室内水泥地面装饰的早期材料之一，是以过氯乙烯为主要成膜物质，掺用少量其他树脂配制而成。具有干燥快、与水泥地面粘接好、耐水、耐磨、耐化学药品腐蚀的特点。由于含有大量易挥发、易燃的有机溶剂，配制及施工时应注意防火、通风
	聚氨酯-丙烯酸酯地面涂料	涂膜外观光亮平滑，有瓷质感，耐磨性、耐水性好，耐酸碱和耐化学药品腐蚀。适用于图书馆、健身房、影剧院、办公室、厂房、车间、地下室、卫生间等水泥地面的装饰
乳液型地坪涂料	氯-偏乳液涂料	以氯乙烯-偏氯乙烯共聚乳液为主要成膜物质，其种类繁多，除地面涂料外，还有内墙涂料、门窗涂料等。氯-偏乳液涂料无毒、不燃，快干，施工方便，黏结力强，有良好的耐水性、防潮、耐磨、耐酸碱
	聚醋酸乙烯地面涂料	由聚醋酸乙烯水乳液、普通硅酸盐水泥及颜料、填料配制而成，是一种新颖的水性地面涂料。适用于民用住宅室内地面的装饰，亦可取代塑料地板或水磨石地坪，用于某些实验室、仪器装配车间等地面涂料
合成树脂厚质地坪涂料	环氧树脂地面涂料	是以黏度较小、可在室温固化的环氧树脂为主要成膜，其特点是黏结力强、膜层坚硬耐磨且有一定韧性、耐久、耐酸碱、耐有机溶剂、耐火、可涂饰各种图案。适用于机场、车库、实验室、化工车间等室内外水泥地面的涂饰

 复习思考题

常用的内墙涂料的种类和品种有哪些？

小　　结

建筑装饰陶瓷：釉面砖、墙地砖　　　　　　　　　　　　　　　　⎫
建筑装饰石材：天然大理石、天然花岗石、人造石材　　　　　⎬ 产品、性能、特点及应用
建筑装饰玻璃：装饰玻璃、安全玻璃、节能装饰玻璃　　　　　⎪
建筑装饰涂料：外墙涂料、内墙涂料、地面涂料　　　　　　　⎭

第14章 建筑材料性能检测

了解建筑材料的技术性能标准和检测方法标准，了解骨料的检测方法、结果计算及其评定，掌握水泥技术性能的检测方法及结果评定，混凝土配合比试配、调整及强度评定，砂浆配合比试配、调整，砖的技术性能检测及其强度评定，钢筋的拉伸、弯曲检测，防水卷材的性能检测及其结果评定。

教学目标

通过本章学习，熟悉常用建筑材料技术性能标准和检测方法标准，学会对检测结果进行计算、处理及评定。

14.1 水泥技术性能检测

14.1.1 采用标准

(1)《通用硅酸盐水泥》（GB 175—2007）；

(2)《水泥细度检验方法（筛析法）》（GB/T 1345—2005）；

(3)《水泥标准稠度用水量、凝结时间、安定性检验方法》（GB/T 1346—2011）；

(4)《水泥胶砂流动度测定方法》（GB/T 2419—2005）；

(5)《水泥胶砂强度检验方法（ISO 法）》（GB/T 17671—1999）。

14.1.2 取样方法与数量

(1) 检验批的确定　依据《混凝土结构工程施工质量验收规范》（GB 50204—2015）规定，水泥进场时按同一生产厂家、同一强度等级、同一品种、同一批号且连续进场的水泥，袋装水泥不超过 200t 为一检验批；散装水泥不超过 500t 为一检验批，每批抽样不少于一次。当使用获得认证的产品，或同一厂家、同一品种、同一规格的产品，连续三次进场检验均一次检验合格时，检验批容量可扩大一倍。

(2) 取样　按《水泥取样方法》（GB/T 12573—2008）规定进行。对于建筑工程原材料进场检验，取样应有代表性。袋装水泥取样时，应在袋装水泥料场进行取样，随机从不少于

20 个水泥袋中取等量样品，将所取样品充分混合均匀后，至少称取 12kg 作为送检样品；散袋水泥取样时，随机从不少于 3 个车罐中，取等量水泥并混合均匀后，至少称取 12kg 作为送检样品。

（3）水泥复试　用于承重结构和用于使用部位有强度等级要求的混凝土用水泥，或水泥出厂超过三个月（快硬硅酸盐水泥为一个月）和进口水泥，在使用前必须进行复试，并提供检测报告。通常水泥复试项目只做安定性、凝结时间和胶砂强度三个项目。

（4）水泥检测环境　要求检测室温度为（20±2）℃，相对湿度≥50%；湿气养护箱的温度为 20℃±1℃，相对湿度≥90%；试体养护池水温度应在 20℃±1℃ 范围内。

14.1.3　水泥细度检测

水泥细度检测分比表面积法和筛分析法。硅酸盐水泥、普通水泥用比表面积法测定，其他四种通用水泥均采用筛分析法测定。筛分析法又分为负压筛法、水筛法和手工干筛法。如对以上方法检测结果有争议时，以负压筛法为准。下面介绍负压筛法。

（1）目的　为判定水泥质量提供依据。

（2）仪器设备　试验筛、负压筛析仪、天平等。

（3）检测步骤　试验前，水泥样品应充分拌匀，通过 0.9mm 方孔筛，记录筛余百分率及筛余物情况。

1）把负压筛放在筛座上，盖上筛盖，接通电源，检查控制系统，调节负压至 4000～6000Pa 范围内。

2）称量试样 25g，置于洁净的负压筛中，盖上筛盖，放在筛座上。

3）开动筛析仪并连续筛析 2min，在此期间如有试样附着在筛盖上，可轻轻地敲击筛盖，使试样落下。

4）筛毕，用天平称量筛余物质量，精确至 0.1g。当工作负压小于 4000Pa 时，应清理吸尘器内水泥，使负压恢复正常。

（4）结果计算与评定

1）水泥试样筛余百分数按下式计算，精确至 0.1%：

$$F = \frac{R_s}{W} \times 100\%$$

式中　F——水泥试样的筛余百分数，%；

　　　R_s——水泥筛余物的质量，g；

　　　W——水泥试样的质量，g。

2）筛余结果和国家标准对照进行评定。

14.1.4　水泥标准稠度用水量测定

GB/T 1346—2011 规定水泥标准稠度用水量的测定有标准法和代用法两种，发生矛盾时以标准法为准。本方法适用于通用水泥及指定采用本方法的其他品种水泥。

（1）目的　测定水泥净浆达到标准稠度时的用水量，为检测水泥的凝结时间和体积安定性做好准备。

（2）仪器设备　水泥净浆搅拌机、标准法维卡仪（如图 14-1 所示）、代用法维卡仪、量水器、天平等。

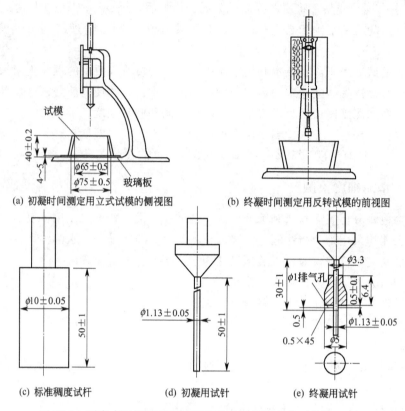

图 14-1 测定水泥标准稠度和凝结时间用的维卡仪（单位：mm）

（3）测试步骤（标准法）

1）准备工作：将维卡仪调整至试杆接触玻璃板时，指针对准零点，其金属棒能自由滑动，同时，搅拌机正常运转。

2）取水泥试样 500g，拌和水量按经验找水。

3）用湿布将搅拌锅和搅拌叶片擦干净，将拌和水倒入搅拌锅内，然后在 5～10s 内小心地将 500g 水泥加入水中，防止水和水泥溅出。

4）将锅放在搅拌机的锅座上，升至搅拌位置，启动搅拌机，低速搅拌 120s，停 15s，同时将叶片和锅壁上的水泥浆刮入锅中，接着高速搅拌 120s 停机。

5）搅拌结束后，立即取适量水泥净浆一次性将其装入已置于玻璃底板上的试模中，浆体超过试模上端，用宽约 25mm 的直边刀轻轻拍打超出试模部分的浆体 5 次以排除浆体中的孔隙，然后在试模上表面约 1/3 处，略倾斜于试模分别向外轻轻踞掉多余净浆，再从试模边沿轻抹顶部一次，使净浆表面光滑。在踞掉多余净浆和抹平的操作过程中，注意不要压实净浆；抹平后迅速将试模和底板移到维卡仪上，并将其中心定在试杆下。

6）试杆降至净浆表面，指针对准零点，拧紧螺丝 1～2s 后，突然放松，使试杆垂直自由地沉入水泥净浆中。在试杆停止沉入或释放试杆 30s 时，记录试杆距底板的距离，升起试杆后，立即擦净。整个操作应在搅拌后 1.5min 内完成。

（4）结果评定　以试杆沉入净浆并距底板 6mm±1mm 的水泥净浆为标准稠度净浆。其拌和水量为该水泥的标准稠度用水量（P），按水泥质量的百分比计。

如果试杆下沉深度超出上述范围，应增减用水量，重复上述操作，直到达到 6mm±

1mm 时为止。即达到标准稠度为止。

14.1.5 水泥凝结时间检测

本方法适用于通用水泥及指定采用本方法的其他品种水泥。

（1）目的 检测水泥的初凝和终凝时间，评定该水泥是否为合格品。

（2）仪器设备 凝结时间测定仪（标准法维卡仪，用试针）、水泥净浆搅拌机、试模（圆模）、湿气养护箱（温度为 20℃±1℃、相对湿度≥90%）、量水器、天平等。

（3）检测步骤

1）将圆模放在玻璃板上，在内侧涂一层机油。调整凝结时间测定仪的试针接触玻璃板时，指针对准零点。

2）以标准稠度用水量制成标准稠度净浆，按 14.1.4 装模并刮平后，立即放入湿气养护箱中。记录水泥全部加入水中的时间作为凝结时间的起始时间。

3）初凝时间的测定 试件在湿气养护箱中养护至加水后 30min 时，进行第一次测定。从湿气养护箱中取出试模放到试针下，降低试针与水泥净浆表面接触。拧紧螺丝 1~2s 后，突然放松，试针垂直自由地沉入水泥净浆，观察试针停止下沉或释放试针 30s 时指针的读数。

当试针沉至距底板 4mm±1mm 时，为水泥达到初凝状态。即水泥全部加入水中至初凝状态的时间为水泥的初凝时间。用"min"表示。

4）终凝时间的测定 为准确观测试针沉入的状况，在终凝针上安装了一个环形附件（见图 14-1），在完成初凝时间测定后，立即将试模连同浆体以平移的方式从玻璃板取下，翻转 180°，直径大端向上、小端向下放在玻璃板上，再放入湿气养护箱中继续养护，临近终凝时间时，每隔 15min 测定一次，当试针沉入试体 0.5mm 时，即环形附件开始不能在试体上留下痕迹时，为水泥达到终凝状态，即水泥全部加入水中至终凝状态的时间为水泥的终凝时间。用"min"表示。

（4）结果评定 凡初凝时间、终凝时间有一项不合格者为不合格品。

（5）注意事项

1）在最初测定的操作时，应轻扶金属柱，使其慢慢下落，以防试针撞弯，但结果以自由下落为准。

2）在整个测试过程中，试针沉入的位置至少要距试模内壁 10mm。

3）临近初凝时，每隔 5mim 测定一次，临近终凝时，每隔 15min 测定一次，到达初凝时应立即重复测一次，当两次结论相同时才能确定到达初凝状态。到达终凝时，需要在试体另外两个不同点测试，结论相同时才能确定到达终凝状态。

4）每次测定不能让试针落入原针孔。

5）每次测试完毕须将试针擦净，并将试模放回湿气养护箱，整个测试过程要防止试模受振。

14.1.6 水泥安定性检测

本方法适用于通用水泥及指定采用本方法的其他品种水泥。测定方法有标准法（雷氏法）和代用法（试饼法）两种。有争议时以雷氏法为准。

（1）目的 检测水泥浆在硬化时体积变化的均匀性，评定该水泥是否为合格品。

（2）仪器设备　沸煮箱：有效容积约为 410mm×240mm×310mm，能在 30min±5min 内将箱内试验用水由室温升至沸腾状态，并恒沸 3h 以上，整个过程不需要补充水量。

雷氏夹：由铜质材料制成，当用 300g 砝码校正时，两根指针的针尖距离增加应在 17.5mm±2.5mm 范围内，去掉砝码后针尖的距离应恢复原状。

雷氏夹膨胀值测定仪（标尺最小刻度为 0.5mm）、水泥净浆搅拌机、量水器、湿气养护箱、天平等。

（3）检测步骤

1）称取水泥试样 500g（精确至 1g），以标准稠度用水量搅拌成标准稠度的水泥净浆。将与水泥净浆接触的玻璃板和雷氏夹内侧涂一薄层机油。

2）成型方法

① 试饼法：将制好的标准稠度水泥净浆取出约 150g，分成两等份，使之成球形，放在涂过油的玻璃板上，轻轻振动玻璃板并用湿布擦过的小刀，由边缘向中央抹，做成直径70～80mm，中心厚约 10mm，边缘渐薄、表面光滑的试饼。

② 雷氏法：将预先准备好的雷氏夹放在擦过油的玻璃板上，立即将已制好的标准稠度净浆一次装满雷氏夹，装浆时一只手轻轻扶持雷氏夹，另一只手用宽约 25mm 的直边刀在浆体表面轻轻插捣 3 次，然后抹平，盖上稍涂油的玻璃板。

3）养护　成型后立即放入湿气养护箱内养护 24h±2h。

4）沸煮　调整好沸煮箱内的水位，能保证在整个沸煮过程中都超过试件，不需中途加水，同时又能保证在 30min±5min 内升至沸腾。

① 试饼法：脱去玻璃板取下试饼，先检查试饼是否完整，在试饼无缺陷的情况下，将试饼放在沸煮箱水中的箅板上，然后在 30min±5min 内加热至沸腾，并恒沸 180min±5min。

② 雷氏法：脱去玻璃板，取下试件，先测量雷氏夹指针尖端间的距离（A），精确到 0.5mm，接着将试件放入沸煮箱水中的箅板上，指针朝上，试件之间互不交叉，然后在 30min±5min 内加热至沸腾，并恒沸 180min±5min。

5）沸煮结束后，立即放掉沸煮箱中的热水，打开箱盖，将箱体冷却至室温，取出试件进行判别。

（4）结果评定

1）试饼法：目测试饼未发现裂缝，用钢直尺检查也没有弯曲（使钢直尺和试饼底部紧靠，以两者间不透光为不弯曲）的试饼为安定性合格，反之为不合格。当两个试饼判别结果有矛盾时，该水泥的安定性为不合格。

2）雷氏法：测量雷氏夹指针尖端的距离（C），精确至 0.5mm，当两个试件煮后增加距离（C−A）的平均值≤5.0mm 时，即认为该水泥安定性合格，反之为不合格。当两个试件的（C−A）值相差超过 4.0mm 时，应用同一样品立即重做一次检测。再如此，则认为该水泥为安定性不合格。

3）评定：安定性不合格的水泥属不合格品，严禁用于工程中。

14.1.7　水泥胶砂强度检测

本方法适用于通用硅酸盐水泥。但对火山灰水泥、粉煤灰水泥、复合水泥和掺火山灰混合材料的普通水泥在进行胶砂强度检测时，其用水量按 0.50 水灰比和胶砂流动度不小于

180mm 来确定。当流动度小于 180mm 时，应以 0.01 的整倍数递增的方法将水灰比调整至胶砂流动度不小于 180mm。

（1）目的　测定水泥胶砂的强度，评定水泥的强度等级。

（2）仪器设备　行星式水泥胶砂搅拌机、胶砂振实台、试模（三联模的三个内腔尺寸均为 40mm×40mm×160mm）、模套、抗折试验机、抗压试验机、夹具、刮平直尺、下料漏斗、天平、标准养护箱等。

（3）检测步骤

1）成型

① 将试模擦净，四周的模板与底座的接触面上应涂黄油，紧密装配，防止漏浆，内壁均匀刷一层薄机油。

② 水泥与 ISO 标准砂的质量比为 1∶3，水灰比为 0.5。一锅胶砂成三条试体，每锅材料需要量：水泥（450±2）g、标准砂（1350±5）g、水（225±1）g。

③ 胶砂搅拌：把水加入锅里，再加入水泥，把锅放在固定架上，上升至固定位置。立即启动搅拌机，低速搅拌 30s 后，在第二个 30s 开始均匀地将砂子加入。高速搅拌 30s，停拌 90s，在第一个 15s 内用一胶皮刮具将叶片和锅壁上的胶砂刮入锅中间。在高速下继续搅拌 60s。各个搅拌阶段时间误差应在 ±1s 以内。

④ 成型：将空试模和模套固定在振实台上，用料勺直接从搅拌锅里将胶砂分两层装入试模，装第一层时，每个槽里约放 300g 胶砂，用大播料器垂直架在模套顶部沿每个模槽来回一次将料层播平，振实 60 次。接着装入第二层胶砂，用小播料器播平，振实 60 次。移走模套，从振实台上取下试模，用直尺以近似垂直的角度架在试模模顶的一端，然后沿试模长度方向以横向锯割动作慢慢向另一端移动，一次将超过试模部分的胶砂刮去，同时水平地将试体表面抹平。

成型后在试模上做标记或用字条标明试件编号。

2）养护

① 带模养护：成型后立即将做好标记的试模放入雾室或湿气养护箱的水平架上养护，在温度为（20±1）℃、相对湿度≥90% 的条件下养护，养护时不应将试模放在其他试模上，到规定的脱模时间时取出脱模。脱模前，用防水墨汁或颜料笔对试体进行编号和做标记。两个龄期以上的试体，在编号时应将同一试模中的三条试体分在两个以上龄期内。

② 脱模：对于 24h 龄期的，应在破型前 20min 内脱模，对于 24h 以上龄期的，应在成型后 20~24h 之间脱模。脱模时应防止试件受到损伤。硬化较慢的水泥允许延长脱模时间，但需记录脱模时间。

③ 水中养护：试件脱模后立即水平或竖直放在（20±1）℃水中养护，水平放置时刮平面应朝上。试件之间间隔或试体上表面的水深不得小于 5mm。

每个养护池只能养护同类型水泥试件。随时加水保持适当恒定水位，不允许在养护期间全部换水。除 24h 龄期或延迟至 48h 脱模的试体外，任何到龄期的试体应在检测（破型）前 15min 从水中取出。擦去试体表面沉积物，并用湿布覆盖至检测为止。

3）强度测定

① 龄期：强度检测试体的龄期是从水泥加水搅拌开始检测时算起，不同龄期强度检测在下列时间里进行。24h±15min、48h±30min、72h±45min、7d±2h、28d±8h。

② 抗折强度检测：每龄期取出三条试件先做抗折强度检测，检测前擦拭试体表面，把试体放入抗折夹具内，应使侧面与圆柱接触，试体放入前应使杠杆成平衡状态，试体放入后，调整夹具，使杠杆在试件折断时尽可能地接近平衡状态。以 50N/s±10N/s 的速度均匀地将荷载垂直地加在棱柱体相对侧面上，直至折断（保持两个半截棱柱体处于潮湿状态直至抗压检测）。记录折断时荷载 F_f。

③ 抗压强度检测：抗折强度检测后的六个断块应立即进行抗压强度检测。抗压强度检测需用抗压夹具进行，以试件的侧面作为受压面，并使夹具对准压力机压板中心。以 2400N/s±200N/s 的速度均匀地加荷至破坏。记录破坏荷载 F_c。

（4）结果计算与评定

1）抗折强度按下式计算，精确至 0.1MPa。

$$R_f = \frac{1.5F_f L}{b^3} = 0.00234F_f$$

式中　R_f——抗折强度，MPa（N/mm²）；

　　　F_f——折断时荷载，N；

　　　L——支撑圆柱之间的距离，取 $L=100$mm；

　　　b——棱柱体正方形截面的边长，取 $b=40$mm。

抗折强度以一组三个棱柱体抗折结果的平均值作为检测结果，当三个强度值中有超出平均值±10%时，应剔除后再取平均值作为抗折强度检测结果。

2）抗压强度按下式计算，精确至 0.1MPa。

$$R_c = \frac{F_c}{A} = 0.000625F_c$$

式中　R_c——抗压强度，MPa（N/mm²）；

　　　F_c——破坏时的最大荷载，N；

　　　A——受压面积，mm²（40mm×40mm＝1600mm²）。

抗压强度以一组三个棱柱体上得到的六个抗压强度测定值的算术平均值为检测结果。如六个测定值中有一个超出平均值的±10%，就应剔除这个结果，而以剩下五个值的平均值为检测结果。如果五个测定值中再有超出它们平均值的±10%，则此组结果作废。

3）评定　根据该组水泥的抗折、抗压强度检测结果，评定该水泥的强度等级。

14.1.8　水泥胶砂流动度检测

（1）目的　通过测量一定配比的水泥胶砂在规定振动状态下的扩展范围来衡量其流动性。

（2）仪器设备　水泥胶砂流动度测定仪（简称跳桌）、水泥胶砂搅拌机、试模（由截锥圆模和模套组成）、捣棒（由金属材料制成，直径为 20mm±0.5mm，长度约 200mm）、卡尺（量程≥300mm，分度值≤0.5mm）、小刀、天平等。

（3）检测步骤

1）如跳桌在 24h 内未被使用，先空跳一个周期 25 次。

2）胶砂制备按 14.1.7 规定进行。在制备胶砂的同时，用潮湿棉布擦拭跳桌台面、试模内壁、捣棒以及与胶砂接触的用具，将试模放在跳桌台面中央并用潮湿棉布覆盖。

3）将拌好的胶砂分两层迅速装入试模，第一层装至截锥圆模高度约三分之二处，用小刀在相互垂直两个方向各划 5 次，用捣棒由边缘至中心均匀捣压 15 次，随后装第二层胶砂，装至高出截锥圆模约 20mm，用小刀在相互垂直两个方向各划 5 次，再用捣棒由边缘至中心均匀捣压 10 次。捣压后胶砂应略高于试模。捣压深度，第一层捣至胶砂高度的二分之一，第二层捣实不超过已捣实底层表面。装胶砂和捣压时，用手扶稳试模，不要使其移动。

4）捣压完毕，取下模套，将小刀倾斜，从中间向边缘分两次以近水平的角度抹去高出截锥圆模的胶砂，并擦去落在桌面上的胶砂。将截锥圆模垂直向上轻轻提起。立刻开动跳桌，以每秒钟一次的频率，在 25s±1s 内完成 25 次跳动。

5）流动度检测，从胶砂加水开始到测量扩散直径结束，应在 6min 内完成。

（4）结果计算与评定　跳动完毕，用卡尺测量胶砂底面互相垂直的两个方向直径，计算平均值，取整数，单位为 mm。该平均值即为该水量的水泥胶砂流动度。

 复习思考题

1. 某工地送检的复合水泥样品经检验后发现其 0.08mm 方孔筛筛余量为 15％，则此水泥样品是否合格？

2. 某工地送检的 P·O42.5 水泥样品经检测后，其强度检测结果如下表所示，试判断该水泥样品的强度是否合格。

抗折强度破坏荷载/kN		抗压强度破坏荷载/kN	
3d	28d	3d	28d
1.25	2.9	23	75
		29	71
1.60	3.05	29	70
		28	68
1.50	2.75	26	69
		27	70

14.2 混凝土用骨料检测

14.2.1 采用标准

《建设用砂》（GB/T 14684—2011）；

《建设用卵石、碎石》（GB/T 14685—2011）。

14.2.2 取样与缩分

（1）细骨料

1）检验批的确定　同一产地、同一规格、同一进厂（场）时间，每 400m³ 或 600t 为一检验批；不足 400m³ 或 600t 也为一检验批。

每一检验批取样一组，天然砂每组 22kg，人工砂每组 52kg。

2）取样方法　在料堆上取样时，取样部位应均匀分布。取样前先将取样部位表层铲除，然后从不同部位抽取大致相等的砂 8 份（天然砂每份 11kg 以上，人工砂每份 26kg 以上），搅拌均匀后用四分法缩分至 22kg 或 52kg，组成一组试样；从皮带运输机上取样时，应用接料器在皮带运输机机尾的出料处定时抽取大致相等的砂 4 份（天然砂每份 22kg 以上，人工砂每份 52kg 以上），搅拌均匀后用四分法缩分至 22kg 或 52kg，组成一组试样；从火车、汽车、轮船上取样时，从不同部位和深度抽取大致等量的砂 8 份，组成一组试样。

3）取样数量　取样时，对每一单项检测的最少取样数量应符合表 14-1 的规定。

表 14-1　单项检测所需骨料的最少取样数量 （GB/T 14684—2011；GB/T 14685—2011）

检测项目	细骨料质量 /kg	粗骨料不同最大粒径(mm)下的最少取样量/kg							
		9.5	16.0	19.0	26.5	31.5	37.5	63.0	75.0
颗粒级配	4.4	9.5	16.0	19.0	25.0	31.5	37.5	63.0	80.0
含泥量	4.4	8.0	8.0	24.0	24.0	40.0	40.0	80.0	80.0
泥块含量	20.0	8.0	8.0	24.0	24.0	40.0	40.0	80.0	80.0
表观密度	2.6	8.0	8.0	8.0	8.0	12.0	16.0	24.0	24.0
堆积密度与空隙率	5.0	40.0	40.0	40.0	40.0	80.0	80.0	120.0	120.0
针、片状颗粒含量	—	1.2	4.0	8.0	12.0	20.0	40.0	40.0	40.0

4）试样缩分　人工四分法缩分是将所取样品置于平板上，在潮湿状态下拌和均匀，并堆成厚度约 20mm 的圆饼，然后沿互相垂直两条直径把圆饼分成大致相等的四份，取其中对角线的两份重新拌匀，再堆成圆饼。重复上述过程，直到把样品缩分到检测所需量为止。

5）砂的必检项目　天然砂：筛分析、含泥量、泥块含量。

机制砂：筛分析、石粉含量（含亚甲蓝试验）、泥块含量、压碎指标。

若有一项指标不合格时，应从同一批产品中加倍取样，对该项进行复验。复验后，若合格，可判该批产品合格；若仍不合格，则判该批产品不合格。若有两项及以上不合格时，则判该批产品不合格。

（2）粗骨料

1）检验批的确定　按同品种、同规格、同适用等级及日产量每 600t 为一检验批，不足 600t 也为一检验批；日产量超过 2000t，按 1000t 为一检验批，不足 1000t 亦为一检验批；日产量超过 5000t，按 2000t 为一检验批，不足 2000t 亦为一检验批。

2）取样方法　在料堆上取样时，取样部位应均匀分布，取样前先将取样部位表层铲除，然后从不同部位抽取大致等量的石子 15 份组成一组试样；从皮带运输机上取样时，应用接料器在皮带运输机机尾的出料处定时抽取大致相等的石子 8 份组成一组试样；从火车、汽车、轮船上取样时，从不同部位和深度抽取大致等量的石子 16 份组成一组试样。

3）取样数量　单项检测的最少取样数量应符合表 14-1 的规定。

4）试样缩分　除堆积密度检测所用试样不经缩分，在拌匀后直接进行检测外，其他检测用试样均应进行缩分。先将所取样品置于平板上，在自然状态下拌和均匀，并堆成锥体，然后沿互相垂直的两条直径把锥体分成大致相等的四份，取其中对角线的两份重新拌匀，再堆成锥体。重复上述过程，直至把样品缩分到检测所需量为止。

5）石子必检项目　筛分析、含泥量、泥块含量、针片状颗粒含量、压碎指标。若有一项指标不合格时，应从同一批产品中加倍取样，对该项进行复验。复验后，若合格，可判该批产品合格；若仍不合格，则判该批产品不合格。若有两项及以上不合格时，则判该批产品不合格。下面主要介绍筛分析、含泥量、泥块含量、压碎指标、针片状颗粒含量等检测。

14.2.3　砂颗粒级配检测

（1）目的　评定砂的颗粒级配和粗细程度。

（2）仪器设备　标准筛（孔径为 $150\mu m$、$300\mu m$、$600\mu m$、1.18mm、2.36mm、4.75mm 及 9.50mm 的方孔筛）（如图 14-2）、烘箱（如图 14-3）、天平、摇筛机、搪瓷盘、毛刷等。

图 14-2　方孔筛　　　　　　　　　　图 14-3　烘箱

（3）检测步骤

1）按规定方法取样，筛除大于 9.50mm 的颗粒并算出其筛余百分率，并将试样缩分至约 1100g。放在 (105 ± 5)℃的烘箱中烘至恒重（指试样在烘干 3h 以上的情况下，其前后质量之差不大于该项试验所要求的称量精度时的质量），冷却至室温后，分为大致相等的两份备用。

2）称取试样 500g，精确至 1g。将试样倒入按孔径大小从上到下组合的套筛（附筛底）上，然后进行筛分。

3）先在摇筛机上筛分 10min，再按筛孔大小顺序逐个手筛，筛至每分钟通过量小于试样总量 0.1% 为止。通过的试样并入下一筛中，并和下一号筛中的试样一起过筛，按这样顺序进行，直至各号筛全部筛完为止。

4）称量各号筛的筛余量，精确至 1g。如每号筛的筛余量与筛底的剩余量之和同原试样质量之差超过 1% 时，必须重做。

（4）结果计算与评定

1）计算分计筛余百分率：各号筛的筛余量与试样总量之比，精确至 0.1%。

2）计算累计筛余百分率：该号筛的筛余百分率加上该号筛以上各筛的筛余百分率之和，精确至 0.1%。

3）按下式计算细度模数，精确至 0.01。

$$M_x = \frac{(A_2 + A_3 + A_4 + A_5 + A_6) - 5A_1}{100 - A_1}$$

4）累计筛余百分率取两次检测结果的算术平均值，精确至 1%。

5）细度模数取两次检测结果的算术平均值，精确至 0.1；如两次检测的细度模数之差超过 0.20 时，必须重做检测。根据细度模数评定该试样的粗细程度。

6）根据各号筛的累计筛余百分率，查表 5-3，评定该试样的颗粒级配。

14.2.4 砂的含泥量、泥块含量检测

（1）砂的含泥量检测

1）目的　评定砂是否达到技术要求，能否用于指定工程中。

2）仪器设备　烘箱、天平、方孔筛（孔径为 75μm 及 1.18mm 的筛各一只）、容器（深度大于 250mm）、搪瓷盘、毛刷等。

3）检测步骤

① 按规定方法取样后，最少取样数量为 4400g 并缩分至约 1100g，放在烘箱中于 (105±5)℃下烘干至恒重，待冷却至室温后，分为大致相等的两份备用。

② 称取试样 500g，精确至 0.1g。将试样倒入淘洗容器中，注入清水，使水面高于试样面约 150mm，充分搅拌均匀后，浸泡 2h。然后用手在水中淘洗试样，使尘屑、淤泥和黏土与砂粒分离，把浑水缓缓倒入 1.18mm 及 75μm 的套筛上（1.18mm 筛放在 75μm 筛上面），滤去小于 75μm 颗粒。试验前筛子的两面应先用水润湿，在整个过程中应小心防止砂粒流失。

③ 再向容器中注入清水，重复上述操作，直至容器内的水目测清澈为止。

④ 用水淋洗剩余在筛上的细粒，并将 75μm 筛放在水中（使水面略高出筛中砂粒的上表面）来回摇动，以充分洗掉小于 75μm 的颗粒，然后将两只筛的筛余颗粒和清洗容器中已经洗净的试样一并倒入搪瓷盘，放在烘箱中于 (105±5)℃下烘干至恒重，待冷却至室温后，称出其质量，精确至 0.1g。

4）结果计算与评定　按下式计算含泥量，精确至 0.1%：

$$Q_a = \frac{G_0 - G_1}{G_0} \times 100\%$$

式中　Q_a——含泥量，%；

G_0——检测前烘干试样的质量，g；

G_1——检测后烘干试样的质量，g。

含泥量取两个试样检测结果的算术平均值。根据计算结果查表 5-5，进行评定。

（2）砂的泥块含量检测

1）目的　评定砂是否达到技术要求，能否用于指定工程中。

2）仪器设备　烘箱、天平、方孔筛（孔径为 600μm 及 1.18mm 的筛各一只）、容器（深度大于 250mm）、搪瓷盘、毛刷等。

3）检测步骤

① 按规定方法取样，最少取样数量为 20.0kg 并缩分至约 5kg，放在烘箱中于（105±5）℃下烘干至恒重，待冷却至室温后，筛除小于 1.18mm 的颗粒，分为大致相等的两份备用。

② 称取试样 200g，精确至 0.1g。将试样倒入淘洗容器中，注入清水，使水面高于试样面约 150mm，充分搅拌均匀后，浸泡 24h，然后用手在水中碾碎泥块，再把试样放在 600μm 筛上，淘洗试样，直至容器内的水目测清澈为止。

③ 保留下来的试样小心地从筛中取出，装入搪瓷盘，放在烘箱中于（105±5）℃下烘干至恒重，待冷却至室温后，称出其质量，精确至 0.1g。

4）结果计算与评定　按下式计算泥块含量，精确至 0.1%：

$$Q_b = \frac{G_1 - G_2}{G_1} \times 100\%$$

式中　Q_b——泥块含量，%；

　　　G_1——1.18mm 筛筛余试样的质量，g；

　　　G_2——试验后烘干试样的质量，g。

泥块含量取两个试样检测结果的算术平均值。根据计算结果查表 5-5，进行评定。

14.2.5　砂的密度检测

（1）表观密度检测

1）目的　为计算砂的空隙率和进行混凝土配合比设计提供数据。

2）仪器设备　烘箱、天平、容量瓶、干燥器、搪瓷盘、滴管、毛刷等。

3）检测步骤

① 按规定方法取样，最少取样数量为 2600g，缩分至约 660g，放在烘箱中于（105±5）℃下烘至恒重，待冷却至室温后，分成大致相等的两份备用。

② 称取试样 300g，精确至 0.1g。将试样装入容量瓶，注入冷开水至接近 500mL 的刻度处，用手旋转摇动容量瓶，使砂样充分摇动，排除气泡，塞紧瓶盖，静止 24h。然后用滴管小心加水至容量瓶 500mL 刻度处，塞紧瓶盖，擦干瓶外水分，称出其质量，精确至 1g。

③ 倒出瓶内水和试样，洗净容量瓶，再向容量瓶内注入与上述水温相差不超过 2℃的冷开水（15~25℃）至 500mL 刻度处，塞紧瓶盖，擦干瓶外水分，称出其质量，精确至 1g。

4）结果计算与评定

① 砂的表观密度按下式计算，精确至 10kg/m³：

$$\rho_0 = \left(\frac{G_0}{G_0 + G_2 - G_1} - \alpha_t \right) \times \rho_{水}$$

式中　ρ_0——表观密度，kg/m³；

　　　$\rho_{水}$——水的密度，1000kg/m³；

　　　G_0——烘干试样的质量，g；

　　　G_1——试样、水及容量瓶的总质量，g；

　　　G_2——水及容量瓶的总质量，g；

　　　α_t——水温对表观密度影响的修正系数，见表 14-2。

表 14-2　不同水温的表观密度影响的修正系数

水温/℃	15	16	17	18	19	20	21	22	23	24	25
α_t	0.002	0.003	0.003	0.004	0.004	0.005	0.005	0.006	0.006	0.007	0.008

② 表观密度取两次检测结果的算术平均值，精确至 $10kg/m^3$；如两次检测结果之差大于 $20kg/m^3$，必须重做检测。

③ 表观密度的计算结果应不小于 $2500kg/m^3$。

（2）堆积密度与空隙率检测

1）目的　为计算砂的空隙率和进行混凝土配合比设计提供数据。

2）仪器设备　烘箱、天平、容量筒（圆柱形金属筒，内径 108mm，净高 109mm，壁厚 2mm，筒底厚 5mm，容积为 1L）、方孔筛（孔径为 4.75mm）、垫棒（直径为 10mm，长 500mm 的圆钢）、直尺、漏斗、料勺、搪瓷盘、毛刷等。

3）检测步骤　按规定方法取样，最少取样数量为 5000g，用搪瓷盘装取试样约 3L，在烘箱中烘至恒重，待冷却至室温后，筛除大于 4.75mm 的颗粒，分为大致相等的两份备用。

① 松散堆积密度　取试样一份，用漏斗或料勺将试样从容量筒中心上方 50mm 处徐徐倒入，让试样以自由落体落下，当容量筒上部试样呈锥体，且容量筒四周溢满时，即停止加料。然后用直尺沿筒口中心线向两边刮平（试验过程应防止触动容量筒），称出试样和容量筒总质量，精确至 1g。

② 紧密堆积密度　取试样一份分两次装入容量筒。装完第一层后，在筒底垫放一根直径为 10mm 的圆钢，将筒按住，左右交替击地面各 25 次。然后装入第二层，第二层装满后用同样方法颠实（但筒底所垫钢筋的方向与第一层时的方向垂直）后，再加试样直至超过筒口，然后用直尺沿筒口中心线向两边刮平，称出试样和容量筒总质量，精确至 1g。

4）结果计算与评定

① 松散或紧密堆积密度按下式计算，精确至 $10kg/m^3$。

$$\rho_1 = \frac{G_1 - G_2}{V}$$

式中　ρ_1——松散堆积密度或紧密堆积密度，kg/m^3；

　　　G_1——容器筒和试样总质量，g；

　　　G_2——容器筒质量，g；

　　　V——容器筒的容积，L。

② 空隙率按下式计算，精确至 1%。

$$V_0 = \left(1 - \frac{\rho_1}{\rho_0}\right) \times 100\%$$

式中　V_0——空隙率，%；

　　　ρ_1——试样的松散（或紧密）堆积密度，kg/m^3；

　　　ρ_0——试样的表观密度，kg/m^3。

③ 堆积密度取两次检测结果的算术平均值，精确至 $10kg/m^3$；空隙率取两次检测结果的算术平均值，精确至 1%。

④ 松散堆积密度计算结果应不小于 $1400kg/m^3$；空隙率应不大于 44%。

14.2.6 石子颗粒级配检测

（1）目的 评定石子的颗粒级配。

（2）仪器设备 方孔筛（孔径为 2.36mm、4.75mm、9.50mm、16.0mm、19.0mm、26.5mm、31.5mm、37.5mm、53.0mm、63.0mm、75.0mm 及 90mm 的筛各一只，并附有筛底和筛盖）、烘箱、台秤、摇筛机、搪瓷盘、毛刷等。

（3）试验步骤

1）按规定方法取样后，将试样缩分至略大于表 14-1 规定的数量，烘干或风干后备用。

2）称取按表 14-3 规定数量的试样一份，精确至 1g。将试样倒入按孔径大小从上到下组合的套筛（附筛底）上，然后进行筛分。

表 14-3 颗粒级配试验所需试样数量（GB/T 14685—2011）

最大粒径/mm	9.5	16.0	19.0	26.5	31.5	37.5	63.0	75.0
最少试样质量/kg	1.9	3.2	3.8	5.0	6.3	7.5	12.6	16.0

3）将套筛置于摇筛机上，摇 10min，取下套筛，按筛孔大小顺序再逐个用手筛，筛至每分钟通过量小于试样总量 0.1% 为止。通过的颗粒并入下一号筛中，并和下一号筛中的试样一起过筛，这样顺序进行，直至各号筛全部筛完为止。

4）称出各号筛的筛余量，精确至 1g。如每号筛的筛余量与筛底的筛余量之和同原试样质量之差超过 1% 时，应重做。

（4）结果计算与评定

1）计算分计筛余百分率：各号筛的筛余量与试样总质量之比，精确至 0.1%。

2）计算累计筛余百分率：该号筛的筛余百分率加上该号筛以上各分计筛余百分率之和，精确至 1%。

3）根据各号筛的累计筛余百分率，查表 5-10，评定该试样的颗粒级配。

14.2.7 石子含泥量检测

（1）目的 评定石子是否达到技术要求，能否用于指定工程中。

（2）仪器设备 烘箱、天平、方孔筛（孔径为 75μm 及 1.18mm 的筛各一只）、容器、搪瓷盘、毛刷等。

（3）检测步骤

1）按规定方法取样后，将试样缩分至略大于表 14-1 规定的 2 倍数量，在烘箱中烘至恒重，待冷却至室温后，分为大致相等的两份备用。

表 14-4 含泥量测试所需试样数量（GB/T 14685—2011）

最大粒径/mm	9.5	16.0	19.0	26.5	31.5	37.5	63.0	75.0
最少试样质量/kg	2.0	2.0	6.0	6.0	10.0	10.0	20.0	20.0

2）称取按表 14-4 规定数量的试样一份，精确至 1g，将试样放入淘洗容器中，注入清水，使水面高于试样上表面 150mm，充分搅拌均匀后，浸泡 2h，然后用手在水中淘洗试样，使尘屑、淤泥和黏土与石子颗粒分离，把浑水缓缓倒入 1.18mm 及 75μm 的套筛上（1.18mm 筛放在 75μm 筛上面），滤去小于 75μm 的颗粒。试验前筛子的两面应先用水润

湿。在整个试验过程中应小心防止大于 $75\mu m$ 颗粒流失。

3）再向容器中注入清水，重复上述操作，直至容器内的水目测清澈为止。

4）用水淋洗剩余在筛上的细粒，并将 $75\mu m$ 筛放在水中（使水面略高出筛中石子颗粒的上表面）来回摇动，以充分洗掉小于 $75\mu m$ 的颗粒，然后将两只筛上筛余的颗粒和清洗容器中已经洗净的试样一并倒入搪瓷盘中，置于烘箱中烘至恒量，待冷却至室温后，称出其质量，精确至 1g。

（4）结果计算与评定

1）含泥量按下式计算，精确至 0.1%：

$$Q_a = \frac{G_0 - G_1}{G_0} \times 100\%$$

式中　Q_a——含泥量，%；

　　　G_0——检测前烘干试样的质量，g；

　　　G_1——检测后烘干试样的质量，g。

2）含泥量取两次检测结果的算术平均值，精确至 0.1%。

3）含泥量计算结果和表 5-11 对照，进行评定。

14.2.8　石子密度检测

（1）表观密度检测　《建设用卵石、碎石》（GB/T 14685—2011）中表观密度的检测方法，有液体密度天平法与广口瓶法两种。这里介绍广口瓶法，此法不宜用于测定最大粒径大于 37.5mm 的碎石或卵石的表观密度。

1）目的　为计算石子的空隙率和进行混凝土配合比设计提供依据。

2）仪器设备　烘箱、天平、广口瓶、方孔筛（孔径为 4.75mm 的筛一只）、温度计、玻璃片、搪瓷盘、毛巾等。

3）检测步骤

① 按规定方法取样，最少取样数量见表 14-1，并将试样缩分至略大于表 14-5 规定的数量，风干后筛除小于 4.75mm 的颗粒，然后洗刷干净，分为大致相等的两份备用。

表 14-5　表观密度检测所需试样数量（GB/T 14685—2011）

最大粒径/mm	小于 26.5	31.5	37.5	63.0	75.0
最少试样质量/kg	2.0	3.0	4.0	6.0	6.0

② 将试样浸水饱和，然后装入广口瓶中。装试样时，广口瓶应倾斜放置，注入饮用水，用玻璃片覆盖瓶口，上下左右摇晃排除气泡。

③ 气泡排尽后，向瓶中添加饮用水至水面凸出瓶口边缘。然后用玻璃片沿瓶口迅速滑行，使其紧贴瓶口水面。擦干瓶外水分后，称出试样、水、瓶和玻璃片总质量，精确至 1g。

④ 将瓶中试样倒入浅盘，放在烘箱中烘干至恒重，待冷却至室温后，称出其质量，精确至 1g。

⑤ 将瓶洗净，重新注入饮用水，用玻璃片紧贴瓶口水面，擦干瓶外水分后，称出水、瓶和玻璃片总质量，精确至 1g。

注意：检测时各项称量可以在 15～25℃ 范围内进行，但从试样加水静止的 2h 起至检测结束，其温度变化不应超过 2℃。

4）结果计算与评定 表观密度按下式计算，精确至 $10kg/m^3$：

$$\rho_0 = \left(\frac{G_0}{G_0 + G_2 - G_1} - \alpha_t \right) \times \rho_{水}$$

式中 ρ_0——表观密度，kg/m^3；

$\rho_{水}$——水的密度，$1000kg/m^3$；

G_0——烘干试样的质量，g；

G_1——试样、水、容量瓶和玻璃片的总质量，g；

G_2——水、容量瓶和玻璃片的总质量，g；

α_t——水温对表观密度影响的修正系数，见表 14-2。

表观密度取两次检测结果的算术平均值。如两次测试结果之差大于 $20kg/m^3$，必须重做试验。对颗粒材质不均匀的试样，可取 4 次检测结果的算术平均值。表观密度计算结果应不小于 $2600kg/m^3$。

（2）堆积密度与空隙率检测

1）目的 为计算石子的空隙率和进行混凝土配合比设计提供依据。

2）仪器设备 台秤、磅秤、容量筒、垫棒（直径为 16mm，长 600mm 的圆钢）、直尺、小铲等。

3）检测步骤 按规定方法取样后，烘干或风干试样，拌匀并把试样分为大致相等的两份备用。

① 松散堆积密度 取试样一份，用小铲将试样从容量筒口中心上方 50mm 处徐徐倒入（自由落体落下），当容量筒上部试样呈锥体，且容量筒四周溢满时，停止加料。除去凸出容量筒口表面的颗粒，并以合适的颗粒填入凹陷部分，使表面稍凸起部分和凹陷部分的体积大致相等（试验过程应防止触动容量筒），称出试样和容量筒总质量。

② 紧密堆积密度 取试样一份分三次装入容量筒。装完第一层后，在筒底垫放一根直径为 16mm 的圆钢，将筒按住，左右交替颠击地面各 25 次，再装入第二层，第二层装满后用同样方法颠实（但筒底所垫钢筋的方向与第一层时的方向垂直），然后装入第三层，按上述方法颠实。称出试样和容量筒总质量，精确至 10g。

4）结果计算与评定 松散或紧密堆积密度按下式计算，精确至 $10kg/m^3$：

$$\rho_1 = \frac{G_1 - G_2}{V}$$

式中 ρ_1——松散堆积密度或紧密堆积密度，kg/m^3；

G_1——容量筒和试样的总质量，g；

G_2——容量筒质量，g；

V——容量筒的容积，L。

空隙率按下式计算，精确至 1%：

$$V_0 = \left(1 - \frac{\rho_1}{\rho_0} \right) \times 100\%$$

式中 V_0——空隙率，%；

ρ_1——试样的松散（或紧密）堆积密度，kg/m^3；

ρ_0——试样的表观密度，kg/m^3。

堆积密度取两次检测结果的算术平均值，精确至 10kg/m³；空隙率取两次检测结果的算术平均值，精确至 1%。

松散堆积空隙率：Ⅰ类不大于 43%，Ⅱ类不大于 45%，Ⅲ类不大于 47%。

14.2.9　石子压碎指标值检测

（1）目的　测定石子抵抗压碎的能力，推测石子的强度。

（2）仪器设备　压力试验机（如图 14-4 所示）、台秤、天平、方孔筛（孔径为 2.36mm、9.50mm 及 19.0mm）、垫棒（直径为 10mm，长 500mm 的圆钢）、压碎值测定仪（如图14-5所示）。

图 14-4　压力试验机　　　　图 14-5　压碎值测定仪

（3）检测步骤

1）按规定方法取样，最少取样数量见表 14-1，风干后筛除大于 19.0mm 及小于 9.50mm 的颗粒，并除去针、片状颗粒，分成大致相等的三份备用。

2）称取试样 3000g，精确至 1g。

3）将试样分两层装入圆模（置于底盘上）内，每装完一层试样后，在底盘下面垫放 ϕ10mm 垫棒，将筒按住，左右交替颠击地面各 25 次，两层颠实后，平整模内试样表面，盖上压头。当圆模装不下 3000g 试样时，以装至距圆模上口 10mm 为准。

4）将装有石子的压碎值测定仪放在压力机上，开动试验机，按 1kN/s 速度均匀加荷至 200kN 并稳荷 5s，然后卸荷。

5）取下加压头，倒出试样，用孔径 2.36mm 的筛筛除被压碎的细粒，称出留在筛上的试样质量，精确至 1g。

（4）结果计算与评定

1）压碎指标值按下式计算，精确至 0.1%：

$$Q_e = \frac{G_1 - G_2}{G_1} \times 100\%$$

式中　Q_e——压碎指标值，%；

　　　G_1——试样的质量，g；

　　　G_2——压碎检测后筛余的试样质量，g。

2）指标值取三次检测结果的算术平均值，精确至 1%。

3）压碎指标计算结果查表 5-12，进行评定。

14.2.10　石子针片状颗粒含量检测

（1）目的　检测石子针片状颗粒含量，评定石子质量。

（2）仪器设备　针状规准仪（如图 14-6）、片状规准仪（如图 14-7）、台秤（称量 10kg，感量 1g）、方孔筛（孔径为 4.75mm、9.50mm、16.0mm、19.0mm、26.5mm、31.5mm 及 37.5mm 的筛各一个）。

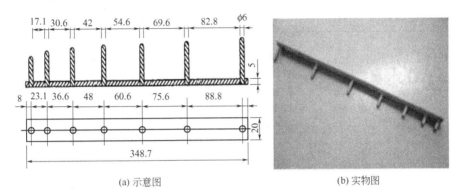

(a) 示意图　　　　　　　　　　(b) 实物图

图 14-6　针状规准仪（单位：mm）

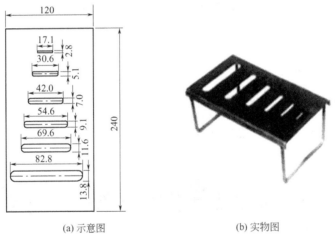

(a) 示意图　　　　　　　　　　(b) 实物图

图 14-7　片状规准仪（单位：mm）

（3）检测步骤

1）按规定方法取样，最少取样数量见表 14-1，并将试样缩分至略大于表 14-6 规定的数量，烘干或风干后备用。

表 14-6　针、片状颗粒含量检测所需试样数量 （GB/T 14685—2011）

最大粒径/mm	9.5	16.0	19.0	26.5	31.5	37.5	63.0	75.0
最少试样质量/kg	0.3	1.0	2.0	3.0	5.0	10.0	10.0	10.0

2）称取按表 14-6 规定数量的试样一份，精确至 1g。然后按表 14-7 规定的粒级进行筛分。

3) 按表 14-7 规定的粒径分别用规准仪逐粒检验,凡颗粒长度大于针状规准仪上相应间距者,为针状颗粒;颗粒厚度小于片状规准仪上相应孔宽者,为片状颗粒。称出其总质量,精确至 1g。

表 14-7　针、片状颗粒含量检测的粒径划分及其相应的规准仪孔宽或间距

石子粒级	4.75~9.50	9.50~16.0	16.0~19.0	19.0~26.5	26.5~31.5	31.5~37.5
片状规准仪相对应孔宽/mm	2.8	5.1	7.0	9.1	11.6	13.8
针状规准仪相对应间距/mm	17.1	30.6	42.0	54.6	69.6	82.8

4) 石子粒径大于 37.5mm 的碎石或卵石可用卡尺检验针片状颗粒,卡尺卡口的设定宽度应符合表 14-8 的规定。

表 14-8　大于 37.5mm 颗粒针、片状颗粒含量检测的
粒级划分及其相应的卡尺卡口设定宽度

石子粒级	37.5~53.0	53.0~63.0	63.0~75.0	75.0~90.0
检验片状颗粒的卡尺卡口设定宽度/mm	18.1	23.2	27.6	33.0
检验针状颗粒的卡尺卡口设定宽度/mm	108.6	139.2	165.6	198.0

（4）结果计算与评定　针片状颗粒含量按下式计算,精确至 1%。

$$Q_c = \frac{G_2}{G_1} \times 100\%$$

式中　Q_c——针、片状颗粒含量,%;

　　G_1——试样的质量,g;

　　G_2——试样中所含针片状颗粒的总质量,g。

针片状颗粒含量计算结果与表 5-11 对照检查,进行评定。

 复习思考题

1. 如何通过试验判断砂的粗细?
2. 简述石子压碎值试验的操作步骤。

14.3　普通混凝土性能检测

14.3.1　采用标准

《普通混凝土配合比设计规程》（JGJ 55—2011）;

《普通混凝土拌合物性能试验方法标准》（GB/T 50080—2002）;

《普通混凝土力学性能试验方法标准》（GB/T 50081—2002）;

《混凝土结构工程施工质量验收规范》（GB 50204—2015）;

《混凝土强度检验评定标准》（GB/T 50107—2010）。

14.3.2　取样

（1）同一组混凝土拌合物的取样应从同一盘混凝土或同一车混凝土中取样。取样量应多于试验所需量的 1.5 倍，且宜不小于 20L。

（2）取样应具有代表性，一般在同一盘混凝土或同一车混凝土中的约 1/4 处、1/2 处和 3/4 处之间分别取样，从第一次取样到最后一次取样不宜超过 15min，然后人工搅拌均匀。

（3）从取样完毕到开始做各项性能检测不宜超过 5min。

14.3.3　试样制备

（1）检测用原材料和检测室温度应保持（20±5）℃，或与施工现场保持一致。

（2）拌合混凝土时，材料用量以质量计。称量精度：水、水泥、掺合料、外加剂均为±0.5%；骨料为±1%。

（3）从试样制备完毕到开始做各项性能试验不宜超过 5min。

（4）主要仪器设备　混凝土搅拌机（图 14-8）、磅秤、天平、量筒、拌板、拌铲等。

图 14-8　混凝土搅拌机

（5）拌和方法

1）人工拌和

① 按所定配合比称取各材料用量，以干燥状态为准。

② 将拌板和拌铲用湿布润湿后，将砂倒在拌板上，然后加入水泥，用拌铲自拌板一端翻拌至另一端，如此反复，直至充分混合，颜色均匀，再加入石子翻拌混合均匀。

③ 将干混合料堆成锥形，在中间作一凹槽，将已量好的水，倒入一半左右（勿使水流出），仔细翻拌，然后徐徐加入剩余的水，继续翻拌，每翻拌一次，用铲在混合料上铲切一次，至拌和均匀为止。

④ 拌和时力求动作敏捷，拌合时间自加水时算起，应符合标准规定：拌和体积为 30L 以下时为 4~5min；拌和体积为 30~50L 时为 5~9min；拌和体积为 51~75L 时为 9~12min。

⑤ 拌好后，应立即做和易性检测或试件成型。从开始加水时起，全部操作须在 30min 内完成。

2）机械搅拌

① 按所定配合比称取各材料用量，以干燥状态为准。

② 用按配合比称量的水泥、砂、水及少量石子预拌一次，使水泥砂浆先黏附满搅拌机的筒壁，倒出多余的砂浆，以免影响正式搅拌时的配合比。

③ 依次将称好的石子、砂和水泥倒入搅拌机内，干拌均匀，再将水徐徐加入，全部加料时间不得超过 2min，加完水后，继续搅拌 2min。

④ 卸出拌合物，倒在拌板上，再经人工拌和 2~3 次。

⑤ 拌好后，应立即做和易性检测或试件成型。从开始加水时起，全部操作必须在 30min 内完成。

14.3.4 混凝土拌合物和易性检测

坍落度与坍落扩展度检测：本方法适用于坍落度≥10mm、骨料最大粒径≤40mm的混凝土拌合物稠度测定。

1) 目的　确定混凝土拌合物和易性是否满足施工要求。

2) 仪器设备　坍落度筒（图14-9）、捣棒、搅拌机、台秤、量筒、天平、拌铲、拌板、钢尺、装料漏斗、抹刀等。

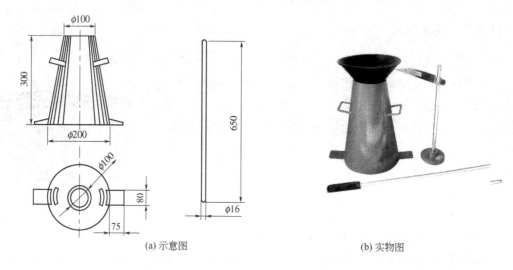

(a) 示意图　　　　　　　　　　　　　　(b) 实物图

图 14-9　坍落度筒及捣棒

3) 检测步骤

① 润湿坍落度筒及其他用具，在筒顶部加上漏斗，放在拌板上，双脚踩住脚踏板，使坍落度筒在装料时保持固定。

② 把混凝土试样用小铲分三层均匀地装入筒内，使捣实后每层高度为筒高的三分之一左右。每层插捣25次，插捣应沿螺旋方向由外向中心进行，均匀分布。插捣筒边混凝土时，捣棒可以稍稍倾斜。插捣底层时，捣棒应贯穿整个深度，插捣第二层和顶层时，捣棒应插透本层至下一层的表面；浇灌顶层时，混凝土应灌到高出筒口。插捣过程中，如混凝土沉落到低于筒口，则应随时添加。顶层插捣完后，刮去多余的混凝土，并用抹刀抹平。

③ 清除筒边底板上的混凝土后，垂直平稳地提起坍落度筒。坍落度筒的提离过程应在5~10s内完成；从开始装料到提坍落度筒的整个过程应不间断地进行，并应在150s内完成。

4) 结果评定

① 提起坍落度筒后，测量筒高与坍落后混凝土试体最高点之间的高度差，即为该混凝土拌合物的坍落度值；坍落度筒提离后，如混凝土发生崩坍或一边剪坏现象，则应重新取样另行测定；如第二次检测仍出现上述现象，则表示该混凝土和易性不好，应予记录备查。

② 观察坍落后混凝土试体的黏聚性及保水性。黏聚性的检查方法是用捣棒在已坍落的混凝土锥体侧面轻轻敲打，如果锥体逐渐下沉，则表示黏聚性良好，如果锥体倒塌、部分崩裂或出现离析现象，则表示黏聚性不好。保水性的检查方法是坍落度筒提起后，如有较多的稀浆从底部析出，锥体部分的混凝土也因失浆而骨料外露，则表示保水性不好；如无稀浆或仅有少量稀浆自底部析出，则表示保水性良好。

③ 当混凝土拌合物的坍落度大于 220mm 时，用钢尺测量混凝土扩展后最终的最大直径和最小直径，在两直径之差小于 50mm 的条件下，用其算术平均值作为坍落扩展度值；否则，此次检测无效。混凝土拌合物坍落度和坍落扩展度以 mm 为单位，测量精确至 1mm，结果表达修约至 5mm。

如果发现粗骨料在中央集堆或边缘有水泥浆析出，表示此混凝土拌合物抗离析性不好，应予记录。

14.3.5 混凝土抗压强度检测

（1）目的　测定混凝土立方体抗压强度，作为评定混凝土质量的主要依据。

（2）仪器设备　压力试验机（图 14-10）、振动台（图 14-11）、搅拌机、试模（图 14-12）、捣棒、抹刀等。

图 14-10　压力试验机　　　　　　　　图 14-11　振动台

图 14-12　混凝土抗压强度试模

（3）检测步骤

1）基本要求　混凝土立方体抗压试件以三个为一组，每组试件所用的拌合物应以同一盘混凝土或同一车混凝土中取样。试件的尺寸按粗骨料的最大粒径来确定，见表 14-9。

表 14-9　试件尺寸、插捣次数及抗压强度换算系数（GB/T 50081—2002）

试件横截面面积/(mm×mm)	骨料最大粒径/mm	每层插捣次数	抗压强度换算系数(<C60)
100×100	31.5	≥12	0.95
150×150	40	≥27	1
200×200	63	≥48	1.05

注：当混凝土强度等级≥C60 时，宜采用标准试件；使用非标准试件时，尺寸换算系数由试验确定。

2）试件的制作　成型前，应检查试模，并在其内表面涂一薄层矿物油或脱模剂。

坍落度≤70mm 的混凝土宜用振动台振实；坍落度＞70mm 的宜用捣棒人工捣实；检验现浇混凝土或预制构件的混凝土，试件成型方法宜与实际采用的方法相同。

取样或拌制好的混凝土拌合物应至少用铁锹再来回拌和三次。

① 振动台振实　是将混凝土拌合物一次装入试模，装料时应用抹刀沿各试模壁插捣，并使混凝土拌合物高出试模，然后将试模放到振动台上并固定，开动振动台，至混凝土表面出浆为止。振动时试模不得有任何跳动，不得过振。最后沿试模边缘刮去多余的混凝土并抹平。

② 人工捣实　是将混凝土拌合物分两层装入试模，每层的装料厚度大致相等，插捣应按螺旋方向从边缘向中心均匀进行。在插捣底层混凝土时，捣棒应达到试模底部；插捣上层时，捣棒应贯穿上层后插入下层 20～30mm；插捣时捣棒应保持垂直，不得倾斜。然后用抹刀沿试模内壁插拔数次，每层插捣次数按在 10000mm^2 截面积内不得少于 12 次，插捣后应用橡皮锤轻轻敲击试模四周，直至插捣棒留下的空洞消失。最后刮去多余的混凝土并抹平。

3）试件的养护　试件的养护方法有标准养护、与构件同条件养护两种方法。

① 标准养护　试件成型后应立即用不透水的薄膜覆盖表面，在温度为（20±5）℃的环境中静置 1～2 昼夜，然后编号拆模。拆模后立即放入温度为（20±2）℃、相对湿度为 95％以上的标准养护室中养护，试件应放在支架上，间隔 10～20mm，表面应保持潮湿，不得被水直接冲淋，至试验龄期 28d。试件也可在温度为（20±2）℃的不流动的 Ca(OH)$_2$ 饱和溶液中养护。

图 14-13　混凝土抗压强度试块

② 同条件养护　试件拆模时间可与实际构件的拆模时间相同，拆模后，试件仍需保持同条件养护。

4）抗压强度检测　试件从养护地点取出后，应及时进行检测，并将试件表面与上下承压板面擦干净，如图 14-13 所示。

将试件安放在试验机的下压板或垫板上，试件的承压面应与成型时的顶面垂直。试件的中心应与试验机下压板中心对准，开动试验机，当上压板与试件或钢垫板接近时，调整球座，使接触均衡。

在检测过程中应连续均匀地加荷，混凝土强度等级＜C30 时，加荷速度取每秒钟 0.3～0.5MPa；混凝土强度等级≥C30 且＜C60 时，取每秒钟 0.5～0.8MPa；混凝土强度等级≥C60 时，取每秒钟 0.8～1.0MPa。

当试件接近破坏开始急剧变形时，应停止调整试验机油门，直至破坏，记录破坏荷载。

（4）结果计算与评定

1）混凝土立方体抗压强度按下式计算，精确至 0.1MPa。

$$f_{cc}=F/A$$

式中　f_{cc}——混凝土立方体试件抗压强度，MPa；

　　　F——试件破坏荷载，N；

　　　A——试件承压面积，mm^2。

2）评定

① 以三个试件测值的算术平均值作为该组试件的强度值，精确至 0.1MPa。

② 当三个测定值的最大值或最小值中有一个与中间值的差值超过中间值的 15％时，则把最大值及最小值一并舍去，取中间值作为该组试件的抗压强度值。

③ 当两个测值与中间值的差值均超过中间值的 15％时，该组检测结果应为无效。

 复习思考题

1. 在混凝土拌合物和易性检测时，若出现下列情况，应如何调整配合比？

（1）坍落度值偏大；（2）坍落度值偏小；（3）黏聚性较差。

2. 某混凝土工程进行 C30 混凝土施工，制作一组边长为 150mm 的混凝土标准试件，标准养护 28 天，测定抗压破坏荷载分别为 745kN、750kN、752kN。请判断该组试件是否达到混凝土设计强度等级的要求。

14.4　建筑砂浆性能检测

14.4.1　采用标准

《砌筑砂浆配合比设计规程》（JGJ/T 98—2010）；

《建筑砂浆基本性能试验方法标准》（JGJ/T 70—2009）。

14.4.2　取样

（1）建筑砂浆检测用料应从同一盘砂浆或同一车砂浆中取样。取样量不应少于检测所需量的 4 倍。

（2）当施工过程中进行砂浆检测时，砂浆取样方法应按相应的施工验收规范执行，并应在现场搅拌点或预拌砂浆卸料点的至少 3 个不同部位及时取样。对于现场取得的试样，检测前应人工搅拌均匀。

（3）从取样完毕到开始进行各项性能检测，不宜超过 15min。

14.4.3　试样的制备

（1）在检测制备砂浆试样时，所用材料应提前 24h 运入室内。拌合时，检测温度应保持在（20±5）℃。当需要模拟施工条件下所用的砂浆时，所用原材料的温度应与现场使用材料和环境保持一致。砂应通过 4.75mm 筛。

（2）拌制砂浆时，材料用量以质量计，水泥、外加剂、掺合料等的称量精度应为±0.5％，细骨料的称量精度应为±1％。

（3）搅拌砂浆时应采用机械搅拌，搅拌的用量宜为搅拌机容量的 30％～70％，搅拌时间不应少于 120s，掺有掺合料和外加剂的砂浆，其搅拌时间不应少于 180s。

14.4.4　砂浆稠度检测

（1）目的　确定建筑砂浆配合比或施工过程中砂浆的稠度，以达到控制用水量的目的。

（2）仪器设备　砂浆稠度测定仪、台秤、秒表、钢捣棒（直径 10mm、长 350mm）等。

（3）检测步骤

1）按配合比设计要求称量各材料用量，将材料均匀拌和逐渐加水，观察和易性符合要求时停止加水，继续搅拌至均匀，时间为 5min。

2）应先用湿布擦净试锥表面及盛浆容器，用少量润滑油轻擦滑杆使其滑动自如。

3）将拌合物一次装入容器，装入的拌合料应低于容器口 10mm 左右，用捣棒自容器中心向边缘均匀插捣 25 次，然后轻轻摇动容器或敲击 5～6 下，使砂浆表面平整，然后将容器放入仪器底座上。

4）放松试锥滑杆螺钉，当试锥尖端与砂浆表面刚接触时，拧紧滑杆上的螺钉，使齿条测杆下端刚接触滑杆上端，将指针对准零点。

5）放松制动螺钉，使试锥自由落下，并计时，待 10s 立即固定螺钉，将齿条测杆下端接触滑杆上端，读出刻度盘下沉深度（精确至 1mm），即为砂浆稠度值。

6）盛浆容器内的砂浆，只允许测定一次稠度，重复测定时，应重新取样测定。

（4）结果评定

1）同盘砂浆应取两次检测结果的算术平均值作为测定值，应精确至 1mm。

2）当两次检测值之差如大于 10mm 时，应重新取样测定。

在工地上也可采用形式相同、试锥重量相等的简易的试验方法；将单个试锥的尖端与砂浆表面相接触，然后放手让其自由地落入砂浆中，取出试锥用直尺直接量测沉入的垂直深度（精确至 1mm）即为砂浆稠度。

14.4.5 保水性检测

（1）目的　测定砂浆拌合物的保水率，评定砂浆质量。

（2）仪器设备　金属或硬塑料圆环试模：内径应为 100mm，内部高度应为 25mm；可密封的取样容器：应清洁、干燥；2kg 的重物；金属滤网：网格尺寸 45μm。圆形。直径为（110±1）mm；超白滤纸：应采用《化学分析滤纸》（GB/T 1914—2007）规定的中速定性滤纸，直径应为 110mm，单位面积质量应为 200g/m²；2 片金属或玻璃的方形或圆形不透水片，边长或直径应大于 110mm；天平：量程为 200g。感量应为 0.1g；量程为 2000g，感量应为 1g；烘箱。

（3）检测步骤

1）称量底部不透水片与干燥试模质量 m_1 和 15 片中速定性滤纸质量 m_2。

2）将砂浆拌合物一次性装入试模，并用抹刀插捣数次，当转入的砂浆略高于试模边缘时，用抹刀以 45°角一次性将试模表面多余的砂浆刮去，然后再用抹刀以较平的角度在试模表面反方向将砂浆刮平。

3）抹掉试模边的砂浆，称量试模、底部不透水片与砂浆总质量 m_3。

4）用金属滤网覆盖在砂浆表面，再在滤网表面放上 15 片滤纸，用上部不透水片盖在滤纸表面，以 2kg 的重物把上部不透水片压住。

5）静置 2min 后移走重物及上部不透水片，取出滤纸（不包括滤网），迅速称量滤纸质量 m_4。

6）按照砂浆的配比及加水量计算砂浆的含水率。当无法计算时可按照以下方法测定砂浆含水率。测量砂浆含水率时，应称取（100±10）g 砂浆拌合物试样，置于一干燥并已称重的盘中，在（105±5）℃的烘箱中烘干至恒重。

（4）结果计算与评定

1）砂浆含水率计算

$$\alpha = \frac{m_6 - m_5}{m_6} \times 100\%$$

式中　α——砂浆含水率，%；

m_5——烘干后砂浆样本损失的质量，精确至 1g；

m_6——砂浆样本的总质量，精确至 1g。

取两次检测结果的算术平均值作为砂浆的含水率，精确至 0.1%，当两个测定值之差超过 2% 时，此组检测结果应为无效。

2）砂浆保水率计算

$$W = \left[1 - \frac{m_4 - m_2}{\alpha \times (m_3 - m_1)} \right] \times 100\%$$

式中　W——砂浆保水率，%；

m_1——底部不透水片与干燥试模质量，精确至 1g；

m_2——15 片滤纸吸水前的质量，精确至 0.1g；

m_3——试模、底部不透水片与砂浆总质量，精确至 1g；

m_4——15 片滤纸吸水后的质量，精确至 1g；

α——砂浆含水率，%。

3）结果评定：取两次检测结果的算术平均值作为砂浆的保水率，精确至 0.1%，且第二次检测应重新取样测定。当两个测定值之差超过 2% 时，此组检测结果应为无效。

14.4.6　砂浆立方体抗压强度检测

（1）目的　测定砂浆立方体的抗压强度，评定砂浆的质量。

（2）仪器设备

1）压力试验机精度（示值的相对误差）不大于 ±2%，其量程应能使试验预期的破坏荷载值不小于全量程的 20%，且不大于全量程的 80%。

2）试模为 70.7mm×70.7mm×70.7mm 的带底试模，应有足够的刚度并拆装方便，试模内表面应机械加工，其不平度为每 100mm 不超过 0.05mm，组装后各相邻面的不垂直度不应超过 ±0.5°。

3）钢质捣棒：直径为 10mm、长为 350mm，端部磨圆。

4）试验机上、下压板及试件之间可垫以钢板垫板，垫板的尺寸应大于试件的承压面，其不平度应为每 100mm 不超过 0.02mm。

（3）检测步骤

1）试件的制作及养护

① 采用立方体试件，每组试件应为 3 个；试模内涂刷薄层机油或隔离剂。

② 将拌制好的砂浆一次性装满砂浆试模，成型方法应根据稠度确定。当稠度大于 50mm 宜采用人工插捣成型，当稠度不大于 50mm 宜采用振动台振实成型。

人工插捣：应采用捣棒均匀地由边缘向中心按螺旋方式插捣 25 次，插捣过程中当砂浆沉落低于试模口时，应随时添加砂浆，可用油灰刀插捣数次，应用手将试模一边抬高 5～10mm 各振动 5 次，砂浆应高出试模顶面 6～8mm。

机械振动：将砂浆一次装满试模，放置到振动台上，振动时试模不得跳动，振动 5～10s 或持续到表面泛浆为止，不得过振。

应待表面水分稍干后，再将高出试模部分的砂浆沿试模顶面刮去并抹平。

③ 试件制作后应在温度为（20±5）℃下静置（24±2）h，对试件编号、拆模。当气温较低或凝结时间大于 24h 的砂浆，可适当延长时间，但不应超过 2d。试件拆模后应立即放入

温度为（20±2）℃、相对湿度为90％以上的标准养护室中养护。养护期间，试件彼此间隔不小于10mm，混合砂浆、湿拌砂浆试件上面应覆盖，防止有水滴在试件上。从搅拌加水开始计时，标准养护龄期应为28d，也可根据相关标准要求增加7d或14d。

2）砂浆立方体抗压检测

① 试件从养护地点取出后应及时进行破型。破型前应将试件擦拭干净，测量尺寸，并检查其外观，并据此计算试件的承压面积。如实测尺寸与公称尺寸之差不超过1mm，可按公称尺寸进行计算。

② 将试件安放在试验机的下压板或下垫板上，试件的承压面应与成型时的顶面垂直，试件中心应与试验机下压板或下垫板中心对准。开动试验机，当上压板与试件或上垫板接近时，调整球座，使接触面均衡受压。并应连续而均匀地加荷，加荷速度0.25～1.5kN/s；砂浆强度≤2.5MPa时，宜取下限。当试件接近破坏而开始迅速变形时，停止调整试验机油门，直至试件破坏，然后记录破坏荷载。

（4）结果计算与评定

1）砂浆立方体抗压强度应按下式计算，精确至0.1MPa。

$$f_{m,cu} = K\frac{N_u}{A}$$

式中　$f_{m,cu}$——砂浆立方体抗压强度，MPa；

　　　N_u——立方体破坏压力，N；

　　　A——试件承压面积，mm^2；

　　　K——换算系数，取1.35。

2）检测结果与评定

① 以三个试件测值的算术平均值作为该组试件的强度值，精确至0.1MPa。

② 当三个测定值的最大值或最小值中有一个与中间值的差值超过中间值的15％时，应把最大值及最小值一并舍去，取中间值作为该组试件的抗压强度值。

③ 当两个测值与中间值的差值均超过中间值的15％时，该组结果应为无效。

 复习思考题

某工地在现场施工结束后取剩下的砌筑砂浆试样进行检测，发现该砂浆的流动性过低，则该批砌筑砂浆是否合格？

14.5 砌墙砖检测

本节讲述了砌墙砖尺寸测量、抗折强度和抗压强度的检测方法。适用于烧结砖和非烧结砖。烧结砖包括烧结普通砖、烧结多孔砖以及烧结空心砖；非烧结砖包括蒸压灰砂砖、粉煤灰砖、炉渣砖等。

14.5.1 采用标准

（1）《烧结普通砖》（GB 5101—2003）；

（2）《烧结多孔砖和多孔砌块》（GB 13544—2011）；

（3）《烧结空心砖和空心砌块》（GB/T 13545—2014）；

（4）《蒸压灰砂砖》（GB 11945—1999）；

（5）《蒸压粉煤灰砖》（JC/T 239—2014）；

（6）《砌墙砖试验方法》（GB/T 2542—2012）。

14.5.2　取样方法与数量

见表 14-10。

表 14-10　砌墙砖取样方法与数量

序号	材料	取样批量	取样方法	取样数量	执行标准
1	烧结普通砖、烧结多孔砖	检验批的构成原则和批量大小按 JC/T 466 规定。通常 3.5 万～15 万块为一批，不足 3.5 万块按一批计	尺寸偏差在每一检验批的产品堆垛中随机抽样；强度从外观质量检验合格的样品中随机抽取	尺寸偏差从外观合格的砖样中随机抽取 20 块	《烧结普通砖》（GB 5101—2003）；《烧结多孔砖和多孔砌块》（GB 13544—2011）；《砌墙砖试验方法》（GB/T 2542—2012）
				强度等级 10 块	
2	烧结空心砖		尺寸偏差在每一检验批的产品堆垛中随机抽样；强度从外观质量检验合格的样品中随机抽取	尺寸偏差从外观合格的砖样中随机抽取 20 块	《烧结空心砖和空心砌块》（GB 13545—2014）；《砌墙砖试验方法》（GB/T 2542—2012）
				强度等级 10 块	
3	蒸压粉煤灰砖	以 10 万块为一批，不足 10 万块按一批计	尺寸偏差在每一检验批的产品堆垛中随机抽样；强度从外观质量检验合格的样品中随机抽取	随机抽取 100 块砖进行尺寸偏差检验	《蒸压粉煤灰砖》（JC 239—2014）；《砌墙砖试验方法》（GB/T 2542—2012）
				抗折、抗压强度各 10 块	

14.5.3　尺寸测量

（1）目的　检测砖试样的几何尺寸是否符合标准的要求。

（2）仪器设备　砖用卡尺（分度值为 0.5mm）见图 14-14。

（3）检测方法　按 GB/T 2542—2012 规定，长度和宽度应在砖的两个大面的中间处分别测量两个尺寸；高度应在砖的两个条面的中间处分别测量两个尺寸，见图 14-15。当被测处缺损或凸出时，可在其旁边测量，但应选择不利的一侧。精确至 0.5mm。

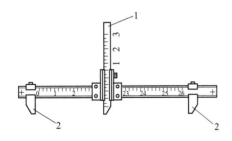

图 14-14　砖用卡尺示意图

1—垂直尺；2—支脚

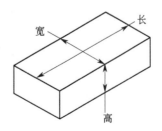

图 14-15　砖的尺寸量法示意图

（4）结果表示　每一个方向尺寸以两个测量值的算术平均值表示。

14.5.4　抗折强度检测

（1）目的　测定砌墙砖抗折强度，为确定砖的强度等级提供依据。

（2）仪器设备

1）压力试验机　试验机的示值相对误差不大于±1%，其下加压板应为球铰支座，预期最大破坏荷载应在最大量程的 20%～80% 之间。

2）抗折夹具　抗折试验的加荷形式为三点加荷，其上下压辊的曲率半径为 15mm，下支辊应有一个为铰接固定。

3）钢直尺　分度值不应大于 1mm。

（3）试样制备　试样数量及处理：蒸压灰砂砖为 5 块，其他砖为 10 块。蒸压灰砂砖应放在温度为（20±5）℃的水中浸泡 24h 后取出，用湿布拭去其表面水分进行抗折强度试验。

（4）检测步骤

1）测量试样中间的宽度和高度尺寸各 2 个。分别取其算术平均值（精确至 1mm）。

2）调整抗折夹具下支辊的跨距（砖规格长度减去 40mm）。但规格长度为 190mm 的砖样其跨距为 160mm。

3）将试样大面平放在下支辊上，试样两端面与下支辊的距离应相同。当试样有裂纹或凹陷时，应使有裂纹或凹陷的大面朝下放置，以 50～150N/s 的速度均匀加荷，直至试样断裂，记录最大破坏荷载 P。

（5）结果计算与评定

1）每块试样的抗折强度 f_c 按下式计算，精确至 0.01MPa。

$$f_c = \frac{3PL}{2bh^2}$$

式中　f_c——砖样试块的抗折强度，MPa；

　　　P——最大破坏荷载，N；

　　　L——跨距，mm；

　　　b——试样宽度，mm；

　　　h——试样高度，mm。

2）抗折强度取其算术平均值和单块最小值表示。

14.5.5　抗压强度检测

（1）目的　测定砌墙砖抗压强度，为确定砖的强度等级提供依据。

（2）仪器设备

1）压力试验机。试验机的示值相对误差不大于±1%，其上、下加压板至少应有一个球铰支座，预期最大破坏荷载应在量程的 20%～80% 之间。

2）钢直尺　分度值不应大于 1mm。

3）振动台、制样模具、搅拌机（应符合 GB/T 25044 的要求）。

4）切割设备。

5）抗压强度试验用净浆材料（应符合 GB/T 25183 的要求）。

（3）试样制备　试样数量：蒸压灰砂砖为 5 块，其他砖为 10 块。

1）一次成型制样（适用于烧结普通砖）

① 将试样锯成两个半截砖，两个半截砖用于叠合部分的长度不得小于 100mm，见图 14-16。如果不足 100mm，应另取备用试样补足。

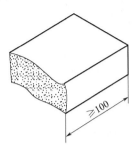

图 14-16　半截砖长度示意图（单位：mm）

② 将已断开的两个半截砖放入室温的净水中浸 20～30min 后取出，在铁丝网架上滴水 20～30min，以断口相反方向装入制样模具中。用插板控制两个半砖间距不应大于 5mm，砖大面与模具间距不应大于 3mm，砖断面、顶面与模具间垫以橡胶垫或其他密封材料，模具内表面涂油或脱模剂。一次成型制样模具与插板如图 14-17。

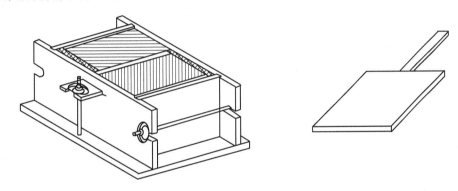

图 14-17　一次成型制样模具及插板

③ 将净浆材料按照配制要求，置于搅拌机中搅拌均匀。

④ 将装好试样的模具置于振动台上，加入适量搅拌均匀的净浆材料，振动时间为 0.5～1min，停止振动，静置至净浆材料达到初凝时间（约 15～19min）后拆模。

2）二次成型制样（适用于多孔砖、多孔砌块，空心砖、空心砌块）

多孔砖、多孔砌块以单块整砖沿竖孔方向加压。空心砖、空心砌块以单块整砖沿大面加压。

① 将整块试样放入室温的净水中浸 20～30min 后取出，在铁丝网架上滴水 20～30min。

② 将净浆材料按照配制要求，置于搅拌机中搅拌均匀。

③ 模具内表面涂油或脱模剂，加入适量搅拌均匀的净浆材料，将整块试件一个承压面与净浆接触，装入制样模具中，承压面找平层厚度不应大于 3mm。接通振动台电源，振动 0.5～1min，停止振动，静置至净浆材料初凝（约 15～19min）后拆模。按同样方法完成整块试样另一承压面的找平。二次成型制样模具如图 14-18 所示。

3）非成型制样（适用于非烧结砖）　将试样锯成两个半截砖，断口相反叠放，两个半截砖用于叠合部分的长度不得小于 100mm，即为抗压强度试件，见图 14-19。如果不足

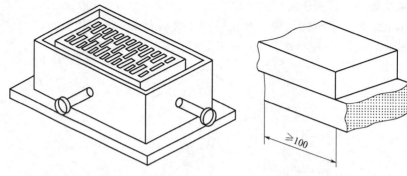

图 14-18 二次成型制样模具   图 14-19 半截砖叠合示意图

100mm 时，应另取备用试样补足。

（4）试件养护 一次成型制样、二次成型制样在不低于 10℃ 的不通风室内养护 4h，进行强度检测；非成型制样不需养护，试样气干状态直接进行检测。

（5）检测步骤 测量每个试件连接面或受压面的长、宽尺寸各两个，分别取其平均值（精确至 1mm）。将试件平放在加压板的中央，垂直于受压面加荷，加荷过程应均匀平稳，不得发生冲击或振动，加荷速度以 2～6kN/s 为宜，直至试件破坏为止，记录最大破坏荷载 P。

（6）结果计算与评定

1）每块试样的抗压强度 f_p 按下式计算。

$$f_p = \frac{P}{LB}$$

式中 f_p——抗压强度，MPa；

$\quad\quad P$——最大破坏荷载，N；

$\quad\quad L$——受压面（连接面）的长度，mm；

$\quad\quad B$——受压面（连接面）的宽度，mm。

2）计算 10 块砖抗压强度平均值（$\bar{f}$）、标准差（s）、变异系数（δ）和标准值（f_k）。

抗压强度平均值：$\bar{f} = \frac{1}{10}(f_1 + f_2 + \cdots + f_{10}) = \frac{1}{10}\sum f_i$

抗压强度标准差：$\quad s = \sqrt{\frac{1}{9}\sum_{i=1}^{10}(f_i - \bar{f})^2}$

抗压强度标准值：$\quad f_k = \bar{f} - 1.83s$

砖强度变异系数：$\quad \delta = \dfrac{s}{\bar{f}}$

式中 $\bar{f}$——10 块试样的抗压强度平均值，MPa，精确至 0.01；

$\quad\quad f_i$——分别为 10 块砖的抗压强度值（i 为 1～10），MPa，精确至 0.01；

$\quad\quad s$——10 块试样的抗压强度标准差，MPa，精确至 0.01；

$\quad\quad f_k$——10 块砖的抗压强度标准值，MPa，精确至 0.1；

$\quad\quad \delta$——砖强度变异系数，精确至 0.01。

3）结果评定

① 平均值—标准值方法评定：变异系数 $\delta \leqslant 0.21$ 时，按抗压强度平均值 $\bar{f}$、强度标准值 f_k 评定砖的强度等级。

② 平均值—最小值方法评定：变异系数 $\delta > 0.21$ 时，按抗压强度平均值 $\bar{f}$、单块最小抗压值 f_{min} 评定砖的强度等级，单块最小抗压强度值精确至 0.1MPa。

【注】烧结多孔砖多孔砌块按平均值—标准值方法评定；

蒸压粉煤灰砖按平均值—最小值方法评定。

 复习思考题

常见砌墙砖抗压强度检测时采用的试件制备方法有何不同？

14.6 蒸压加气混凝土砌块性能检测

14.6.1 采用标准

《蒸压加气混凝土砌块》（GB 11968—2006）；

《蒸压加气混凝土性能试验方法》（GB/T 11969—2008）。

14.6.2 取样方法

同品种、同规格、同等级的砌块，以 10000 块为一批，不足 10000 块亦为一批，随机抽取 50 块砌块，进行尺寸偏差、外观检验。

从外观与尺寸偏差检验合格的砌块中随机抽取 6 块砌块制作试件，进行如下项目检验。

(1) 干密度：3 组 9 块；

(2) 强度级别：3 组 9 块。

14.6.3 蒸压加气混凝土砌块干密度、含水率、吸水率检测

(1) 目的　判定砌块的干密度级别及确定等级。

(2) 仪器设备　电热鼓风干燥箱（最高温度 200℃）、托盘天平和磅秤（称量 2000g，感量 1g）、钢板直尺（规格为 300mm，分度值为 0.5mm）、恒温水槽（水温 15～25℃）。

(3) 试样制备　试件的制备，采用机锯或刀锯，锯切时不得将试件弄湿。试件应沿制品发气方向中心部分上、中、下顺序锯取一组，"上" 块上表面距离制品顶面 30mm，"中" 块在制品正中处，"下" 块下表面离制品底面 30mm。制品的高度不同，试件间隔略有不同，以高 600mm 的制品为例，试件锯取部位如图 14-20。

试件表面必须平整，不得有裂缝或明显缺陷，尺寸允许偏差为 ±2mm；试件应逐块编号，标明锯取部位和发气方向。

试件为 100mm×100mm×100mm 正立方体，共二组 6 块，如图 14-21 所示。

(4) 干密度和含水率检测

1) 取试件一组 3 块，逐块量取长、宽、高三个方向的轴线尺寸，精确至 1mm，计算试件的体积；并称取试件质量（M），精确至 1g。

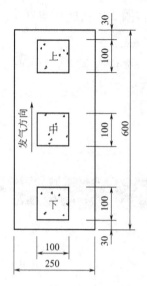

图 14-20　立方体试件锯取示
意图（单位：mm）

图 14-21　立方体试件

2）将试件放入电热鼓风干燥箱内，在（60±5）℃下保温 24h，然后在（80±5）℃下保温 24h，再在（105±5）℃下烘至恒质（M_0）。恒质指在烘干过程中间隔 4h，前后两次质量差不得超过试件质量的 0.5%。

（5）吸水率检测

1）将另一组 3 块试件放入电热鼓风干燥箱内，在（60±5）℃下保温 24h，然后在（80±5）℃下保温 24h，再在（105±5）℃下烘至恒质（M_0）。

2）试件冷却至室温后，放入水温为（20±5）℃的恒温水槽内，然后加水至试件高度的 1/3，保持 24h，再加水至试件高度的 2/3，经 24h 后，加水高出试件 30mm 以上，保持 24h。

3）将试件从水中取出，用湿布抹去表面水分，立即称取每块质量（M_g），精确至 1g。

（6）结果计算

1）干密度按下式计算。

$$r_0 = \frac{M_0}{V} \times 10^6$$

式中　r_0——干密度，kg/m³；

　　　M_0——试件烘干后质量，g；

　　　V——试件体积，mm³。

2）含水率按下式计算。

$$W_s = \frac{M - M_0}{M_0} \times 100\%$$

式中　W_s——含水率，%；

　　　M_0——试件烘干后质量，g；

　　　M——试件烘干前质量，g。

3）吸水率按下式计算（以质量分数表示）。

$$W_R = \frac{M_g - M_0}{M_0} \times 100\%$$

式中　W_R——吸水率，%；

　　M_0——试件烘干后质量，g；

　　M_g——试件吸水后质量，g。

结果按 3 块试件检测的算术平均值进行评定，干密度的计算精确至 $1kg/m^3$，含水率和吸水率的计算精确至 0.1%。

（7）结果评定　以 3 组干密度试件的测定结果平均值判定砌块的干密度级别，符合规定时则判该批砌块合格。

14.6.4　蒸压加气混凝土砌块抗压强度检测

（1）目的　判定砌块的强度等级。

（2）仪器设备　压力试验机、电热鼓风干燥箱、托盘天平和磅秤、钢板直尺、恒温水槽等。

（3）试样制备　试件的制备要求同干密度、含水率、吸水率检测。试件为 $100mm \times 100mm \times 100mm$ 正立方体一组 3 块。试件在含水率 8%～12% 下进行检测，如果含水率超过上述规定范围，则在 (60 ± 5)℃ 下烘至所要求的含水率。

（4）检测步骤

1）检查试件外观。

2）测量试件的尺寸，精确至 1mm，并计算试件的受压面积（A_1）。

3）将试件放在材料试验机的下压板的中心位置，试件的受压方向应垂直于制品的发气方向。

4）开动试验机，当上压板与试件接近时，调整球座，使接触均衡。

5）以 $(2.0 \pm 0.5)kN/s$ 的速度连续而均匀地加荷，直至试件破坏，记录破坏荷载（P_1）。

6）将检测后的试件全部或部分立即称取质量，然后在 (105 ± 5)℃ 下烘至恒质，计算其含水率。

（5）结果计算　抗压强度按下式计算，精确至 0.1MPa。

$$f_{cc} = \frac{P_1}{A_1}$$

式中　f_{cc}——试件的抗压强度，MPa；

　　P_1——破坏荷载，N；

　　A_1——试件受压面积，mm^2。

（6）结果评定　以 3 组抗压强度试件测定结果按表 7-17 判定其强度级别。当强度和干密度级别关系符合表7-19规定，同时，3 组试件中各个单组抗压强度平均值全部大于表 7-19 规定的此强度级别的最小值时，判定该批砌块符合相应等级，若有 1 组或 1 组以上小于此强度级别的最小值时，则判定该批砌块不符合相应等级。

复习思考题

蒸压加气混凝土砌块的检测项目有哪些？

14.7 钢筋性能检测

14.7.1 采用标准

(1)《金属材料 拉伸试验 第1部分：室温试验方法》(GB/T 228.1—2010)；

(2)《金属材料弯曲试验方法》(GB/T 232—2010)；

(3)《钢筋混凝土用热轧带肋钢筋》(GB 1499.2—2007)；

(4)《钢筋混凝土用热轧光圆钢筋》(GB 1499.1—2008)；

(5)《低碳钢热轧圆盘条》(GB/T 701—2008)；

(6)《冷轧带肋钢筋》(GB 13788—2008)。

14.7.2 取样方法

(1) 检验批的确定 钢筋应成批验收，每批钢筋由同一牌号、同一炉罐号（批号）、同一规格（直径）、同一交货状态、同一进场（厂）时间为一验收批的钢筋组成，每批不大于60t，即按进场时钢筋批号及直径分批检验。

(2) 取样方法 在切取试样时，应将钢筋端头的500mm截去后再取样，盘圆钢筋应在同盘两端截去，然后截取约200mm+5d和200mm+10d长的钢筋各1根（d为钢筋直径）。重复同样方法在另一根钢筋截取相同的数量，组成一组试样。其中两根短的做冷弯检测，两根长的做拉伸检测。

(3) 每批钢筋的检验项目和取样方法应符合表14-11的规定。

表14-11 **每批钢筋的检验项目和取样方法**（GB/T 228.1—2010；GB/T 232—2010）

序号	钢筋种类	取样数量和检验项目	取样方法	试验方法
1	直条钢筋	2根拉伸、2根弯曲、5根重量偏差	任选两根钢筋截取	
2	盘条钢筋	1根拉伸、2根弯曲	同盘两端截取	
3	冷轧带肋钢筋 CRB550	1根拉伸、2根弯曲、1根重量偏差	逐盘或逐捆两端截取	GB/T 228.1—2010；GB/T 232—2010
	冷轧带肋钢筋 CRB650及以上	1根拉伸、2根反复弯曲、1根重量偏差	逐盘或逐捆两端截取	

(4) 在拉伸检测的试件中，若有一根试件的屈服点、拉伸强度和伸长率三个指标中有一个达不到标准中的规定值，或冷弯检测中有一根试件不符合标准要求，或重量偏差检测不符合标准要求，则在同一批钢筋中再抽取双倍数量的试样进行该不合格项目的复检，复检结果中只要有一个指标不合格，则该检测项目判定不合格，整批钢筋不得交货。

14.7.3 钢筋重量偏差检测

(1) 目的 测定钢筋的重量偏差，对钢筋质量进行评定。

（2）仪器设备　游标卡尺（精度 0.1mm），天平（感量 0.1g）。

（3）检测环境条件

应在室温 10～35℃下进行（对温度要求严格的检测，检测温度应为 23℃±5℃）。

（4）检测步骤

1）从不同根钢筋上截取 5 支试样，每支长度≥500mm。逐支测量长度，精确到 1mm。

2）测量试样总重量，应精确到不大于总重量的 1%。

3）按表 14-12 查出钢筋的理论重量。

表 14-12　钢筋的公称横截面面积与理论重量（GB 1499.1—2008；GB 1499.2—2007）

公称直径/mm	公称横截面面积/mm²	理论重量/(kg/m)
6	28.27	0.222
8	50.27	0.395
10	78.54	0.617
12	113.1	0.888
14	153.9	1.21
16	201.1	1.58
18	254.5	2.00
20	314.2	2.47
22	380.1	2.98
25	490.9	3.85
28	615.8	4.83
32	804.2	6.31
36	1018	7.99
40	1257	9.87
50	1964	15.42

（5）结果计算与评定

1）钢筋重量偏差按下式计算，精确到 1%。

$$重量偏差 = \frac{试样实际总重量 - (试样总长度 \times 理论重量)}{试样总长度 \times 理论重量} \times 100\%$$

2）评定

钢筋实际重量与理论重量的允许偏差见表 14-13，合格后再进行力学和工艺性能检测。

表 14-13　钢筋实际重量与理论重量的允许偏差（GB 1499.1—2008；GB 1499.2—2007）

公称直径/mm	实际重量与理论重量的允许偏差/%
6～12	±7
14～20	±5
22～50	±4

14.7.4　钢筋拉伸检测

（1）目的　测定低碳钢的屈服强度、抗拉强度与延伸率，对钢筋强度等级进行评定。

（2）仪器设备　万能材料试验机（试验达到最大负荷时，最好使指针停留在度盘的第三象限内或者数显破坏荷载在量程的 50%～75% 之间）；钢筋打点机或划线机；游标卡尺（精度为 0.1mm）；引伸计（精确度级别应符合 GB/T 12160—2002 的要求）。测定上屈服强度应使用不低于 1 级精确度的引伸计；测定抗拉强度、断后伸长率应使用不低于 2 级精确度的引伸计。

（3）环境条件　应在室温 10～35℃ 下进行（对温度要求严格的检测，检测温度应为 23℃±5℃）。

（4）检测步骤

1）钢筋检测不允许进行车削加工。在试样中测标距长度 $L_0=5a$ 或 $10a$（a 为钢筋直径），精确至 0.1mm，按 10 等份（或 5 等份）划线、分格、定标距。见图 14-22。计算钢筋强度所用横截面积采用公称横截面积。

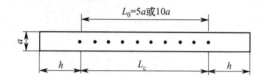

图 14-22　钢筋拉伸示意图

a—试样原始直径；L_0—标距长度；h—夹头长度；L_c—试样平行长度

2）试件上端固定在试验机上夹具内，调整试验机零点，装好描绘器等，再用下夹具固定试件下端。

3）开动试验机，拉伸屈服前应力增加速度为 6～60MPa/s。屈服后试验机活动夹头在荷载下的移动速度不大于 $0.5L_c$/min，其中 $L_c=L_0+(1\sim2)d$，直至试件拉断。

4）拉伸过程中，测力度盘指针停止转动时的恒定荷载或第一次回转时的最小荷载即为屈服荷载 F_{eL}(N)。继续加荷至试件拉断，读出最大荷载 F_m(N)。

5）将已拉断试样的两段在断裂处对齐，尽量使其轴线位于一条直线上。如拉断处由于各种原因形成缝隙，则此缝隙应计入试样拉断后的标距部分长度内。待确保试样断裂部分适当接触后测量试样断后标距 L_1(mm)，要求精确到 0.1mm。L_1 的测定方法有以下两种。

① 直接法　如拉断处到邻近的标距点的距离大于 $L_0/3$ 时，可用卡尺直接量出已被拉长的标距长度 L_1。

② 移位法　如拉断处到邻近的标距端点的距离小于或等于 $L_0/3$，可按下述移位法确定 L_1：在长段上，从拉断处 O 取基本等于短段格数，得 B 点，接着取等于长段所余格数〔偶数，图 14-23(a)〕之半，得 C 点；或者取所余格数〔奇数，图 14-23(b)〕减 1 与加 1 之半，得 C 与 C_1 点。移位后的 L_1 分别为 $AO+OB+2BC$ 或者 $AO+OB+BC+BC_1$。

如果直接测量所求得的伸长率能达到技术条件要求的规定值，则可不采用移位法测量。如果试件在标距点上或标距外断裂，则测试结果无效，应重做。将测量出的被拉长的标距长度 L_1 记录在报告中。

（5）结果计算与评定　屈服强度 R_{eL} 与抗拉强度 R_m 计算结果的数值修约。

当 R_{eL}、R_m 计算结果 ≤200N/mm² 时，修约间隔为 1N/mm²；

当 R_{eL}、R_m 计算结果介于 200～1000N/mm²，修约间隔为 5N/mm²；

当 R_{eL}、R_m 计算结果 >1000N/mm²，修约间隔为 10N/mm²。

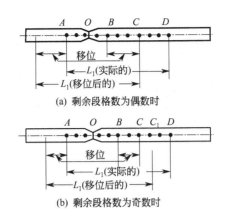

图 14-23　用移位法计算标距示意图

当 A_{10}（A_5）计算结果≤10%时，修约间隔为 0.5%；

当 A_{10}（A_5）计算结果>10%时，修约间隔为 1%。

1）试件的屈服强度 R_{eL} 按下式计算。

$$R_{eL} = \frac{F_{eL}}{S_0}$$

式中　R_{eL}——屈服点强度，MPa；

　　　F_{eL}——屈服点荷载，N；

　　　S_0——试样原最小横截面面积，mm^2。

2）试件的抗拉强度按下式计算。

$$R_m = \frac{F_m}{S_0}$$

式中　R_m——抗拉强度，MPa；

　　　F_m——试样拉断后最大荷载，N；

　　　S_0——试样原最小横截面面积，mm^2。

3）伸长率 A_{10}（A_5）按下式计算。

$$A_{10}(A_5) = \frac{L_1 - L_0}{L_0} \times 100\%$$

式中　A_{10}（A_5）——标距长度为 $10a$（$5a$）的钢筋断后伸长率，%；

　　　L_1——试样断后标距，mm；

　　　L_0——试样原始标距（$L_0 = 10a$ 或 $5a$），mm。

4）评定　屈服强度、抗拉强度和断后伸长率应分别对照相应标准进行评定。

14.7.5　钢筋冷弯检测

（1）目的　检验钢筋的塑性，间接地检验钢筋内部的缺陷及可焊性。

（2）仪器设备　万能试验机（附有两支辊，支辊间距离可以调节；还应附有不同直径的弯心，弯心直径按有关标准规定）。装置示意图如图 14-24。

（3）试件制备

1）试件的弯曲外表面不得有划痕。

2）试样加工时，应去除剪切或火焰切割等形成的影响区域。

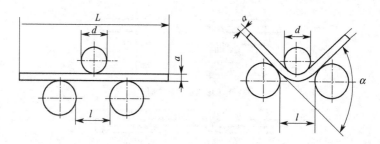

图 14-24　支辊式弯曲装置示意图

a—钢筋直径；d—弯心直径；l—两支辊间距；L—试样平行长度

3）当钢筋直径小于 35mm 时，不需加工，直接检测；若试验机能量允许时，直径不大于 50mm 的试件亦可用全截面的试件进行试验。

4）当钢筋直径大于 35mm 时，应加工成直径 25mm 的试件。加工时应保留一侧原表面，弯曲时，原表面应位于弯曲的外侧。

（4）检测步骤

1）按要求调整试验机两支辊间距离。弯心直径和弯曲角度见表 8-7、表 8-9。

2）将试件按图 14-25 安放好后，平稳地加荷，钢筋绕冷弯冲头弯曲至规定角度后停止冷弯。

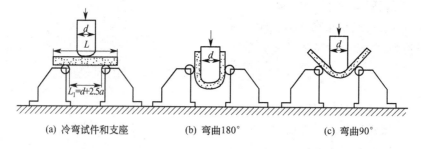

(a) 冷弯试件和支座　　(b) 弯曲180°　　(c) 弯曲90°

图 14-25　钢筋冷弯装置示意图

a—钢筋直径；d—弯心直径；L_1—两支辊间距；L—试样平行长度

（5）结果评定　试件弯曲后，检查弯曲处的外缘及侧面，如无裂纹、断裂或起层，即判定冷弯检测合格，否则为不合格。

复习思考题

某工地在一批冷轧带肋钢筋进场后再一根钢筋上截取了四段钢筋进行送检，后发现有一根钢筋拉伸强度不合格，遂对该批钢筋要求退货处理，这种做法是否合理？

14.8　防水卷材技术性能检测

防水卷材技术性能检测的内容为弹性体改性沥青防水卷材的拉力、耐热度、不透水性、低温柔度四项重要指标。

14.8.1　采用标准

（1）《沥青和高分子防水卷材抽样规则》（GB/T 328.1—2007）；

（2）《沥青防水卷材拉伸性能》（GB/T 328.8—2007）；

（3）《沥青和高分子防水卷材不透水性》（GB/T 328.10—2007）；

（4）《沥青防水卷材耐热性》（GB/T 328.11—2007）；

（5）《沥青防水卷材低温柔性》（GB/T 328.14—2007）；

（6）《弹性体改性沥青防水卷材》（GB 18242—2008）；

（7）《沥青防水卷材厚度、单位面积质量》（GB/T 328.4—2007）。

14.8.2　抽样方法与数量

抽样根据相关方协议的要求，若没有这种协议，抽样方法可按图14-26，抽样数量可按表14-14所示进行。不要抽取损坏的卷材。

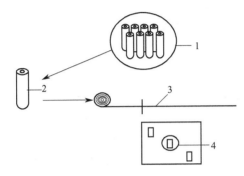

图 14-26　抽样方法

1—交付批；2—样品；3—试样；4—试件

表 14-14　抽样数量（GB/T 328.1—2007）

批量/m²		样品数量/卷	批量/m²		样品数量/卷
以上	直至		以上	直至	
—	1000	1	2500	5000	3
1000	2500	2	5000	—	4

14.8.3　试样制备

将取样卷材切除距外层卷头 2500mm 后，取 1m 长的卷材按 GB/T 328.4 取样方法均匀分布裁取试件，卷材性能试样的形状和数量按表14-15裁取。

表 14-15　卷材性能试样的形状和数量（GB/T 18242—2008）

序号	试验项目	试件形状（纵向×横向）/(mm×mm)	数量/个
1	可溶物含量	100×100	3
2	耐热性	125×100	纵向 3
3	低温柔性	150×25	纵向 10
4	不透水性	150×150	3

续表

序号	试验项目		试件形状(纵向×横向)/(mm×mm)	数量/个
5	拉力及延伸率		(250～320)×50	纵横向各5
6	浸水后质量增加		(250～320)×50	纵向5
7	热老化	拉力及延伸率保持率	(250～320)×50	纵横向各5
		低温柔性	150×25	纵向10
		尺寸变化率及质量损失	(250～320)×50	纵向5
8	渗油性		50×50	3
9	接缝剥离强度		400×200(搭接边处)	纵向2
10	钉杆撕裂强度		200×100	纵向5
11	矿物粒料黏附性		265×50	纵向3
12	卷材下表面沥青涂盖层厚度		200×50	横向3
13	人工气候加速老化	拉力保持率	120×25	纵横向各5
		低温柔性	120×25	纵向10

14.8.4　仪器设备

（1）电子拉力机　有足够的量程（至少2000N）和夹具的移动速度〔(100±10)mm/min〕，夹具夹持宽度不小于50mm。

（2）鼓风干燥箱　温度范围为0～300℃，精度为±2℃。

（3）热电偶　连接到外面的电子温度计，在规定范围内能测量到±1℃。

（4）悬挂装置　至少100mm宽，能夹住试件的整个宽度在一条线，并被悬挂在检测区域。

（5）光学测量装置（如读数放大镜）　刻度至少0.1mm。

（6）油毡不透水仪　见图14-27。由透水盘、7孔圆盘、封盖、压力表等组成，透水盘底座为92mm，7孔圆盘上有7个均匀分布的直径25mm透水孔。压力表测量范围为0～0.6MPa。

图14-27　油毡不透水仪

（7）低温柔度检测装置　见图 14-28。该装置由两个直径（20±0.1)mm 不旋转的圆筒，一个直径（30±0.1)mm 的圆筒或半圆筒弯曲轴组成（可以根据产品规定采用其他直径的弯曲轴，如 20mm、50mm），该轴在两个圆筒中间，能向上移动。两个圆筒间的距离可以调节，即圆筒和弯曲轴间的距离能调节为卷材的厚度。

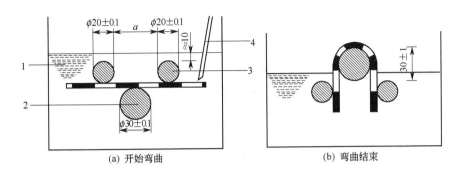

图 14-28　检测装置原理和弯曲过程（单位：mm）
1—冷冻液；2—弯曲轴；3—固定圆筒；4—半导体温度计（热敏探头）

整个装置浸入能控制温度在＋20～－40℃、精度 0.5℃ 温度条件的冷冻液中。冷冻液用任一混合物；试件在液体中的位置应平放且完全浸入，用可移动的装置支撑，该支撑装置应至少能放一组五个试件。

检测时，弯曲从下面顶着试件以 360mm/min 的速度升起，这样试件能弯曲 180°，电动控制系统能保证在每个检测过程和检测温度的移动速度保持在（360±40)mm/min。裂缝通过目测检查，在检测过程中不应有任何人为的影响。

14.8.5　检测方法

14.8.5.1　拉伸性能及延伸率的检测

（1）试件制备

1）整个拉伸检测应制备两组试件，一组纵向 5 个试件，一组横向 5 个试件。试件在试样上距边缘 100mm 以上任意截取，用模板或用裁刀，矩形试件宽为（50±0.5)mm，长为（200mm＋2×夹持长度），长度方向为检测方向。表面非持久层应去除。

2）试件检测前在（23±2)℃和相对湿度（30～70)％的条件下至少放置 20h。

（2）检测步骤　将试件紧紧地夹在电子拉力机的夹具中，注意试件长度方向的中线与拉力机夹具中心在一条线上。夹具间距离为（200±2)mm，为防止试件从夹具中滑移，应作标记。当用引伸仪时，检测前应设置标距间距离为（180±2)mm。为防止试件产生任何松弛，推荐加载不超过 5N 的力。检测在（23±2)℃进行，夹具移动的恒定速度为（100±10)mm/min，连续记录拉力和对应的夹具间距离。

（3）结果计算及评定

1）去除任何在夹具 10mm 以内断裂或拉力机夹具中滑移超过极限值的试件的检测结果，用备用件重测。

2）拉力　分别计算纵向或横向 5 个试件最大拉力的算术平均值，修约至 5N，单位为N/50mm。平均值达到标准规定时判为该项合格。

3）延伸率　最大拉力时的延伸率按下式计算。

$$E = \frac{L_1 - L_0}{L} \times 100\%$$

式中　E——最大拉力时的延伸率，%；

　　L_1——试件最大拉力时的标距，mm；

　　L_0——试件初始标距，mm；

　　L——夹具间距离，mm。

分别计算纵向或横向 5 个试件最大拉力时延伸率的算术平均值，修约至 1%，作为卷材纵向或横向延伸率。平均值达到标准规定时判为该项合格。

14.8.5.2　不透水性检测（方法 B）

（1）试件制备

1）试件在卷材宽度方向均匀截取，最外一个距卷材边缘 100mm。试件的纵向与产品的纵向平行并标记。

2）试件一组三个，直径不小于盘外径（约 130mm）。

3）检测前试件在（23±5）℃放置至少 6h。

（2）检测步骤

1）仪器装置中充水直到满出，彻底排出水管中空气。

2）试件的上表面朝下放置在透水盘上，盖上 7 孔圆盘。放上封盖，慢慢夹紧直到试件夹紧在盘上，用布或压缩空气干燥试件的非迎水面，慢慢加压到规定的压力。

3）达到规定压力后，保持压力（30±2）min。

4）检测时观察试件的不透水性（水压突然下降或试件的非迎水面有水）。

（3）结果判定

所有试件在规定的时间不透水认为不透水性合格，反之为不合格。

14.8.5.3　低温柔度检测

（1）试件制备

1）用于低温柔性、冷弯温度测定的试件尺寸（150±1）mm×（25±1）mm，试件从试样宽度方向均匀地截取，长边在卷材的纵向，试件截取时应距卷材边缘不少于 150mm，试件应从卷材的一边开始做连续的记号，同时标记卷材的上表面和下表面。

2）去除表面的任何保护膜，适宜的方法是常温下用胶带粘在上面，冷却到接近假设的冷弯温度，然后从试件上撕去胶带，另一方法是用压缩空气吹，假若上面的方法不能除去保护膜，用火焰烤，用最少的时间破坏膜而不损伤试件。

3）试件检测前应在（23±2）℃的平板上放置至少 4h，并且相互之间不能接触，也不能粘在板上。

（2）检测步骤

1）在开始检测前，两个圆筒间的距离（见图 14-28）应按试件厚度调节，即：弯曲轴直径＋2mm＋两倍试件的厚度。然后装置放入已冷却的液体中，并且圆筒的上端在冷却液面下约 10mm，弯曲轴在下面的位置（弯曲轴直径根据产品不同可以为 20mm、30mm、50mm）。

2）冷冻液达到规定的温度，误差不超过 0.5℃，试件放于支撑装置上，且在圆筒的上端，保持冷却液完全浸没试件。试件放入冷却液达到规定温度后，开始保持在该温度 1h±5min。半导体温度计的位置靠近试件，检查冷冻液温度，然后进行检测。

3）两组各 5 个试件，全部试件按以上规定温度处理后，一组是上表面检测，另一组是下表面检测，检测时将试件放置在圆筒和弯曲轴之间，检测面朝上，然后设置弯曲轴以（360±40）mm/min 速度顶着试件向上移动，试件同时绕轴弯曲。轴移动的终点在圆筒上面（30±1）mm 处（见图 14-28）。试件的表面明显露出冷冻液，同时液面也因此下降。

4）在完成弯曲过程 10s 内，在适宜的光源下用肉眼检查试件有无裂缝，必要时，用辅助光学装置帮助。假若有一条或更多的裂纹从涂盖层深入到胎体层，或完全贯穿无增强卷材，即存在裂缝。一组五个试件应分别检测。假若装置的尺寸满足，可以同时检测几组试件。

5）假若沥青卷材的冷弯温度要测定，应按照上述和下面的步骤进行检测。

6）冷弯温度的范围（未知）最初测定，从期望的冷弯温度开始，每隔 6℃ 检测每个试件，因此每个检测温度都是 6℃ 的倍数（如 −12℃、−18℃、−24℃ 等）。从开始导致破坏的最低温度开始，每隔 2℃ 分别检测每组五个试件的上表面和下表面，连续地每次 2℃ 地改变温度，直到每组 5 个试件分别检测后至少有 4 个无裂缝，这个温度记录为试件的冷弯温度。

（3）结果评定

1）规定温度的柔度结果　一个检测面 5 个试件在规定温度至少 4 个无裂缝为通过，上表面和下表面的检测结果要分别记录。

2）冷弯温度测定的结果　测定冷弯温度时，检测得到的温度应 5 个试件至少 4 个通过，这冷弯温度是该卷材检测面的，上表面和下表面的结果应分别记录。

14.8.5.4 耐热度检测

（1）试件制备

1）矩形试件尺寸（115±1）mm×（100±1）mm，试件均匀地在试样宽度方向裁取，长边是卷材的纵向。试件应距卷材边缘 150mm 以上，试件从卷材的一边开始连续编号，卷材上表面和下表面应标记。

2）去除任何非持久保护层。适宜方法是常温下用胶带粘在上面，冷却到接近假设的冷弯温度，然后从试件上撕去胶带；另一方法是用压缩空气吹（压力约 0.5MPa，喷嘴直径约 0.5mm）。若上面方法不能除去保护膜，用火焰烤，用最少的时间破坏膜而不损坏试件。

3）在试件纵向的横断面一边，上表面和下表面的大约 15mm 一条的涂盖层去除直至胎体，若卷材有超过一层的胎体，去除涂盖层直到另一层胎体，在试件的中间区域的涂盖层也从上表面和下表面的两个接近处去除，直至胎体。为此，可采用热刮刀或类似装置，小心地去除涂盖层不损坏胎体。两个内径约 4mm 的插销在裸露区域穿过胎体。任何表面浮着的矿物料或表面材料通过轻轻敲打试件去除。然后标记装置放试件两边插入插销定位与中心位置，在试件表面整个宽度方向沿着直边用记号笔垂直画一条线（宽度约 0.5mm），操作时试件平放。

4）试件检测前至少放置在（23±2）℃ 的平面上 2h，相互之间不要接触或粘住，有必要时，将试件分别放在硅纸上防止黏结。

（2）检测步骤

1）烘箱预热到规定检测温度，温度通过与试件中心同一位置的热电偶控制。整个检测期间，检测区域的温度波动不超过±2℃。

2）制作一组三个试件露出的胎体处用悬挂装置夹住，涂盖层不要夹到。必要时，用如硅纸的不粘层包住两面，便于在检测结束时除去夹子。

3）制备好的试件垂直悬挂在烘箱的相同高度，间隔至少30mm。此时烘箱的温度不能下降太多，开关烘箱门放入试件的时间不超过30s。放入试件后加热时间为（120±2）min。

4）加热结束，试件和悬挂装置一起从烘箱中取出，相互间不要接触，在（23±2）℃自由悬挂冷却至少2h。然后去除悬挂装置，在试件两面画第二个标记，用光学测量装置在每个试件的两面测量两个标记底部间最大距离 ΔL，精确到0.1mm。

（3）结果评定　计算卷材每个面三个试件的滑动值的平均值，精确到0.1mm。

耐热性在此温度卷材上表面和下表面的滑动平均值不超过2.0mm认为合格。

 复习思考题

1. 为什么沥青防水卷材拉伸性能检测时需要横向、纵向各取5个试样？

2. 为什么沥青防水卷材性能检测时对温度准确性的要求非常高？

参 考 文 献

[1] 杨光华主编. 建筑工程材料. 重庆：重庆大学出版社，2003.

[2] 黄正宇主编. 土木工程材料. 北京：中国建筑工业出版社，2002.

[3] 高琼英主编. 建筑材料. 第3版. 武汉：武汉理工大学出版社，2006.

[4] 冯文元，张友民，冯志华编著. 建筑材料检验手册. 北京：中国建材工业出版社，2005.

[5] 陈志源，李启令主编. 土木工程材料. 第2版. 武汉：武汉理工大学出版社，2003.

[6] 湖南大学，天津大学，同济大学，东南大学合编. 建筑材料. 第4版. 北京：中国建筑工业出版社，1997.

[7] 林祖宏主编. 建筑材料. 北京：北京大学出版社，2008.

[8] 姚燕，王玲，田培主编. 高性能混凝土. 北京：化学工业出版社，2006.

[9] 贾立群编著. 混凝土与砂浆配合比设计手册. 北京：中国建筑出版社，2007.

[10] 张承志主编. 建筑混凝土. 第2版. 北京：化学工业出版社，2007.

[11] 刘富玲，赵华玮主编. 建筑材料与检测. 郑州：郑州大学出版社，2006.

[12] 柯国军. 建筑材料质量控制. 北京：中国建筑工业出版社，2003.

[13] 张海梅主编. 建筑材料. 第2版. 北京：科学出版社，2003.

[14] 蔡丽朋主编. 建筑材料. 北京：化学工业出版社，2004.

[15] 何雄主编. 建筑材料质量检测. 第2版. 北京：中国广播电视出版社，2009.